Advanced Air Mobility

AAM 감항인증

이미경 | 남궁평

KM 경문사

저자와의
합의하에
인지를
생략합니다

AAM 감항인증

지은이 이미경 · 남궁평
펴낸이 조경희
펴낸곳 경문사
펴낸날 2024년 11월 30일 1판 1쇄
등 록 1979년 11월 9일 제1979-000023호
주 소 04057, 서울특별시 마포구 와우산로 174
전 화 (02)332-2004 팩스 (02)336-5193
이메일 kyungmoon@kyungmoon.com

값 30,000원

ISBN 979-11-6073-720-2

추 천 사

요즘 항공산업분야에서 가장 뜨거운 관심사는 도심 내에서 자동차 대신 항공기를 이용한 미래 항공모빌리티 서비스인 도심항공교통(UAM)이며 전 세계적으로 투자와 연구개발이 활발히 진행되고 있어 머지않은 미래에 현실화가 가능할 것으로 예상되고 있습니다.

국내에서도 여러 항공산업체와 정부 및 지방자치단체가 투자하고 있는 도심항공교통의 성공을 위해서는 아직 극복하고 해결해야 하는 기술적 과제와 제도적 이슈들이 있기에 과연 언제 실용화가 가능해지고 얼마나 안전하며 어떠한 형태로 발전할 것인지에 대한 궁금증은 항공인뿐만 아니라 많은 국민들의 큰 관심사가 되고 있습니다.

이와 같이 중요한 시기에 『편리한 세상, 안전한 미래항공교통(AAM)을 보다』책자 발간은 매우 의미 있고 시기적절하게 국민적 기대와 궁금증을 해소하고 유익한 정보를 제공할 수 있을 것으로 생각합니다.

우리나라는 지난 2019년 국토교통부 주관으로 과학기술정보통신부, 산업통상자원부 등 정부 차원의 도심항공교통에 대한 민관 협의체 구성을 시작으로 정책, 제도 및 기술 개발을 추진하였으며 이에 대한 결실로 2024년 4월에 『도심항공교통 활용 촉진 및 지원에 관한 법률』시행으로 법적 기반을 구축하여 도심항공교통 발전의 토대를 마련하였습니다.

이러한 법적 근거를 바탕으로 도심항공교통 활용 촉진 정책 및 첨단 설계기술을 융합하여 한국형 도심항공교통(K-UAM) 체계를 개발하고 실증 및 시범사업을 통해 정상 운용하더라도 안전성이 확보되지 않으면 무용지물일 뿐이며, 도심에서의 안전사고 발생은 대형 사고로 이어져 국민의 소중한 생명과 막대한 재산 손실로 사회적 파장이 매우 클 것으로 예상되는 만큼“안전”은 아무리 강조해도 지나치지 않음을 절실하게 인식하고 있습니다.

이에 따라 본 책자는 미래항공교통의 안전성에 대한 국내외 동향과 국제표준, 안전성 평가 절차 등을 심층 분석하여 안전성 확보를 위한 제도, 기술 분야 발전방안과 목표를 제시하여 항공분야 관계자들이 가슴 깊이 새겨 안전에 대한 경각심을 고취시킬 것으로 기대하며 국민들에게는 미래항공교통의 안전에 대한 소중한 정보제공에 크게 기여할 것으로 생각합니다.

우리나라는 전 세계가 놀랄 정도로 가장 짧은 시간에 KT-1 훈련기, KUH 수리온 헬기를 비롯하여 FA-50, KF-21 등 초음속 전투기는 물론 KC-100 소형항공기를 개발한 바 있습니다. 이러한 경험과 능력을 바탕으로 머지않아 순수 우리 기술로 개발한 한국형 도심항공교통 체계가 국내뿐 아니라 세계 도심 상공을 누비는 시대가 도래할 것이며 나아가 안전에 대한 철학과 기법도 최고 수준이 될 것이라 믿어 의심치 않습니다.

2024년 11월

항공안전기술원 원장

이 대 성

서평

미래 항공모빌리티로 대표되는 도심항공교통(UAM)의 국제적인 관심과 투자가 활발히 진행되고, 국내에서도 도심항공교통의 성공을 위해서 정부의 투자를 통해 기술이슈들을 극복하기 위한 노력이 가속화되고 있습니다.

본 서책에는 UAM사업 성공에 가장 중요한 안전성 확보에 대한 연구자 관점을 기술적으로 정리하였습니다. UAM은 사람과 건물 위로 날아다니며 임무를 수행하고 있어서 안전성은 기체·시스템 인증의 최종 목표기 때문에 인증 절차와 규제 내용만 집중하는 오류에서 폭넓은 관점으로 바라보고 안전성 확보를 위한 청사진을 그리고 있습니다. 또한, UAM 사업화를 위해 안전성의 의미, 확보 방안의 조직적 접근, 사업적 전략 등이 종합적으로 고려되어 있어서 이 분야에 관심있는 독자들에게 많은 정보를 제공할 것이라 생각됩니다.

민관연이 한마음으로 관련 기술개발과 정책, 제도화를 추진중에 있으며 2024년 4월에 『도심항공교통 활용 촉진 및 지원에 관한 법률』의 법적 기반구축 시도, 2024년 8월에 K-UAM 안전운용체계 구축의 R&D 사업이 시작되었습니다. 향후 추진 중인 K-UAM 시범사업이 성공적으로 완수하길 기대하며 이 책이 UAM 연구의 밀알이 되기를 기대합니다.

김 연 명

한서대학교 항공부총장

소개

『안전한 세상, 안전한 미래항공교통(AAM)을 보다』는 안전성 인증에서 요구되는 AAM 기반구축 (안전성 시험 평가 인증 표준화) 분야를 분석하고 소개하고자 한다.

본 서책에서 AAM 기반구축의 의미는 안전한 AAM 설계·개발·운용을 위해 선제적으로 갖추어야 할 필수 기술 분야로서 시험·평가·인증·표준화 활동을 의미하며, 시험·인증센터 구축과 국제 표준화 동향분석으로 나누어 설명하고자 한다.

<안전하고 편리한 한국형도심항공교통(K-UAM)>

1. 하늘의 아우토반! 한국형도심항공교통(K-UAM)이 서울 및 대도시 등 도심의 하늘길을 이용하는 도심항공교통체계에 대해 안전성과 신뢰성을 확보하기 위한 우리나라의 정책과 제도 및 기술개발 수준 등을 소개한다.
2. 먼저, 우리나라의 K-UAM 정책과 제도 분석에서는 안전한 K-UAM 기체, 항로(Corridor), 교통관리, 이·착륙 시설 등 필수 요소들에 대해 안전성 확보를 위한 법령 및 인증기준 그리고 운용개념 및 인·허가 기준 등을 포함하고,
3. 안전성 평가 및 검증에서는 K-UAM 운용의 핵심인"안전한 K-UAM"을 어떻게 보장 할 것인가? 하는 문제에 대해 국내·외 사례를 기반으로 분석하고 우리나라 도심 환경에 부합된 안전성 확보를 위한 고려사항과 정량적인 안전성 평가방안을 기술하여 국민들이 안심하고 편안하게 K-UAM을 이용할 수 있는 솔루션을 소개한다.

<안전성 시험·인증센터 구축 및 기술 분석>

1. AAM 안전성 시험·인증 시험센터 구축방안에서 조직의 필요성 및 역할, 기술 분석, 시험·평가·인증 관련 기술 동향, 국내 인프라 현황을 단계별로 분석한다.
   - 필요성과 역할에서 정부 항공산업 환경측면, UAM관련 핵심기술 및 부품 개발의 필요성, 장거리 운행을 위한 고성능 배터리기술, 수소연료전지와 고효율 모터 개발, 전기 동력 수직 이착륙기의 주요기술분야로 확대하였다.
   - 기술 분석으로 안전성 평가 기술, 성능평가 및 설계기술, 도심내 운용위한 소음과 배기가스 공해 최소화 및 그 외 고려사항이 포함되어 있다.

- 국내와 현황, 시험 평가 인증 관련 정책 동향으로 저위험 무인기의 FAA 형식인증에서 기상환경하의 시연 내용 소개, 정부 차원의 시험 평가 인증 기술개발 지원증대, 국내 개발 무인 항공기와 장비에 대한 정부 차원의 인증체계 구축 추진, 국내 항공 산업 환경 내용으로 접근하였다.

2. 안전성 인증 시험센터 및 시험장비 구축방안으로 AAM개발 인증 시험센터 구축 방안, 시험 센터 주요역할 분석, 시험장비 구축 방안으로 실운용 기상환경 시뮬레이터(SAFE) 시험장비의 필요성과 목적을 소개 한다.
   - 안전성 시험 평가 인증을 위한 시험 센터 구축의 기본 방향성, 센터부지이용 및 구축 계획, 구축의 필요성을 구체화하였다.
   - 시험센터의 주요역할로 시험 장비 구축 및 운용관리, 시험 평가 표준 개발, 인증 서비스 제공, 국제인증절차 교육안을 제시하였고
   - 실운용 기상환경 시뮬레이터 시험장비 구축의 필요성, 목적, 관련 기술의 필요성 및 정부 정책, 정부지원의 필요성, 국내외 기술 동향, 국내외시험 평가인프라 구축현황, 실운용 기상 환경 내풍성 시험장비 구축 추진계획, 시험장비 구축안 목표, 기상재현 장비 선행특허분석이 포함되었다.

<국제 표준화 동향분석>

1. AAM관련 국제표준화 동향으로 국제표준화 관련 기구와 단체 현황조사와 국제 표준화 기구 소개, 무인기 탑재부품(전자, 센서) 신뢰성/안전성 평가 국제 표준소개등을 소개한다.
2. 국제 표준화 추진체계 및 단계조사에서 EUROCAE 표준개발 방법, ASTM 표준개발 방법, SAE 표준개발 방법에 대한 상세 설명이 포함되고
3. eVTOL 관련 표준화 최신 동향으로 ED-293 CONCEPT OF OPERATIONS FOR VTOL AIRCRAFT, Special Condition of VTOL 소개, eVTOL 및 UAM섹터 표준화 시사점등이 소개 된다.

본 서책을 통하여, AAM의 안전한 개발을 목표로 하는 제작자, 안전성 시험 평가 인증분야의 전문가, 정부 정책 기획자, 미래항공교통관련 연구사업 제안자, 그리고 학생을 포함한 연구자들에게 도움이 되길 희망한다.

안전성에 대한 사업적 고찰

항공분야에서 안전성 확보는 사업 성공에 중요한 관건이 된다. 인증의 최종 목표이기 때문인데 그래서 이해관계자들은 단순히 인증 = 안전성이란 생각으로 접근하며, 인증절차와 규제사항에 대한 관심만 높다. 그런데 안전성은 그보다 더 폭넓은 관점으로 바라봐야 의미가 인지되고 확보 방법을 위한 청사진을 그릴 수 있게 된다. 즉, 항공분야 안전성의 전체론적 의미(holistic meaning), 조직적 접근 방법(systematic approach), 사업적 전략(business strategy)등을 함께 고려할 필요가 있다.

우리 삶의 품질은 안전성에 대한 기술 경영과 엔지니어링의 노력에 의하여 실현된 결과에 달려있다. 우리가 집안 전기 스위치를 켜고, 차량의 시동 걸 때, 혹은 비행기에 탑승할 때마다, 신뢰할 수 있는 안전 성능에 대한 우리의 기대사항이 맞추어지는 것이다. 효과적인 안전성 관리는 오래된 고객과 공급자 간 신뢰 관계에서 보여진다. 기업의 목표인 사업성의 극대화를 기대한다면, 고객들에게 뛰어난 가치를 제공하기 위하여 노력하여야 한다.

장기적으로 보면 일관된 제품의 안전 성능에 대한 고객의 기대사항을 파악하고 부응하는 것이 기업이 시장에서 경쟁우위를 달성할 수 있는 길이다. 이렇게 달성한 시장 경쟁력이 늘 지켜지는 것은 아니다. 고객들이 제품과 서비스 제공자에게 기대하는 성능의 수준이 시간이 흐름에 따라 높아질 것이라는 점을 인식하여야 한다. 안전성 성능 목표를 정량화하고 제품과 서비스에서 높은 안전성 기술을 확보하여 경쟁사와 차별화하는 기업만이 그들의 상품에 대하여 프리미엄 가격을 요구할 수 있다.

□ 안전성 기반 경영의 장점은 다음과 같다.

- 고객의 실운용 환경과 안전성능 요구 사항을 설계에서부터 고려하여 과도한 엔지니어링 없이 비용 대 성능 비율을 최적화한다.
- 안전성과 활용성 관리를 함께함으로 제품 혹은 서비스에서 예상치 못한 실패로 낭비되는 시간을 줄인다.
- 작업 중단을 줄이고 산출량을 높여 제조 지출을 줄이기 위한 예측 및 예방 보전 방법들을 적용한다.

- 예비 부품 저장과 서비스 노동력을 포함한 품목의 운송과 물류 지원 비용을 최소화한다.
- 제공되는 보증 기간의 타당성 분석을 하여 제조사와 고객 모두에게 비용 절감 효과를 줄 수 있다.
- 제품 고장 및 책임에 관련된 부상과 생명의 손실을 줄인다.
- 장비 고장에 의한 재산 손실을 줄인다.
- 제품 개발 및 제작 시 안전성 전문 인력을 할당하여 재설계와 재작업 비용을 줄일 수 있다.

□ 안전성 기술 조직은 다양한 형태로 구성될 수 있다.

- 품질 부서의 일부, 독립적인 안전성 설계 부서, 혹은 공식적으로 정의조차 되지 않을 수도 있다. 그러나 안전성 핵심 역량(Core Competence)의 지속적 level-up은 안전성 확보 활동을 성공적으로 수행할 수 있는 관건이다.
- 안전성 조직의 책임은 개발팀의 기술적 지원과 개발 추진 기능의 제공을 포함한다.
- 안전성 엔지니어는 이 역할을 잘하기 위하여 분석적 설득력을 키워야 한다.
- 제품 수명주기(Lifecycle) 비용 영향의 분석과 최적화를 통한 리스크 감소는 안전성 기술 조직의 역할을 가장 잘 설명할 수 있다. 일반적으로 안전성 조직의 분석을 토대로 한 결과의 수정안이 경영진에 의하여 결정된다.
- 최고 경영자의 지원은 안전성 과업의 성공에 결정적이다. 안전성 조직에 의하여 개발 중에 확인된 이슈들이 적절하게 대응되는 것을 보장하기 위하여 경영층의 헌신적 노력이 필요하다. 이러한 이슈의 해결안은 종종 추가의 지원이 필요하고, 개발의 주요 일정에 악영향을 미칠 수도 있다. 안전성 엔지니어는 경제성 혹은 안전 고려 사항을 기반으로 하여 효과적인 사례를 만들고, 전방위로 지원해야 한다.
- 안전성 업무 방침은 초기에 정의되어야 하고, 조직이 발전하면서 재정제되어야 한다. 이 방침은 회사의 비즈니스와 마케팅 계획에 있는 목적과 일치하며, 고객의 요구와 안전성 인증 성능이 상호 관련 있다는 점을 기억해야 한다.
- 안전성 조직은 효과적인 안전성 관리 및 업무 요소들이 제품 개발 프로세스로 흡수 통합될 수 있도록 하여야 한다.

- 안전성 업무 절차와 문서는 다른 시스템 문서처럼 정확하게 작성되고 유지되어야 한다. 안전성 업무부서는 보고 구조, 절차와 표준을 개설하고 목적 수행을 지속적으로 보장하는 매뉴얼화가 필요하다.
- 안전성 업무 후 Progress를 확인하기 위한 지속적인 모니터링이 필요하다. 또한 모니터링 정보는 feed back 되어 업그레이드된 안전성 향상을 가져올 수 있다.

□ 안전성 업무는 고객(내부 혹은 외부)과의 기술적 관점의 약속 이행이다.

고객의 요구는 시간에 따라서 혹은 상황에 따라서 변화할 수 있다. 안전성 업무의 성공 여부는 고객과의 꾸준한 대화 채널을 통한 이해와 눈높이를 맞추는 데 있다. 때로는 그들의 잠재된 욕구가 무엇이지 파악하고 선행적 해결 방안을 찾기 위해 노력해야 한다. 고객 만족은 안전성 업무에서도 예외 없는 최종 목표라는 것을 항상 기억해야 한다.

Flying Taxi와 미래항공교통(AAM) 시대의 도래

□ AAM(Advanced Air Mobility)의 기술 배경

21세기 메가시티[1]의 등장에 따른 세계의 도시화율이 증가하고 있으며, 대도시권 인구집중 및 지상교통망의 혼잡이 발생한다. 도시 집중화 현상으로 도시 거주자들의 이동속도가 급격히 저하되고 물류 및 운송 비용도 지속적으로 증가하고 있다. 따라서 교통 정체 문제 등을 해결해야 할 필요성이 발생한다. 세계 전체 이산화탄소 배출량의 25%를 교통수단이 차지하고 있으며, 파리협정 및 온실가스 감축 로드맵 등에 따라서 국가 정책적으로 탄소배출 감축을 정하였으며, 이에 따른 친환경 교통수단의 확보가 필요하다. 지구 온난화 이슈 해결은 더 이상 선택이 아닌 공존을 위한 필수 요구사항이 되어 가기 때문이다. 이를 해결하기 위하여 분야별 전기를 이용한 교통수단이 소개되고 있고, 전기차, 전기 및 친환경 선박처럼 항공 산업에서도 전기수직이착륙(eVTOL; electric Vertical Take-Off and Landing) 기술이 도입되고 있고, 이를 활용한 3차원 교통수단인 도심항공교통이 등장하게 되었다. 전기동력 기반의 미래항공교통 수단은 이산화탄소 감축 및 스마트모빌리티 체계에 기여가 클 것으로 예상된다.

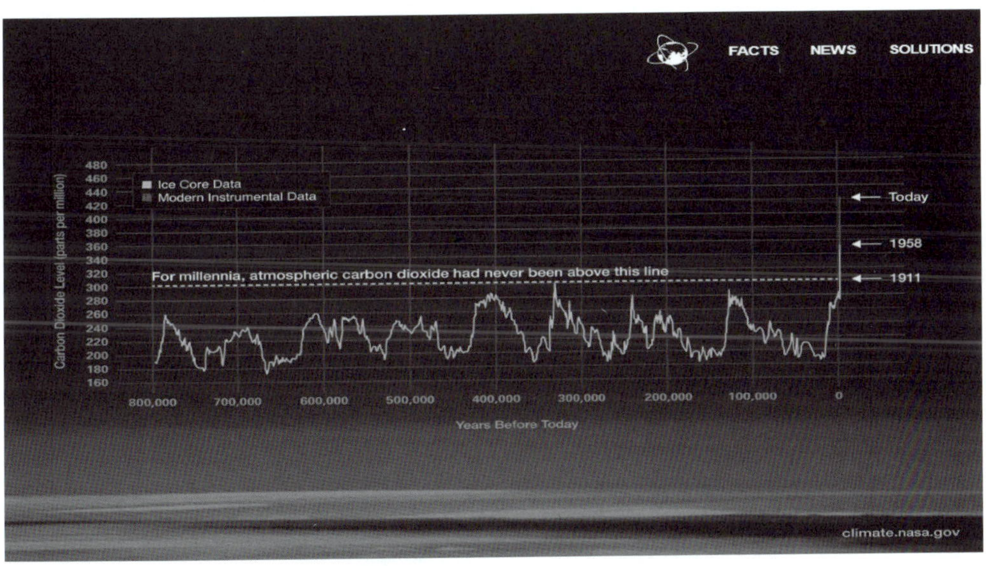

[그림 0-1] 이산화탄소 배출 배출량 증가량

출처: NASA Global Climate Change

1) 메가시티(Megacity)는 인구가 1,000만 명이 넘는 도시를 가리키며, 일반적으로 각 도시의 생활권의 인구까지 포함한다. Wikipedia

미래 항공 교통은 Flying Taxi라고도 불리지만, "회랑(Corridor)"으로 불리는 항로를 다니기 때문에 기존 택시보다는 플랫폼 기반의 지상 교통체계인 지하철, KTX, 버스 등을 대체하여 활용 가치를 높일 수 있다. 따라서, 대체 가능성이 있는지 시대성·기술성·상업성 측면의 비교분석이 요구된다. Uber에서 2016년 〈Fast-Forwarding to a Future of On-Demand Urban Air Transportation〉이라고 하는 White paper를 발간하면서 다양한 제조업체 등에서 UAM이 등장한다. 미 연방항공청(Federal Aviation Administration, 이하 "FAA")에서는 UAM 운용개념서(Conops)를 통하여 도심항공모빌리티(이하 UAM; Urban Air Mobility)를 첨단항공모빌리티(이하 AAM; Advanced Air Mobility)의 부분으로 보고 있으며, 고도의 자동화된 항공기를 이용한 도심 및 근교 지역 내에서의 승객 및 화물 운송 및 운용 항공수송체계를 지칭한다.

AAM은 도심 환경에서 운용의 전 범위를 대상으로 도심 내 운용뿐 아니라 도시 간 장거리 운항 등 UAM을 포함한 확장된 개념으로 RAM, 무인항공시스템(UAS; Unmanned Air Craft System)을 포괄하는 개념이다. 유럽연합 항공안전청(European Aviation Safety Agency, 이하 "EASA")에서는 AAM 대신 IAM(Innovative Air Mobility)로 불리는 차세대 기술이 적용된 승객 및 화물 운송체계의 부분 개념으로 도심 환경 내 혹은 도심 외곽에서의 운용되는 IAM을 UAM으로 지칭한다.

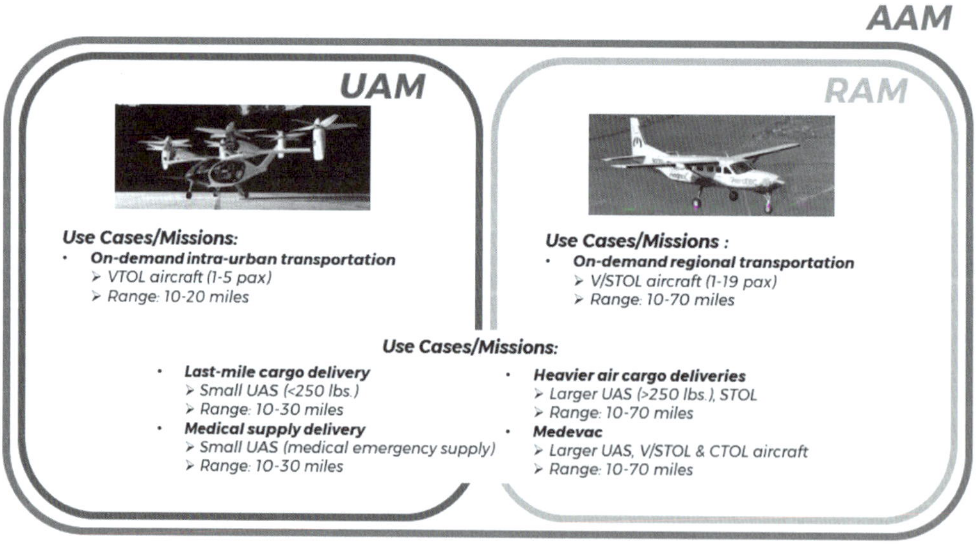

[그림 0-2] FAA 등의 AAM 컨셉과 부분 개념의 UAM

출처: AAM, RAM, UAM: Air Mobility Infographic, Advanced Air Mobility Report 2023-2035

또한, 먼 거리 이송 및 더 많은 승객 수송 개념으로 지역항공모빌리티(이하 RAM; Regional Air Mobility) 등도 있다. RAM에서는 UAM과는 다르게 eVTOL 이외에 eSTOL(electric Short Take-Off and Landing) 등도 고려하고 있다. UAM은 국내에서는 현재 도심(Intracity)에 초점을 맞추고 있으나 공항 셔틀에서 항공택시, 지역권 여행 등으로 활용이 가능한 넓게는 광역, 지역권(Intercity)을 아우르는 옵션으로 볼 수 있다.

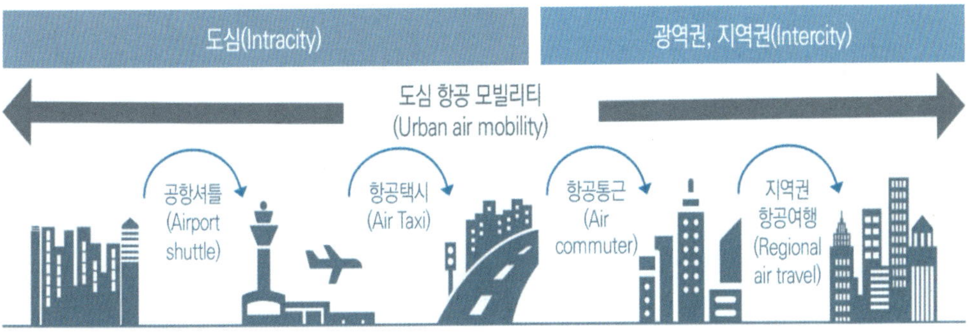

[그림 0-3] UAM을 통한 항공 운송 서비스의 활용 범위

출처 : KPMG Global

UAM에 가장 큰 특징이라고 할 수 있는 것은 운용공역이 도심 내를 150 m 이상의 상공(일반적으로는 300~600m 상공)으로 비행한다는 것이다.

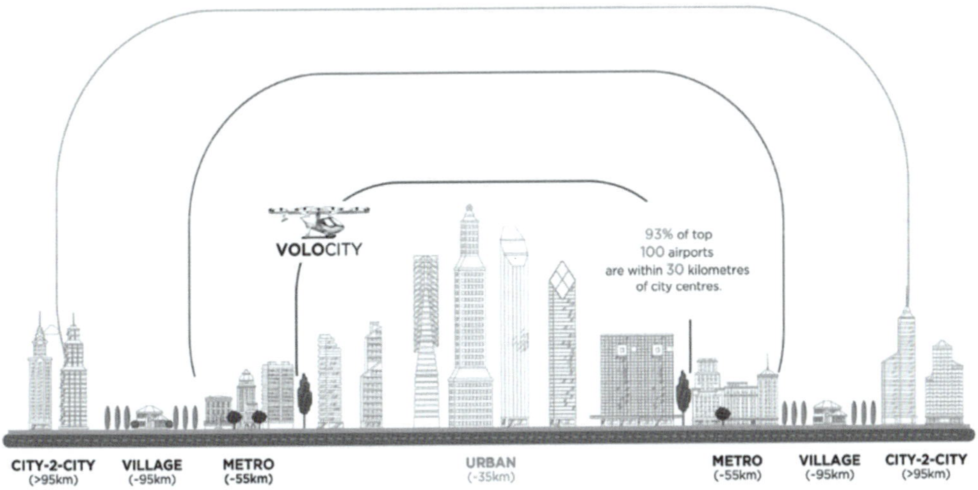

[그림 0-4] 도심항공모빌리티 서비스의 거리

출처: Volocopter WhitePaper 2.0

정부기관인 과학기술정보통신부는 22년 국가전략기술 육성방안을 발표하였으며, 12대 국가전략기술 중 하나로 첨단모빌리티(자율주행시스템, 전기수소차, 도심항공교통)를 선정하였다. 이에 따라 첨단모빌리티 중 하나로 UAM 혹은 AAM 시장의 규모가 확대될 것으로 예상된다.

[그림 0-5] 12대 국가전략기술분야

출처: 과학기술정보통신부 과학기술정책국 성장동력기획과

그리고 2024년 국토교통과학기술의 중장기 국제협력 대상 유망기술 분야로 제2차 국토교통 과학기술 연구개발 종합계획 12개 기술과제(12대 STAR 과제)를 제시하였고 국제협력 유망분야로 집중 지원예정이다.

[표 1-1] 12개 STAR(전략기술과 첨단연구, Strategic Technologies and Advanced Research)과제 품목

자율협력주행	자율협력 주행모빌리티운용을 위한 지능형교통체계, 인프라 등 사용환경 고도화 기술 개발
도심항공UAM	도심형항공(K-UAM) 산업 육성을 위해 도심 내 안전운항 기술 및 교통관리 체계 개발
초고속하이퍼튜브	철도 여객/화물의 안전하고 친환경적인 수송을 위해 무인자율 운영 및 초고속(1,000km/h이상) 철도 개발
이용자 중심 모빌리티	자율주행차, PM 등 모든 교통수단의 이용자 편의성 향상을 위해 맞춤형 연계 및 정보제공 서비스 기술개발
디지털 물류 체계	데이터에 기반한 미래 모빌리티(자율주행 배송 로봇, 트럭, UAM, 도시철도 화물열차 등) 와의 연계 기술개발
탄소중립도시	도시 내 에너지자립, 자원순환 활용, 탄소흡수·포집 등 탄소 중립도시 조성·운영·관리 기술개발
NetZero 건축	에너지플러스 주택, NetZero 빌딩 구현 및 운영관리 기술확보
액화수소 인프라	대용량 수소에너지를 공급할 수 있는 수소에너지 생산-저장·운송을 위한 인프라 기술 개발
초연결 스마트도시	사이버-물리시스템화, 초연결지능화 및 지속가능한 스마트시티 모델 개발을 통해 차세대 도시 모델 실증
디지털트윈 공간 정보	현실 국토형상(지하·지상·지표)을 가상공간에 반영하여 각종 데이터 실시간 모니터링 핵심기술 개발
스마트건설	건설·SOC시설물의 전 생애주기 디지털화를 통해 건설산업의 ICT기반 비즈니스 모델로의 전환 핵심기술개발
스마트빌딩	UAM, 자율차, 원격케어 등 첨단 스마트 서비스가 자유롭게 구동되는 스마트빌딩 구현 핵심기술 개발 및 실증

출처: 국토교통부

Contents 목차

제 2 장 AAM 안전성 시험·평가·인증기술 분석 및 인증시험 센터 구축

제 3 장 국제 표준화 동향분석

제1장

하늘의 아우토반 K-UAM (한국형 도심항공교통)

1. 탄생과 역사
2. 정책과 제도
3. 개발과 인증
4. 안전성 평가

1 K-UAM(Korea Urban Air Mobility) 탄생과 역사

우리나라의 도심항공교통(K-UAM) 태동은 지난 2019년 9월 산업통상자원부와 국토교통부가 공동 주관한 이른바 "조종사 없이 하늘을 나는 드론 택시 등 미래형 개인 비행체(PAV : Personal Air Vehicle) 개발을 위한 전략 협의체 구성을 시작으로 공식적으로 진행되었다. 이미 미국, 유럽 등 선진국에서는 2000년대 초기부터 도심지역의 교통난 해소, 지상에서 움직이는 이동수단의 내연기관에서 내뿜는 매연 등에 의한 도심환경 오염 및 소음 등으로 도심에서의 삶의 질 저하에 대해 하늘 공간을 이동 영역으로 활용하자는 움직임에 따라 미래의 새로운 교통혁명으로"하늘을 나는 자동차 Air Vehicle"를 구상하여 UAM, AAM 등의 개념으로 확장 발전하였다. 이를 시대별로 살펴보면 다음과 같다.

1.1 초창기(1990년대) : 상상을 현실로(자동차! 하늘을 날다.)

지금까지는 공상과학 소설이나 만화 등에서나 볼 수 있었던 미래의 교통 수단에 대해 상상하는 수준에서 탈피하여 본격적으로 과학과 기술이 뒷받침되는 도심의 하늘을 비행하여 시민들이 교통수단으로 활용하는 방안을 구상하게 되었다. 그러나 이 시기에 우리나라의 항공기 개발 기술은 민간차원의 헬리콥터나 고정익 항공기 개발 역량과 기술이 부족하여 완제기 개발 연구는 착수하지 못했으며 군용항공기로 당시 공군에서 미국의 군사원조를 받아 도입하여 운용중인 공군 조종사 양성을 위한 초등훈련기 T-41B 항공기의 30년 이상 장기 운영에 따른 후속기 도입을 추진하였으나 우리나라도 훈련기를 개발하겠다는 정부 의지로 최초로 국산 훈련기인 KT-1 항공기 개발 성공을 필두로 민간차원의 드론과 소형 항공기 개발 성공에 따라 우리나라도 독자적인 항공기 개발 기술을 보유하게 되었다. 이러한 항공기 개발 기술은 현재의 K-UAM 개발에 대한 정책적, 기술적 측면에서 긍정적인 희망을 갖고 정부의 전략지원과 산학연이 함께 연구하는 계기를 제공하였다.

1972년 미 군사원조로 도입
한 공군 초등훈련기 T-41B
출처: https://blog.naver.com/wkfyd0188

1995년 최초 국산개발 공군
훈련기 KT-1
출처: https://m.koreaaero.com/KO/Business/

[그림 1-1] 대한민국 공군 초등훈련기

1.2 태동기(2000년대) : 에어택시와 UAM 개념

우리나라는 2000년대에서부터 항공분야에서 본격적인 에어택시와 UAM에 대한 연구가 시작되었으며 특히 국내의 우수한 자동차용 전기 배터리 개발기술을 바탕으로 지금까지 소형 드론에 장착하던 배터리 추진 시스템을 점진적으로 항공기까지 확대 개발하는 계기가 마련되었다. 특히, 다른 나라 도시에 비해 서울 등 수도권의 복잡한 도심환경에서 안전하고 편안하며 자연 환경에 부합된 탈 것들은 결국 하늘길을 활용하는 것이 핵심이슈로 등장하는 시기이며 항공기를 지상에서 시민들이 편안하게 택시처럼 이용할 수 있는 개념인"에어 택시"그리고 이를 도심 공역이라는 공간으로 접목시킨"도심항공교통"의 등장은 신개념 교통수단을 제시하였다.

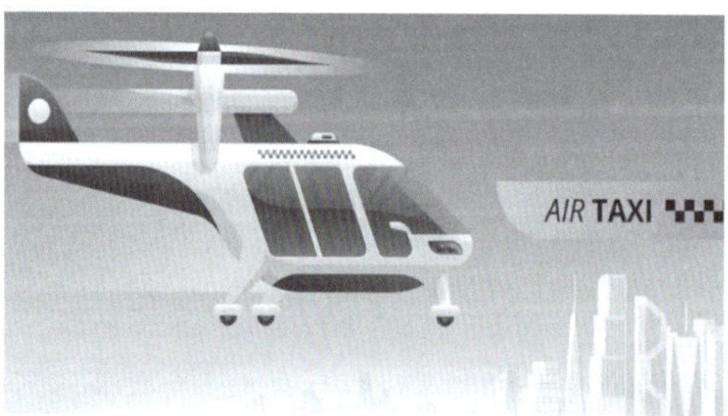

출처: https://kr.freepik.com/premium-vector/futuristic-air-taxi

출처: https://www.hyundai.co.kr/story

[그림 1-2] 에어택시 운용

1.3 발전기(2010년대) : 전기추진 항공기 데뷔

자동차에서 시작된 전기추진 시스템 개발 성공에 따라 전 세계의 전기자동차는 매년 기하급수적으로 증가하였으며 2019년 국제민간항공기구(ICAO)에서 발표한 항공분야"탄소배출 감축 및 상쇄 계획"(CORSIA : Carbon Offsetting and Reduction Scheme for International Aviation)은 전기추력을 이용한 드론에서부터 에어택시, UAM 등에 전기추진 시스템 장착을 위한 국가 주도 연구개발이 활성화되는 계기가 되었다. 우리나라도 2019년 에어모빌리티 국내 개발을 위한 민관군 전략협의체 결성, OPPAV 국가 연구개발 과제 추진 및 유인항공기의 무인화 개조 개발 등 전기추진 항공기 개발을 착수하였다.

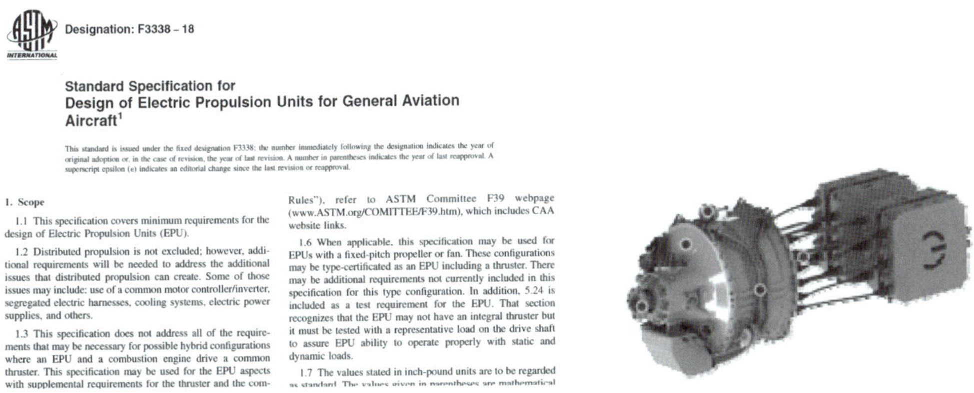

Designation: F3338 – 18

Standard Specification for
Design of Electric Propulsion Units for General Aviation Aircraft[1]

This standard is issued under the fixed designation F3338; the number immediately following the designation indicates the year of original adoption or, in the case of revision, the year of last revision. A number in parentheses indicates the year of last reapproval. A superscript epsilon (ε) indicates an editorial change since the last revision or reapproval.

1. Scope

1.1 This specification covers minimum requirements for the design of Electric Propulsion Units (EPU).

1.2 Distributed propulsion is not excluded; however, additional requirements will be needed to address the additional issues that distributed propulsion can create. Some of those issues may include: use of a common motor controller/inverter, segregated electric harnesses, cooling systems, electric power supplies, and others.

1.3 This specification does not address all of the requirements that may be necessary for possible hybrid configurations where an EPU and a combustion engine drive a common thruster. This specification may be used for the EPU aspects with supplemental requirements for the thruster and the com-

Rules"), refer to ASTM Committee F39 webpage (www.ASTM.org/COMITTEE/F39.htm), which includes CAA website links.

1.6 When applicable, this specification may be used for EPUs with a fixed-pitch propeller or fan. These configurations may be type-certificated as an EPU including a thruster. There may be additional requirements not currently included in this specification for this type configuration. In addition, 5.24 is included as a test requirement for the EPU. That section recognizes that the EPU may not have an integral thruster but it must be tested with a representative load on the drive shaft to assure EPU ability to operate properly with static and dynamic loads.

1.7 The values stated in inch-pound units are to be regarded

[그림 1-3] 전기엔진형상

1.4 성장기(2020년대) : K-UAM 개발과 인프라 구축

2020년대에는 미국의 NASA에서 추진한 UAM 그랜드 챌린지 사업을 벤치마킹하여 한국형 그랜드 챌린지(K-GC) 사업을 시작하였으며 미래 K-UAM의 안정적이고 정상적인 운용을 위해 사전 도심 또는 도심근교지역에서 시범 및 실증을 통해 문제점을 진단하고 보완하기 위한 정부 프로그램을 진행하고 있다. K-GC는 총 2단계로 운영되며 제1단계는 비도심 지역에서 2023년부터 2024년까지 실증 단계를 거치게 되며 1단계 실증 종료 이후 문제점을 보완하여 제2단계 실증은 도심권 지역에서 2024년부터 2025년까지 진행한다. 이와 관련된 주요 실증 내용을 정리하면 다음과 같다.

[1] K-UAM 운영에 대한 이착륙장 운영 실증(VertiHub, Vertiport, Vertistop)

[2] 도심 및 비도심 지역 운항에 대한 K-UAM 교통관리 시스템 점검
[3] K-UAM 운영 관련 Hardware 및 Software 개발 및 안전성, 신뢰성 검증
[4] 운영자, 서비스 제공자 등 K-UAM 운영 이해관계자들에 대한 역할과 책임
[5] 복잡한 도심 환경내에서의 안전한 운항을 위한 기기 및 장비 고장 등 비정상상황에 대한 사전 모의 및 대비책 등

이러한, K-UAM에 대한 민관의 투자와 노력으로 현재 우리나라도 미국, 독일 등과 같이 매년 개최되는 미국 CES 전시회에서 우리의 미래 도심교통의 핵심인 K-UAM 기체를 공개하는 등 우리의 기술력을 홍보하고 있으며 정부에서는 2020년부터 K-UAM 실증사업을 통해 2030년대 정상 운항을 위해 진력하고 있다. 또한, 국토교통부는 지난 2020년에는 K-UAM의 국내 운용 개념을 문서화한 "K-UAM 운용개념서", K-UAM 기술발전 추이 분석과 향후 개발 단계의 이정표를 제시한 "K-UAM 기술로드맵" 발표, 이후 2023년 12월에는 K-UAM의 안전성 검증을 위해 산학연관이 함께하여 연구한 "K-UAM 인증기준 안내서"를 발간 배포하였다. 더욱이, 2023년 10월 제정된 "도심항공교통 상용화 촉진에 관한 특별법"은 우리나라가 미래 도심항공교통 시스템의 발전과 개발에 대한 법률적 근거를 마련하였다.

K-UAM 운용개념서　　K-UAM 기술로드맵　　K-UAM 인증기준안내서

[그림 1-4] 전기엔진형상

2 K-UAM 정책과 제도

2.1 도심항공교통법

우리나라의 도심항공교통 활용촉진 및 지원을 위해 2022년 국회에서 최초 발의 이후 수차례의 법률 제정 검토와 관련 공청회 등을 거쳐 2023년 10월 국회 의결후 2024. 4월 시행되고 있다. 법률 내용은 K-UAM의 안전한 비행과 인프라 구축 및 정부와 지방자치단체의 지원 그리고 각종 규제을 완화하여 항공분야의 K-UAM 산업 촉진과 조기에 정상운영을 위한 법적 기반 마련이다. 지난 2017년 항공법을 현행 「항공안전법」,「항공보안법」, 「항공사업법」 및 「공항시설법」 등으로 분리하여 K-UAM에 대한 내용을 전체 법률에 포함하기에는 많은 종류의 법률 개정 소요가 필요하고 K-UAM의 중요성 등을 고려하여 단일 특별법으로 제정하였다.

[1] 법률의 주요 내용

도심항공교통 특별법에서는 도심항공교통의 실증 및 시범 사업에 대한 규제완화 뿐만아니라 정부의 예산 지원, 인허가 및 기반 조성 등 세부 사항을 포함하고 있으며 이를 도표로 표시하면 다음과 같다.

[표 1-2] 도심항공교통법 비용

분 야	법적 조항 내용
기획 및 계획	국토교통부 장관이 매 5년 마다 도심항공교통기본계획을 수립
위원회 설치 운영	국토교통부장관 소속으로 도심항공교통위원회 및 산업 협의체 구성 운영
실증 및 시범운용지역	국토교통부 장관이 실증 및 시범 운용지역 지정
Vertiport 개발사업	Vertiport를 개발하는 사업을 국토교통부 장관이 시행
도심항공교통 회랑	K-UAM을 위한 도심항공교통회랑를 국토교통부 장관이 지정
행정 및 재정지원	국가와 지방자치단체는 K-UAM 사업자 등에게 행정 및 재정지원

[2] 규제 완화 및 특례

도심항공교통 상용화를 위한 실증 및 시범사업 활성화를 위해 많은 인허가 업무 등을 간소화 또는 완화 조치 내용이 포함되어있으나, 비행안전 등 국민 생명과 재산에 위협이 될 수 있는 인허가 등은 특례의 범위에서 제외하고 있다.

[표 1-3] 도심항공교통의 규제 특례 제외 대상

구 분	규제 특례 제외 대상
실증사업 구역	• 항공기 등록 관련 사항, 항공기 형식증명 및 감항증명 관련 사항 • 항공안전 보고에 관한 사항 및 이착륙 장소 제한에 관한 사항 • 항공기 비행제한에 관한 사항
시범사업 구역	• 항공기 등록 관련 사항, 항공기 형식증명 및 감항증명 관련 사항 • 항공종사자 자격 증명 및 운항 안전에 관한 사항 • 항공기 비행제한에 관한 사항 및 운항증명에 관한 사항 • 항행안전시설 성능적합증명 및 항공보안장비 인증에 관한 사항

2.2 K-UAM 운용개념

도심 공역에서 항공기를 이용하여 시민들에게 안전하고 편안한 이동 수단을 제공한다는 것은 도심의 공중 공역, 회랑, 이착륙 시설 및 항공교통 관제 등 수없이 많은 위험 요소가 존재한다. 이러한 위험 요소로부터 벗어나 안전한 K-UAM 운항을 위해 우리나라 국토교통부에서는 2021년에 도심항공교통 운용개념서를 발간하였다. 운용개념서에는 아래 내용을 포함하여 국내에서 K-UAM의 정상 운영을 위해 3단계로 구분하여 점진적으로 영역 및 사업 범위를 확대하는 것으로 계획하였다.

[1] 운용개념서 내용

운용개념서에는 도심항공교통 운용에 필수로 소요되는 이해관계자들의 임무와 역할 및 책임, 도심에서 K-UAM 독립적인 회랑(Corridor) 선정, 공중영역에서의 항공교통관제 및 정보흐름과 통신, 항법 및 감시, 정보체계 등을 수록하고 있다.

[표 1-4] K-UAM 운용개념서 내용

구 분	운용개념서 세부 내용
이해관계자 역할	항공당국, K-UAM 운항자, 기장, 운항 지원 정보제공자 등에 대한 역할
회랑선정 및 관리	회랑 필요성 및 선정, 회랑 분리 및 항로이탈 모니터링 등
교통체계 흐름 관리	교통체계 구조 및 실시간 정보 흐름, 타 항공교통관리체계와의 공유 등
통신항법 및 감시정보	통신, 항법 및 감시, 정보 시스템 관리 등

[2] 운용단계

운용단계는 도심항공교통 상용화에 대비하여 초기, 성장기, 성숙기 등 3단계로 구분하고 단계별 주요 검증 항목과 목표를 선정하여 문제점 발굴 및 보완을 거쳐 2035년경에는 완전 정상 운용을 목표로 하고 있다.

구 분		초기 (2025~)	성장기 (2030 ~)	성숙기 (2035 ~)
기술 수준	순항속도	150km/h	240km/h	300km/h
	자율비행수준	On Board	Off Board	Autonomous
	교통관리	자동화 도입	자동화 주도 및 인적 감시	완전자동화 주도
	경로설계	Fixed Corridor	Mixed Corridor	Mixed Corridor

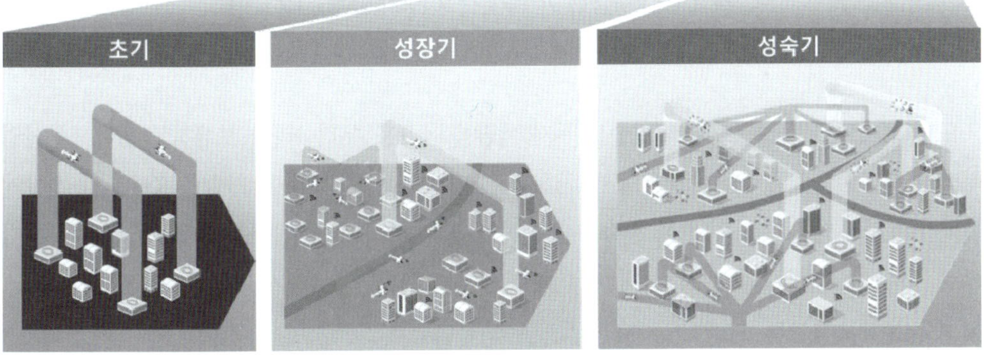

[그림 1-5] K-UAM 운용 단계

출처: 국토교통부, UAM 기술개발 로드맵, 2021.3.

2.3 K-UAM 기술 로드맵

기술 로드맵은 도심항공교통 운용개념에서 수립한 2035년 성숙기 단계를 거쳐 정상운용을 위한 준비과정에서 K-UAM의 기술 분야에 대한 총괄 로드맵이며 K-UAM 국산개발의 기술성숙도를 증가시키는 내용을 포함하여 도심 환경에서의 기상 조건, 이착륙장 시설 및 공역관리 등 모든 분야에 대한 기술 개발 방향을 제시하였다. 특히, 2030년대 K-UAM의 정상 운용을 위해 정부 부처간 상호 협력을 통한 시너지 효과를 도모하고 기술성숙도 증가를 위해 K-UAM 개발에 소요되는 핵심기술 확보를 통해 미래 UAM 세계시장을 대한민국이 선점한다는 국가 전략적 기술개발 로드맵이다.

[그림 1-6] K-UAM 기술로드맵의 정부부처별 고유 기술

출처: 국토교통부, K-UAM 기술로드맵, 2021.6

또한, K-UAM의 완전한 국내기술로 독자 개발을 목표로 우리나라가 보유하고 있는 4차산업혁명의 핵심인 AI & ICBM(IoT, Computer, Big data, Mobility) 기술을 K-UAM 개발에 접목하여 항공강국 진입을 위한 전략을 추진하고 있으며 국내 기업들도 아래와 같이 전문분야별로 실증 및 시범사업에 기체 개발, 이착륙장 및 교통관리 분야에 참여하고 있다.

[표 1-5] K-UAM 사업 분야

업 체 명	K-UAM 사업 참여 분야
00 공사	UAM 이착륙장(Vertiport) 구축·운영 및 UAM 교통관리 분야 등
00 연구원	UAM 서비스 수요예측 및 대중수용성 연구 등
H 사	UAM 기체 개발, 항행·관제·ICT 솔루션 개발 및 운항사·항공 모빌리티 검토
S 사	모빌리티 플랫폼 및 미래 항공교통 통신 네트워크 모델 개발

3 K-UAM 개발과 인증

3.1 한국의 K-UAM 개발 및 인증 체계

우리나라는 2020년 6월 정부부처 합동으로 미래의 도심항공교통 체계에 대한 "K-UAM Road Map"을 제정 발표하였으며, 2021년 9월 K-UAM 운용개념서(ConOps) 발표 이후 국토교통부 주관으로 UAM 실증 비행시연 행사를 2020년 11월 서울 여의도 한강 공원을 시작으로 2024년까지 지속 개최하여 K-UAM 운영에 대비한 비행체, 공역관리, 교통관리, 버티포트 등 인프라에 대한 시범 검증과 안전성 향상을 위한 제도 보완을 진행하고 있다. 아쉽게도 국내 대기업이 순수 국내기술로 K-UAM 기체 개발하는 사례는 없으며 주로 외국 전문회사와의 컨소시엄 구성 및 자회사 운영 등을 통해 기체개발을 진행하고 있으며 일부 중소기업을 중심으로 소형 및 경량급 규모의 UAM 형상을 기반으로 무인항공기를 개발하고 있는 추세이다.

개발업체(기관)	개발 단계	향후 목표
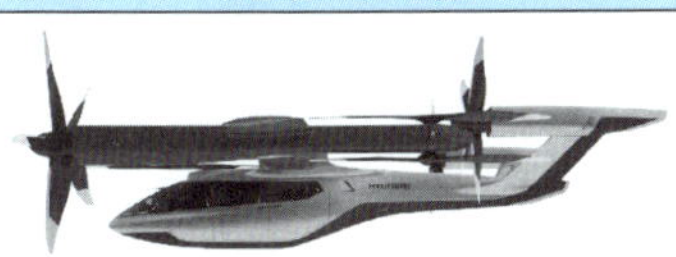 H 사(5인승, 3,175kg)	· 개발기간 : '20.1~ · 예산 : 미상 * 미국 자회사와 협력 개발 중	·'28년 상용화
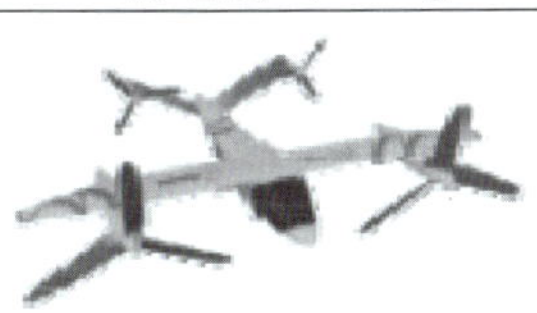 H 사(5인승, 3,175kg)	· 개발기간 : '20.2~ · 예산 : 290억원(자체투자분) * 미국 00사와 공동투자 개발	·'26년 상용화
 00 연구원(1인승, 650kg)	· 개발기간 : '19.4~'23.12 · 예산 : 448억원 * 국토부 213억, 산업부 235억 * 시제기 개발 및 검증 완료	· 개발 완료
 S사(1인승, 388.9kg)	· 개발기간 : 약 3년 6개월 · 투입예산 : 110억원 · 비행시험 완료	· 후속기 사업 검토

[그림 1-7] 국내 UAM 개발 동향

이와 관련하여 우리나라의 UAM 인증 동향은 먼저 정부 주도의 국가 연구개발 과제를 통해 인증 기술기준 개발을 진행하고 있다. 이미 연구과제를 종료하여 UAM 형상에 대한 검증기술 개발 완료 및 UAM 개발에 필요한 핵심기술을 선정하여 "인증안내서"를 발간하였으며 인증기술기준 개발을 위해 국토부 주관 "UAM 인증기준 마련 협의체"를 구성하여 장기간 연구 결과 2023년 12월에 "UAM 인증기준안내서"를 제정 발간하였다. 인증기준안내서는 아직까지 정부에서 공식적으로 항공기기술기준으로 지정하여 고시하지는 않았으나 추가적인 연구와 국제 인증 동향 등을 참고하여 지속 검토 보완 할 예정이다. 이로써 우리나라는 K-UAM인증 요소 모두를 갖추게 되었으며 인증기준 안내서의 세부 내용은 아래와 같다.

[표 1-6] 국내 UAM 개발 동향

분 야	주요 내용	기준 항목수
1. 일반	적용, 적합성 입증방법(MOC) 등	6
2. 비행	이륙성능, 조종성, 안전성 등	17
3. 구조	구조 내구성, 구성품 하중조건 등	23
4. 설계 및 구성	화재예방, 낙뢰 및 정전기 보호 등	8
5. 동력장치	동력장치 작동 특성, 에너지 시스템 등	8
6. 장비품	전기, 전자시스템 낙뢰방지, 결빙조건 비행 등	11
7. 비행승무원 인터페이스	비행, 항법 및 동력장치 계기 등	5
8. 전기 엔진	엔진 냉각, 내구성, 엔진 제어시스템 등	40
9. 프로펠러	안전성 해석, 프로펠러 제어시스템 등	21
10. 지속감항성 유지	부품 교환 및 검사 주기 등	12
계		151

출처: 국토교통부 보도자료, 2023.12

또한, 2024년 부터는 K-UAM 안전운용체계 핵심기술 개발 과제를 진행 중이며 2026년 12월까지 위험도 기반 UAM 비행절차 및 회랑 설계, 자동화 기술개발, UAM 항공기 시범인증을 통한 적합성 검증기술 개발 등 총 7개 세부과제를 수행중이다. 연구의 주된 내용은 K-UAM 인증 시제기를 제작하여 설계 적합성 입증 기술을 개발하며 시험평가 기술을 개발한다. 인증시제기의 적합성 검증기술 개발은 인증시제기의 ConOps 기반 항공기 인증기준(Certification Basis) 개발, 형식검사승인서 개발 및 적합성 점검표(CCL) 개발 확정 등 K-UAM 안전성 인증에 필요한 요소를 연구한다. 향후 본 과제 종료 이후 우리나라가 K-UAM 정상 운용단계 진입을 위해 후속과제를 통해 인증체계 완성도를 향상시켜 2022년 설문 조사에서 대두된 국민 눈높이에 부합되는 안전성을 확보할 계획이다.

3.2 외국의 UAM 개발 및 인증 체계

[1] 미 국

미국의 UAM 개발은 산업체 주도로 활성화되고 있으며 대표적으로 5인승급의 eVTOL 형태의 비행체를 중심으로 하고 있다. 대표적 기업은 00사의 여객용 UAM에 대해 이미 비행시험을 완료하여 최종 감항 검증비행 대기 중이며 미 정부의 형식증명을 신청하여 관련 기술자료를 검토중에 있다. 이외에도 △△사도 기체 개발 완료 후 비행시험을 마쳤으며 역시 미 정부의 감항증명을 기다리고 있다. 미국은 특히, 자국의 드론 등 소형 항공기급에 대한 군사적 활용을 신속하게 결정하고 도입하기 위해 미공군에서 제기한 "Agility Prime Program"이 중소 기업의 항공산업 개발에 큰 역할을 한 것으로 평가되고 있다.

[그림 1-8] 미국의 대표적 UAM 개발 형상

미국은 연방항공청(FAA) 주도하에 UAM에 대한 인증 정책을 수립하고 인증기준 승인을 준비중이다. 인증정책은 2022년까지 기존 항공기의 감항인증 기준을 적용하여 안전성 검증이 가능한 것으로 판단하여 FAA Part 23을 기본으로 채택하고 회전익 부분에 대한 인증기준은 FAA Part 27을 Tailoring 하여 적용한 다음 수직이착륙 항공기 특성을 고려하여 특수 기술조건을 추가하는 것으로 추진하였다. 그러나 UAM이 수직이착륙 비행특성과 전기엔진 추진 등 이착륙 Profile이 기존 고정익 항공기, 회전익 항공기 특성과 또 다른 특성이 존재하여 이에대한 인증기준을 수립해야 할 필요가 있으며 현재 고시된 감항인증기준이 모든 UAM 항공기의 형식증명을 위한 설계를 포함하는데 한계가 있거나 안전측면에서 불안전한 요소가 존재할 때는 특별한 기준을 마련하여 인증하여야 하는 객관적 논리에 따라"Special Class"인 "Powered-lift"항공기로 분류하여 감항인증을 수행하고 있다. 미 연방항공청의 Powered-lift 항공기에 대한 정의는 아래와 같다.

> **Powered-lift aircraft (ref. 14 CFR § 1.1)**
> *Powered-lift means a heavier-than-air aircraft capable of vertical takeoff, vertical landing, and low speed flight that depends principally on engine-driven lift devices or engine thrust for lift during these flight regimesand on nonrotating airfoil for lift during horizontal flight*

또한, 변경된 특수분류 항공기의 감항인증을 위한 관련 법령 조항과 인증기준 수립 방법을 정리하면 다음과 같다.

[표 1-7] UAM 목록

적용 년도	UAM 분류	적용 규정 (FAA Part 21)	인증기준 수립 방법
2022년 이전	Airplane	part 21.17(a)	Part 23 감항인증기준 + Special Condition * 엔진, 프로펠러 등은 별도 형식증명
2022년 이후	Special Class Aircraft (Powered-lift)	part 21.17(b)	항공기 모델별 기준 요건 발췌 적용 (part 23~35) + Powered-lift 적용 신기술기준 추가 * 기체와 엔진, 프로펠러 통합 인증기준 적용

이와 같이 미국은 수직이착륙 형태의 UAM 형상 항공기를 Powered-lift 특수 분류항공기로 정의함에 따라 기존 항공기 인증개념 적용에서 새로운 항공기에 대한 인증기준을 항공기 형상별로 수립하여 연방항공청의 승인을 받아 감항인증 하여야 한다. 이에 대한 최초 감항인증 대상은 현재 00 사 등에서 제안한 감항인증 기준(안)을 지속 검토중이다.

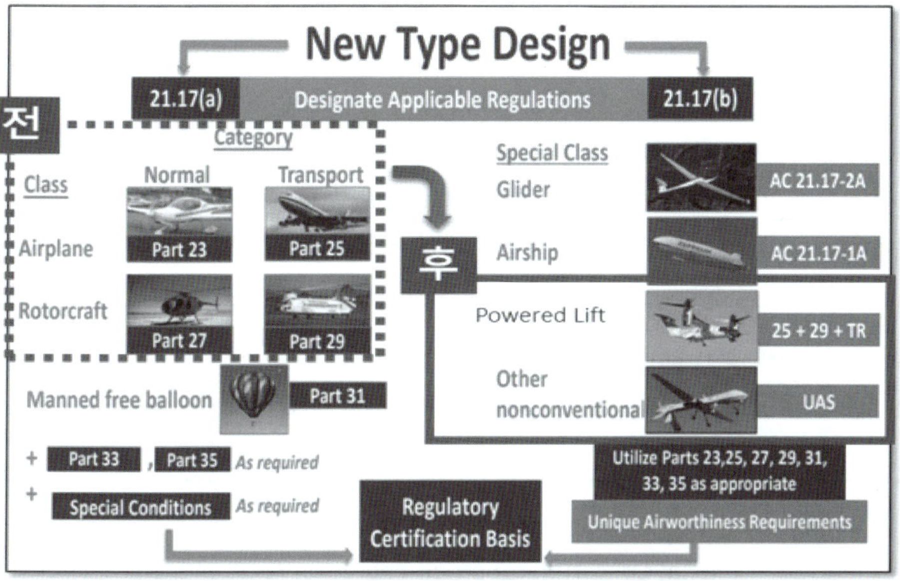

[그림 1-9] 미국 연방항공청의 UAM 인증 정책

출처: 전승목, 해외 국가 UAM 항공기 인증기준 동향, 항공안전기술원, 2023.5

[2] 유 럽

유럽은 L사의 5인승 전기동력 제트형 기체를 개발하여 UAM 운송사업을 준비 중이며 이미 2025년에는 독일 뒤셀돌프 공항과 본 공항을 연결하는 공항간 연결 셔틀 항공여객 서비스 업무협정을 체결하여 준비중이다. 또한, V사의 경우 2인승 멀티콥터형 기체를 기반으로 자체적인 운영사업을 준비중이며 한국을 비롯하여 동남아, 미국 등 세계 각국에 비행 실증에 참여하고 있다. 특히, V사의 00 기체는 2024년 파리 올림픽에서 세계 최초로 "비행 택시"를 시험운영하므로서 향후 UAM 실용화를 입증하는 계기가 되었다.

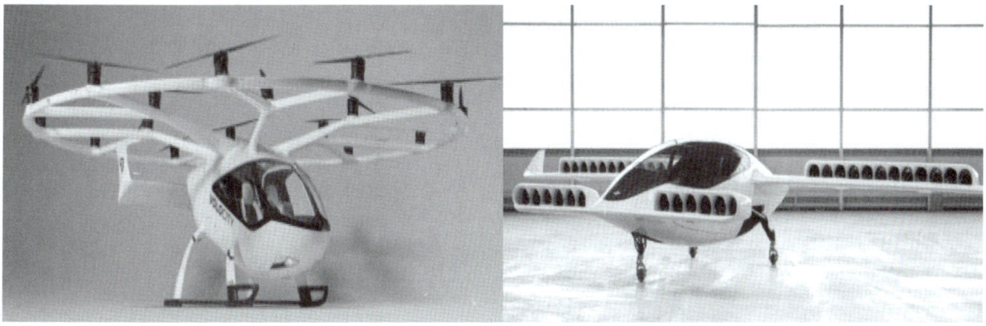

[그림 1-10] 유럽의 UAM 개발 기체 형상

유럽 연방항공청은 이미 2019년 7월 UAM 항공기 형상인 수직이착륙 항공기(VTOL)에 대하여 “Special condition for small-category VTOL aircraft”를 제정 공포하여 유럽연합 소속 국가들에게 적용하도록 하고 있다. 이는 미국의 인증정책과는 차별화된 정책이며 FAA Part 23에 준하는 CS-23을 기반으로 하고 회전익 항공기의 인증기술기준인 CS-27을 연계하여 수직이착륙 항공기의 회전익 특성을 반영하였다. 또한, VTOL 개념에서 누락하기 쉬운 특수기술조건(Special Condition)을 추가하여 적용하도록 하였다.

EASA European Union Aviation Safety Agency	**SPECIAL CONDITION** **Vertical Take-Off and Landing (VTOL) Aircraft**	Doc. No: SC-VTOL-01 Issue: 1 Date: 2 July 2019

Special Condition for small-category VTOL aircraft

Statement of Issue

The Agency has received a number of requests for the type certification of vertical take-off and landing (VTOL) aircraft, which differ from conventional rotorcraft or fixed-wing aircraft. In the absence of certification specifications for the type certification of this type of product, a complete set of dedicated technical specifications in the form of a special condition for VTOL aircraft has been developed. This special condition addresses the unique characteristics of these products and prescribes airworthiness standards for the issuance of the type certificate, and changes to this type certificate, for a person-carrying VTOL aircraft in the small category, with lift/thrust units used to generate powered lift and control.

[그림 1-11] 유럽(EU)의 VTOL 항공기 인증 특수조건

[3] 일 본

일본은 민간 항공감항 당국인 국토교통성 항공국(JCAB-MLIT, Japan Civil Aviation Bureau-Ministry of Land, Infrastructure, Transport and Toursim)에서 UAM 인증을 주관한다. 2023년 3월 “공중이동체에 대한 기준 방향성 정리” 매뉴얼을 고시 발표하였으며 여기에는 항공기 분류, 감항인증 기준 및 비행시의 안전 준수 규칙 등에 대한 방향을 포함하였고 특히, UAM 항공기를 고정익 형태의 비행기와 회전익 형태의 회전익 항공기(헬리콥터 등)으로 분류하고 있다.

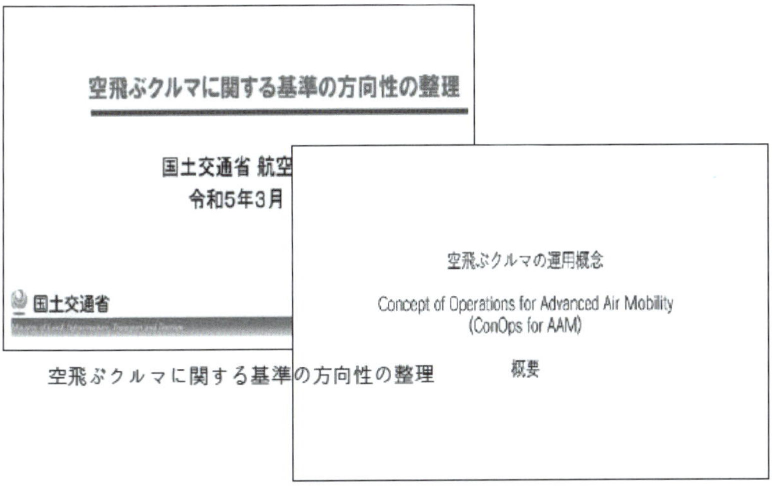

空飛ぶクルマに関する基準の方向性の整理

Concept of Operation for Advanced Air Mobility

[그림 1-12] 일본 JCAB의 공중이동체에 대한 기준과 방향

출처: 전승목, 해외 국가 UAM 항공기 인증기준 동향, 항공안전기술원, 2023.5

감항인증 측면에서는 감항성 검사 및 유지 절차 매뉴얼인 AIM(Airworthiness Inspection Manual)에서 UAM 항공기의 정의를 고정익 비행기 및 회전익 항공기로 지정하여 최초 미국 연방항공청에서 추진했던 방안과 동일하게 기존 항공기의 감항인증 기준을 적용하되 UAM에 대한 특수 기술기준을 추가하도록 하고 있다. 즉, 내공성 기준을 고정익 기준인 Part 23,25와 회전익 기준인 Part 27, 29를 혼합 적용하고 있으며 배터리, 화재보호, 원격제어 시스템 및 Data-link 등 필요한 특수기술을 항공기 형태에 따라 적용한다.

耐空性基準 (airworthiness standards)
電動化された空飛ぶクルマは発動機を使用する既存航空 機と異なるが、空飛ぶクルマの耐空性基準としては、型式 毎の性能や機能に応じて柔軟な証明方法の設定が可能な耐 空性基準（耐空性審査要領第Ⅱ部）を基本としつつ、個別 の設計に応じて追加要件、適用除外等を設定する。
追加要件として想定されるものとしては、空飛ぶクルマ 特有の機能としてバッテリー、自動操縦、遠隔操縦等に対 する要件がある。
令和４年度でとりまとめたeVTOLの追加の安全基準のエッセンスの基準化を図る（航空局としてサーキュラーを発行）。
追加の安全基準のエッセンスの例示）

[그림 1-13] 일본 JCAB의 AIM(감항검사 매뉴얼)

3.3 K-UAM 감항인증

[1] 감항인증 정의

우리나라 최초 항공법은 1962년 법률 제1194호로 제정하여 군용항공기를 제외한 민간항공기 분야에 대한 개발, 도입 및 운항, 안전 등 구체적인 내용을 포함하여 각종 인허가 및 규제 등의 업무를 교통부에서부터 시작하였다. 이후 수 회에 걸친 정부 조직법 개정으로 정부기관 명칭 변경과 함께 현실적인 항공법 정비를 통해 항공기 안전은 물론 정비, 개조 등 많은 분야에 걸쳐 보완하였으나 그 범위가 방대하여 2017년에는 항공법을 분할하여 항공안전법, 항공사업법, 공항시설법 등으로 각각 분리하여 현재에 이르고 있다. 1962년 최초 법령 제정 당시부터 미국의 항공법 체계와 내용을 참고하여 우리나라 현실에 맞게 제정하였으나 기술적인 분야에 대해서는 미국의 규정과 기준을 적용하는 수준이었다. 현재 국내 항공안전법 및 군용항공기 비행안전성 인증에 관한 법 그리고 미 국방성 및 국제민간항공기구에서 정의한 감항인증을 아래와 같이 정의하고 있다.

[표 1-8] 감항인증 용어

용 어	정 의	근 거
감항증명	항공기가 감항성이 있다는 증명	항공안전법 제23조
감항인증	군용항공기가 감항성을 가지고, 그 성능과 기능을 발휘할 수 있음에 대한 정부 인증	군용기인증법 제2조
감항성	정비·수리·개조된 항공기·발동기·프로펠러, 장비품 또는 부품에 대하여 안전하게 운용할 수 있는 성능	항공안전법 제2조
	군용항공기가 운용 범위내에서 비행안전에 적합하다는 것	군용기인증법 제2조
Airworthiness Certification	The two necessary conditions for issuance and maintenance of an airworthiness certification are: (1) the air system must conform to its type design; and (2) the air system must be in a condition for safe operation	MIL-HDBK-516C 3. Definitions and Acronyms
Airworthy	The status of an aircraft, engine, propeller or part when it conforms to its approved design and is in a condition for safe operation	ICAO Annex 8. Airworthiness of Aircraft. Part Ⅰ Definitions
	The airworthy means of aircraft conforms to its type design and is in condition for safe operation	US FAA 14 CFR Aeronautics and Space Part Ⅲ

출처: 항공안전법 제2조, 군용기인증법 제2조, MIL-HDBK-516C, ICAO Annex 8, US FAA 14 CFR Part 3

[2] 감항인증 기준

감항인증기준은 우리나라는 주로 미국 연방항공청에서 제정한 항공기 또는 엔진, 프로펠러 등 장비 유형별 감항인증 기준인 FAA 규정에서 정의한 기준을 적용하고 있으며 현재 정부 고시로 적용하고 있는 항공기기술기준은 아래와 같다.

[표 1-9] 국내 항공기 기술 기준

구 분	세부 내용
KAS Part 1	총 칙
KAS Part 21	항공기 등, 장비품 및 부품 인증 절차
KAS Part 22	활공기에 대한 기술기준
KAS Part 23	감항분류가 보통(N)류인 비행기에 대한 기술기준
KAS Part 25	감항분류가 수송(T)류인 비행기에 대한 기술기준
KAS Part 26	수송류 비행기에 대한 감항성 유지와 안전성 향상 기준
KAS Part 27	감항분류가 보통(N)류인 회전익항공기에 대한 기술기준
KAS Part 29	감항분류가 수송(T)류인 회전익항공기에 대한 기술기준
KAS Part 30	비행선(Airship)에 대한 기술기준
KAS Part 33	항공기 Engine에 대한 기술기준
KAS Part 35	항공기 Propeller에 대한 기술기준
KAS Part VLR	감항분류가 경회전익 항공기(VLR)류인 회전익 항공기에 대한 기술기준

출처: 국토교통부, 항공기기술기준

위의 표에서 제시한 바와 같이 감항인증기준을 유형별로 구분하여 적용하고 있으나 아직까지 UAM에 대한 기술기준은 제정되지 않았다. 따라서 정부에서는 UAM 감항인증을 위해 산학연관을 중심으로 K-UAM의 감항인증 기술기준 제정을 위한 연구를 진행 중이며 향후, 미국 또는 유럽에서 UAM 기술기준 제정 공포시 이를 참고하여 국내 UAM 운영환경 등을 고려하여 기술기준을 제정할 것으로 예상된다.

특히, UAM의 경우 도심권 중심으로 좁은 비행공역에서 승객을 운송하는 시스템이므로 미국이나 유럽 등의 도심 비행환경이 국내환경과 상이하여 국가간 경계를 넘어서 장시간 비행하는 여객기 등과는 기술기준 제정 시 많은 요소들을 고려해야 하는 어려움이 있다.

[3] 감항인증 구성 요소

K-UAM에 대해 어떻게 안전하다는 것을 검증하고 입증하여 감항인증을 수행할 것인가? 하는 문제는 매우 중요하다. 이미 유무인 항공기에 대한 안전성 인증을 위해 많은 제도와 인프라를 통해 경험하고 있지만 새로운 비행체인 K-UAM의 경우 현행 절차와 인프라를 갖고 안전성 인증을 하기에는 미흡하여 특별법 제정 등 정책, 제도적으로 인프라 구축을 하고 있다. 그림에 도시한 바와 같이 안전성 인증 요소는 법령 및 규정, 인증 조직, 인증 절차, 기술기준 등으로 구분할 수 있으며 우리나라는 지난 2019년도부터 정부 및 산학연을 중심으로 K-UAM 관련 연구와 협의체 등을 진행하여 현재 기술기준을 제외하고 모든 요소들이 구축되어 있다.

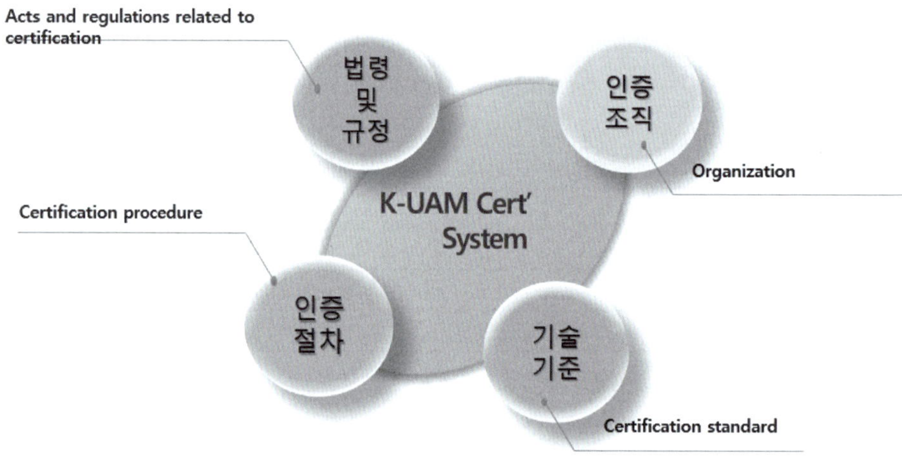

[그림 1-14] 감항인증 구성 요소

이러한 인증 구성요소들에 대한 세부 내용은 아래 표에서 요소별로 정리하였으며 K-UAM 인증 기술기준은 아직까지 공식적으로 국내는 물론 국외에서도 제정 발표되지 않았다. 따라서, 우리나라를 비롯하여 많은 국가에서 국가별, 지역별 특성을 고려하여 기술기준을 연구하고 있어 짧은 기간내에 공식 제정 될 것으로 전망된다.

[표 1-10] 감항인증 구성요

인증 요소	국내 구축 현황
법령 및 규정	도심항공교통 상용화 촉진에 관한 특별법 및 시행령, 시행규칙 제정 완료
인증 조직	인증당국(국토교통부), 인증기관(지방항공청), 전문 및 검사기관(항공안전기술원)
인증 절차	항공기기술기준(KAS) 및 K-UAM 인증 세부 지침 및 절차(수립 중)
인증 기준	국가 연구개발 과제로 연구 진행 중

[4] 감항인증을 위한 안전 목표

K-UAM이 어느 정도 안전성을 확보해야 도심권에서 비행승인 할 수 있는지에 대해서는 기존 대형 여객기 수준으로 안전성이 요구된다는 주장과 국가간의 공역을 비행하는 넓은 지역에서 운항하는 여객기보다 도심권이 몇 배 더 큰 인명 및 재산 피해 위험에 노출되므로 보다 더 보수적인 안전성 목표를 설정해야 한다는 주장이 있다. 현재 국제 민간항공기구와 미국 연방항공청(FAA) 및 유럽 항공안전청(EASA)에서 제시하고 있는 소형 및 대형 여객기의 안전성 목표는 비행 중 추락 등 재난적 사고(Catastrophic)로 이어질수 있는 확률을 아래와 같이 규정하고 있다.

[그림 1-15] 항공기 유형별 안전 목표

출처: 미국 연방항공청(FAA), AC No 23.1309-1E, 2011.

감항분류가 보통(Normal)인 비행기에 대한 기술기준 즉, 승객좌석이 19인승 이하이고 최대 이륙 중량이 8,618 kg(19,000 lbs) 이하인 비행기는 재난수준(Catastrophic) 유발 확률을 10만 비행시간당 1건으로 규정하고 있으나, 감항분류가 수송(T)인 승객좌석 20승 이상인 비행기에 대한 기술기준에서 규정하고 있는 Catastrophic 발생 확률은 소형비행기와 대비하여 매우 높은 수준인 1억 비행시간당 1건으로 규정하고 있다. 따라서, 미국이나 유럽에서는 UAM에 대한 최적의 안전 설계 목표값을 수송(T)급 대형 비행기(보잉 737, 747, 787 및 에어버스 320, 330, 340, 350 등)를 기준으로 안전 목표를 연구하고 있다.

① 미국 연방항공청(FAA)의 UAM 안전 목표

미국 연방항공청에서는 지난 2022년 10월 00사의 S4-1 Powered-Lift 항공기와 △△ 사의 M001 Powered-Lift 항공기에 대한 Airworthiness Criteria를 접수받아 형식증명을 위한 기술기준 검토를 진행하고 있다.

This document is scheduled to be published in the Federal Register on 11/08/2022 and available online at federalregister.gov/d/2022-23962, and on govinfo.gov [4910-13]

DEPARTMENT OF TRANSPORTATION

Federal Aviation Administration

14 CFR Part 21

[Docket No. FAA-2021-0638]

Airworthiness Criteria: Special Class Airworthiness Criteria for the Joby Aero, Inc. Model JAS4-1 Powered-lift

AGENCY: Federal Aviation Administration (FAA), DOT.

ACTION: Notice of proposed airworthiness criteria.

SUMMARY: The FAA announces the availability of, and requests comments on, the proposed airworthiness criteria for the Joby Aero, Inc. (Joby) Model JAS4-1 powered-lift. This document proposes airworthiness criteria the FAA finds to be appropriate and applicable for the powered-lift design.

DATES: The FAA must receive comments by [INSERT DATE 30 DAYS AFTER DATE OF PUBLICATION IN THE *FEDERAL REGISTER*].

ADDRESSES: Send comments identified by docket number FAA-2021-0638 using any of the following methods:

This document is scheduled to be published in the Federal Register on 12/20/2022 and available online at federalregister.gov/d/2022-27445, and on govinfo.gov [4910

DEPARTMENT OF TRANSPORTATION

Federal Aviation Administration

14 CFR Part 21

[Docket No. FAA-2022-1548]

Airworthiness Criteria: Special Class Airworthiness Criteria for the Archer Aviation Inc. Model M001 Powered-lift

AGENCY: Federal Aviation Administration (FAA), DOT.

ACTION: Notice of proposed airworthiness criteria.

SUMMARY: The FAA announces the availability of, and requests comments on, the proposed airworthiness criteria for the Archer Aviation Inc. (Archer) Model M001 powered-lift. This document proposes airworthiness criteria the FAA finds to be appropriate and applicable for the powered-lift design.

DATES: The FAA must receive comments by [INSERT DATE 30 DAYS AFTER DATE OF PUBLICATION IN THE FEDERAL REGISTER].

ADDRESSES: Send comments identified by docket number FAA-2022-1548 using any of the following methods:

[그림 1-16] 미국 연방항공청에서 검토 중인 00 및 △△사의 UAM 기술기준(안)

출처: 미국 연방항공청(FAA), 2022.

미국 연방항공청에서 접수하여 검토중인 Powerd-Lift형 UAM 기체에 대한 감항기준(Airworthiness Criteria) 중 안전목표(Safety Objectives)는 별도로 수치화하여 기술기준에 명시하지 않았으나, 안전성 항목에 기존의 감항분류가 보통(N)인 비행기(FAA part 23)의 감항기준를 따르는 것으로 연방항공청에서 제안하였다. 따라서, 향후 미국 연방항공청에서 UAM의 감항기준을 Part 23을 적용할 경우 앞서 설명한 UAM의 안전목표를 Catarstrophic 기준으로 $1x10^{-6}$을 적용하여 승인할지 여부가 주목되는 부분이다.

In addition, because many of the proposed airworthiness criteria are performance-based, like the regulations found in part 23, the FAA has proposed to adopt § 23.2010 by reference, which would require that the means of compliance used to comply with these proposed airworthiness criteria be accepted by the Administrator. Because no powered-lift

[그림 1-17] 미국 00사의 UAM 감항기준 적용 기술기준(안)

② 유럽 항공안전청(EASA)의 UAM 안전 목표

유럽은 미국 연방항공청과는 다르게 UAM을 수직이착륙형(VTOL) 항공기인 특수분류 항공기(Special Aircraft)의 범주에 포함시켜 감항인증 등 안전성 검증을 수행하고 있다. 지난 2017년 유럽 항공안전청은 수직이착륙항공기에 대한 감항인증기준인 Special Condition을 제정하여 유럽 연합국가에서 적용하도록 하였으며 이는 UAM안전성 인증을 고려하여 제정되었다. 주목할 만한 내용은 수직이착륙형 항공기 범주를 2개 카테고리로 분류하여 Basic, Enhanced 항공기로 정의하였다. 카테고리별 비행 성능을 승객 안전에 초점을 맞추어 Basic 항공기의 경우 아래 그림과 같이 도심권내에서 비행중 긴급 상황 발생시 즉시 비행 중단후 최단거리, 최소시간내에 비상착륙장에 착륙하도록 강제하였고 Enhanced 항공기는 항공기 결함 등 중대사항 발생시에도 안전하게 계속 비행하여 기 계획된 착륙장으로 비행이 가능하도록 하였다. 따라서 대부분 도심권을 운항하게 될 수직이착륙기인 UAM의 경우 대부분 Enhanced 급으로 설계요구를 하고 있다.

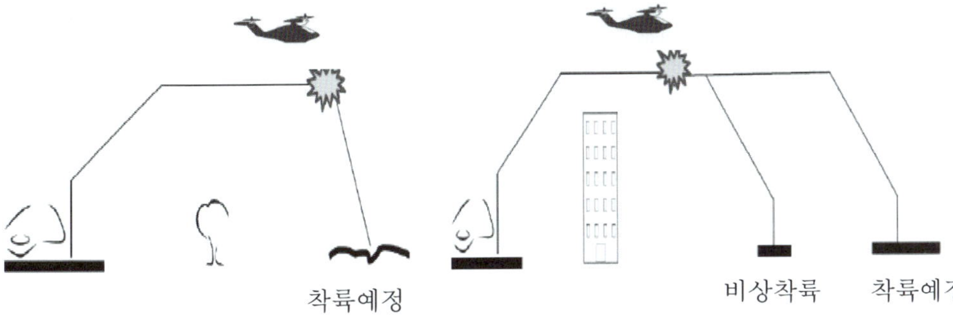

[그림 1-18] Enhanced and Basic Category

또한, UAM의 설계안전 목표를 카테고리별로 구분하여 SC-VTOL 기준문서에 아래 표와 같이 정의하고 있으며 이는 기존 유인항공기 중 감항분류가 수송(T)급에 해당하는 상당히 높은 수준의 안전 목표를 요구하고 있다.

EASA European Union Aviation Safety Agency	SPECIAL CONDITION Vertical Take-Off and Landing (VTOL) Aircraft	Doc. No: SC-VTOL-01 Issue: 1 Date: 2 July 2019

Special Condition for small-category VTOL aircraft

Statement of Issue

The Agency has received a number of requests for the type certification of vertical take-off and landing (VTOL) aircraft, which differ from conventional rotorcraft or fixed-wing aircraft. In the absence of certification specifications for the type certification of this type of product, a complete set of dedicated technical specifications in the form of a special condition for VTOL aircraft has been developed. This special condition addresses the unique characteristics of these products and prescribes airworthiness standards for the issuance of the type certificate, and changes to this type certificate, for a person-carrying VTOL aircraft in the small category, with lift/thrust units used to generate powered lift and control.

		Failure Condition Classifications			
	Maximum Passenger Seating Configuration	Minor	Major	Hazardous	Catastrophic
Category Enhanced	-	$\leq 10^{-3}$ FDAL D	$\leq 10^{-5}$ FDAL C	$\leq 10^{-7}$ FDAL B	$\leq 10^{-9}$ FDAL A
Category Basic	7 to 9 passengers	$\leq 10^{-3}$ FDAL D	$\leq 10^{-5}$ FDAL C	$\leq 10^{-7}$ FDAL B	$\leq 10^{-9}$ FDAL A
	2 to 6 passengers (see note A)	$\leq 10^{-3}$ FDAL D	$\leq 10^{-5}$ FDAL C	$\leq 10^{-7}$ FDAL C	$\leq 10^{-8}$ FDAL B
	0 to 1 passenger (see note A)	$\leq 10^{-3}$ FDAL D	$\leq 10^{-5}$ FDAL C	$\leq 10^{-6}$ FDAL C	$\leq 10^{-7}$ FDAL C

[그림 1-19] SC-VTOL Safety Objectives

4 K-UAM 안전성 평가

4.1 안전의 중요성

K-UAM은 도심 공간 및 도심 근교 영역에서 운항하게 되므로 사고 발생시 항공기 탑승 인원 뿐 만 아니라 지상 인명피해 등 대형사고로 이어진다. 특히, 우리나라의 수도권 인근 도시는 대부분 인구 100만명 이상이 거주하는 메가시티 수준이므로 사고 발생시 피해 규모는 국가 재난 수준일 것으로 예상된다. 따라서, 아무리 편리한 새로운 교통수단이라하더라도 안전성이 확보되지 않으면 운항이 불가한 상황이다. 이러한 안전의 중요성을 인식하여 정부에서는 우리나라의 도심항공교통(K-UAM)의 정상운용에 대비하여 지난 2022년 전 국민을 대상으로 어느 정도 안전성이 확보되면 국민들이 안심하고 K-UAM을 탑승 할 수 있을 것인가에 대해 설문조사를 수행하였으며 설문조사 결과 아래와 같이 K-UAM이 안전성이 충분이 확보될 경우 탑승하겠다는 국민이 전체 설문 응답자의 72.8%를 차지하여 다른 요소보다도 "안전문제"에 가장 큰 관심을 보인 것으로 나타났다.

문항	2030년에는 도심항공교통이 정부 기관의 인증을 받아 운용될 예정입니다. 도심항공교통을 상용화할 경우, 가장 우려될 점은 무엇이라고 생각하십니까? 해당하는 것을 모두 선택해주십시오.

Base : 전체, 단위 : %, 복수응답

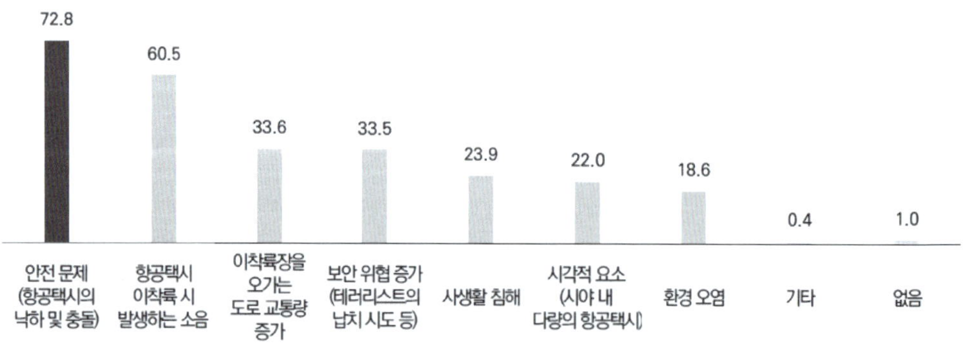

[그림 1-20] UAM 운영에 관한 대국민 설문조사 결과 분석

출처: 항공안전기술원, UAM 등 신비행체 대국민 설문조사 및 분석, 2022.

설문조사에서 나타난바와 같이 UAM 운영 할 경우 많은 국민들이 비행안전을 가장 큰 우려사항으로 인식하고 있으며 그 다음으로 소음 문제와 UAM 이착륙장에 접근하기 위한 교통량으로 조사되었다. 이러한 설문조사 결과는 향후 K-UAM 개발시 비행체의 설계안전은 물론 운영단계에서의 항공교통 관제, 공역관리 및 이착륙장 안전 등 모든 인프라는 안전을 최우선으로 고려하여야 한다는 시사점을 주고 있다.

4.2 항공기 사고 발생 추이

우리는 종종 항공기를 이용하여 국내외 여행을 하고 있다. 그런데 내가 탑승하고 있는 이 항공기는 안전할까? 어느 정도의 사고 확률을 갖고 있는가? 하는 궁금증을 한 번쯤 생각해 본 경험이 있을 것이다. 항공기 사고는 인명피해를 유발하는 대형사고 이며 한 번 사고로 많은 사상자와 물적피해를 발생하게 되므로 국제적 이슈로 부각된다. 국제민간항공기구(ICAO)에서는 매년 발생하는 항공기 사고 통계를 발표하고 있으며 2012년부터 2022년까지 10년간 발생한 항공기 사고는 아래 그림과 같다.

ICAO Region	Number of fatal accidents	Total fatalities
Asia and Pacific (APAC)	2	133
Eastern and Southern Africa (ESAF)	1	19
Europe and North Atlantic (EUR/NAT)	Nil	Nil
Middle East (MID)	Nil	Nil
North America, Central America and Caribbean (NACC)	1	1
South America (SAM)	1	2
Western and Central Africa (WACAF)	2	5

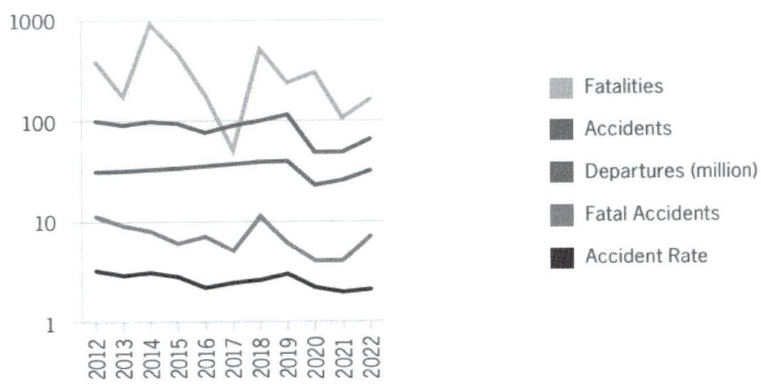

[그림 1-21] 최근 10년간 상업용 운송항공기의 사고 추이 분석

출처: 국제민간항공기구(ICAO), Safety Report, 2023.

사고발생 추이 분석결과에서 제시하고 있는 바와 같이 2022년도의 경우 총 이륙 건수가 약 5천만회인 것으로 분석되었고 인원 사망사고가 발생한 사고는 7건이며 사망 인원은 167명이다. 이러한 항공기 사고 통계를 고려하면 과연 우리가 미래에 탑승할 도심권에서의 K-UAM에 대한 안전성은 이보다 더 적어야 대국민 수용이 가능할 것이다.

따라서, UAM에 대한 설계안전 목표 뿐아니라 운항안전은 현재의 여객용 항공기 수준이상의 안전성 확보가 가장 중요한 고려 요소이다.

4.3 안전성 평가 필요성

항공기에는 수많은 시스템을 구성하는 구성품 및 시스템 간의 호환성이 요구되며, 많은 인원과 함께 많은 물건 및 화물을 싣고 운송을 목적으로 이동하게 되므로 예상할 수 있는 모든 조건의 위험을 식별하고 제거하기 위한 활동이 필요하다. 더욱이 K-UAM의 경우 복잡한 도심에서 공중 공간을 활용하여 승객 또는 화물을 운송하게 되므로 경미한 결함이나 시스템의 오류 등 비정상 상황에 조우 할 경우 대규모 인명사상 및 재산 피해를 동반하는 대형 사고로 이어지게 된다.

이러한 위험한 상황에서 최고의 안전성이 요구되는 K-UAM 안전성평가는 이미 존재하는 기법을 적용하는 항공기 설계 및 인증의 한 부분과 나아가 공역관리, 관제관리 등 모든 시스템에 대해 안전성을 확보해야 한다. 항공기 기체에 국한하더라도 시스템이 매우 복잡하고 다양하여 지금까지 고유의 안전성 평가와는 보다 더 보수적이고 정밀한 안전성 평가 방안이 필요하다.

수년에 걸쳐 제정된 안전성 관련 감항 요건에는 경험적이고 관례적인 다양한 요구 조건이 포함되어 있다. 이에대한 사례로 복엽기에 2중의 와이어(Duplicated Flying Wires)를 사용하는 이유는 1개의 와이어가 파손될 확률이 매우 높아 Redundancy 설계로 고장 확률을 감소시켜야 한다는 개념이 확산되었다.

지금까지 항공기 설계 및 개발 단계에서 획기적인 기술접목과 이에 대한 안전성 평가의 방법을 시대별로 살펴보면 다음과 같다.

[1] 1950년대

자동착륙장치의 개발은 항공산업체와 감항당국에 새로운 도전의 계기가 되었고, 항공기 등의 인증에 있어서 새로운 접근방법에 대한 개념이 도입되게 되었다. 경험적인 요구 조건을 충족시키는 것은 기술적으로 어렵다는 결론에 도달하게 되고, 이에 따라 시스템 설계자 중심의 요구조건이 필요하다고 인식되게 되었다. 이로 인하여 시스템 안전성에 대한 특정한 목표를 설정하도록 하고, 시스템에 대한 설계가 설정된 목표를 충족하고 있는가를 평가하는 새로운 접근방법이 도입되게 되었다.

[2] 1960년대

항공기 설계시 복합 시스템(Complex System)이 대두되기 시작하면서 구성품에 대한 고장확률에 대한 필요성이 명확해지고, 시스템에 대한 전체적인 고장 분석이 가능하게 되었다. 새로운 기술과 복합 시스템이 적용되었던 콩코드 항공기 개발사례를 통해 일반적인 요건인 시스템 안전성평가에 대한 필요성이 대두되었다.

[3] 1970년대

1970년대 초반부터 점차 확률(가능성)이라는 용어가 항공기 기술기준에 명시되기 시작하였고, 영국의 민간 감항요건에도 “극히 불가능(Extremely Improbable)"이라는 용어가 처음으로 사용되기 시작하였다.

[4] 1980년대

항공기 설계는 기존 하드웨어의 중요성보다 소프트웨어의 중요성이 더욱 부각되는 시대로 진입하였다. 이는 1970년대 후반부터 전 세계의 획기적인 컴퓨터 기술 발달로 자동차, 선박 및 항공기에 소프트웨어를 통한 자동제어 등의 도입으로 개발, 검사, 운용단계까지 컴퓨터가 인간의 수동능력을 대신하는 기능을 수행하여 소프트웨어가 중요한 기능과 역할을 하는 시대이다.

[5] 2000년대

AI, IoT 등 4차 산업혁명의 영향으로 항공기 설계는 3D 모델링 등 새로운 혁신기술이 접목되었으며 자율비행이 가능하게 되어 안전성 평가를 감항인증의 가장 중요한 요소로 부각되었다. 특히, 안전성 평가 개념을 과거의 항공기 설계 및 개발에 중점을 두었다면 2000년대 부터는 항공기 설계적 요소 뿐 만아니라 운영관리, 조종 및 관제, 공역관리 등 모든 분야를 안전성 평가의 개념에 포함시키는 등 안전성 평가 영역이 확장된 시기이다.

4.4 안전성 평가 단계

항공기 감항인증을 위해서는 반드시 항공시스템에 대한 안전성 평가가 수행되어야 하며 이는 해당 항공기 유형에 따른 감항기준 등 요구 조건별로 적합성 입증이 필요하다. 적합성 입증은 체계적인 분석 기법 및 방법에 따라 항공 시스템은 물론 장비 또는 부품에 대해서도 적용해야 한다. 또한, 항공기 개량모델 또는 시스템 변경에 대해서 인증을 받고자 할 경우에도, 설계변경으로 인해 영향을 받는 새로운 설계 또는 기존 설계에 대하여 체계적 절차를 적용하여 안전성을 평가할 수 있다.

안전성 평가에 대한 요소는 K-UAM 개발 및 운용을 위한 기체 형상 결정, 운용 공역 및 이착륙장 환경 분석, 감항인증을 위한 법령 및 규정과 해당 MOC(Means of Compliance),

그리고 감항인증 수행을 위한 인증기준(CB : Certification Basis) 및 입증방법(MOC : Method of Compliance) 과정을 거쳐 최종단계에서 안전성이 어느정도 확보되었고 감항인증 기준을 충족하는 지 판단해야 한다. 이를 그림으로 도시하면 아래와 같다.

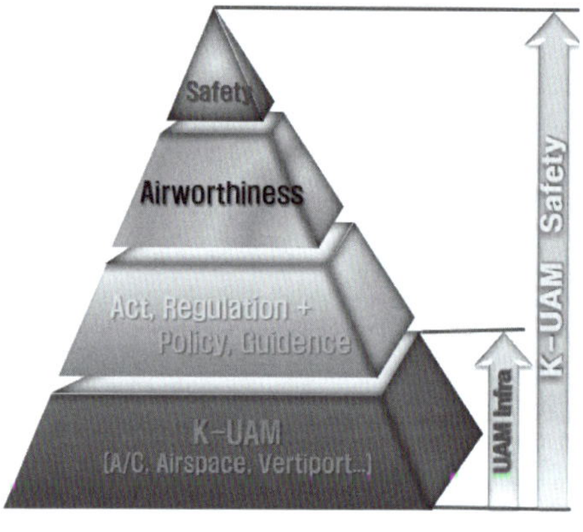

[그림 1-22] K-UAM 안전설계 계층 구조

[1] 설계 및 개발

항공시스템의 안전한 설계를 위해 가장 중요한 단계는 시스템에 대한 요구도 분석이며

단계별로 시스템을 단순한 아이템으로 간주하지 아니하고 모든 시스템이 유기적으로 기능과 역할이 연결된다는 복합성, 연계성을 기반으로 단계별 설계 과정을 수행해야 한다.

① 1단계 : 시스템이 어떠한 목적으로 사용되는지 정확히 정의 및 결정

② 2단계 : 시스템이 어떠한 기능을 수행하는지 고려

③ 3단계 : 시스템 설계가 요구 조건을 만족하도록 설계

④ 4단계 : 시스템에 요구조건별 상세설계 검증

또한, 항공시스템에서 이동형 작동식 부품 및 장비 또는 수명이 제한되어 있거나 일정기간 경과후 자동 소멸(TCI ; Time Change Item)의 경우도 100% 신뢰성과 안전성을 갖고 있지 않기 때문에 아래의 요소를 반영하고 검증해야 한다.

① 안전성

② 경량화

③ 신뢰성

④ 정비성

⑤ 고장 탐지 신속성, 용이성

[2] 평가 수행

안전한 설계가 진행되고 있는가에 대한 평가는 최초 설계 요구도 분석 단계부터 시작되어야 하며 평가 원칙은 안전하다가 아닌 어딘가에 불안전한 요소가 있다 라는 개념을 갖고 평가를 수행하여야 한다. 이러한 안전성 평가를 순서도로 표시하면 아래와 같다.

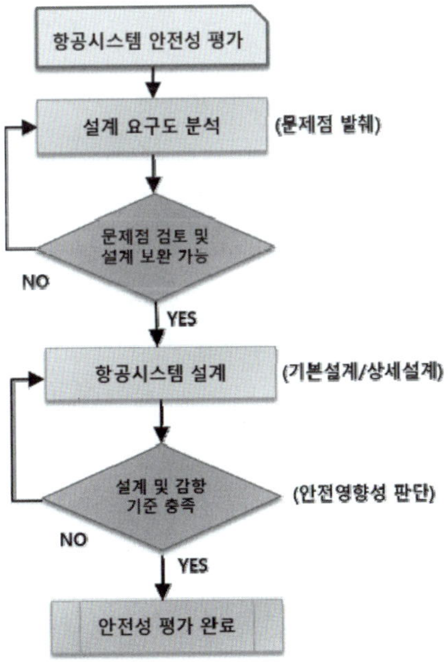

[그림 1-23] 안전성 평가 순서도

4.5 안전성 평가 절차

안전성평가는 개념 설계부터 시작하여야 하고, 이 단계에서 안전성 요구 조건이 설정되어야 한다. 설계가 진행됨에 따라, 설계는 변경되고 개선된 설계에 대하여 안전성 재평가가 수행되어야 하는데, 재평가를 통해 새로운 설계 요구 조건을 재설정하고, 새로운 요구 조건 때문에 발생하는 또 다른 설계변경이 요구되기도 한다. 안전성평가는 설계가 안전성 요구 조건을 만족하는지 검증하는 것으로 종료된다.

항공기 개발 절차와 함께 이루어지는 시스템 안전성평가 절차와의 상관관계는 개발 및 검증의 일반적인 개발 주기와 함께 수행된다. 또한, 항공기 시스템이나 장비품 개발에 있어 항공기 체계종합 차원에서 시스템 오류만을 찾는 작업이 아니라 요구사항 분석에서의 오류, 설계 등 개발단계의 요구사항에 대한 시험을 포함하는 개발 프로세스와 통합하여 체계화된 V-모델을 적용할 수 있다. 이에 따라 개발 요구사항 도출에 따른 진행 단계별 검증 절차를 수행함에 있어 항공기 시스템 안전성평가 절차와 함께 진행하는 것을 권고하고 있다.

안전성평가에는 항공기 개발 활동을 지원하기 위한 요구 조건의 설정 및 검증, 항공기의 기능을 평가하기 위한 방법 및 해당 위험성이 적절하게 설명되는지 판단하는 기능을 수행하는 시스템의 설계가 포함된다. 안전성평가 결과는 주로 정성적으로 표현되지만 정량적으로 나타낼 수도 있다.

안전성평가를 위해서는 모든 고장 조건이 규정되고, 이러한 고장 조건을 유발할 수 있는 고장의 조합 중 중요한 모든 사항이 고려되었다는 것을 보장할 수 있도록 계획 및 관리되어야 한다. 또한, 항공기와 같은 복합시스템의 경우에는 시스템 및 부품의 통합으로 인해 야기되는 추가적인 복잡성 및 상호의존성을 고려하여야 한다. 통합 시스템을 포함하는 모든 경우에 대하여, 시스템의 적절한 안전 목표를 수립하고, 이 목적의 만족 여부를 결정하는 데 있어서 안전성 평가 절차는 가장 기본적이면서 중요한 사항이다.

[1] 평가 고려사항

다음의 사항에 대하여 사건의 가능성과 심각도에 대한 관계성을 기본적인 원칙이 제시되어야 한다.

첫째, 안전성 목표는 안전성 기준이 최소한 현재의 기준을 충족하거나 이를 개선할 가능성이 있음을 입증해야 한다.

둘째, 사건(Event)이 일어날 확률(Probability of an occurrence)과 그 영향에서의 고유 위험도(Degree of hazard inherent in its effect) 사이에 반비례 관계가 있어야 한다.

[2] 민간항공기 안전성 평가

민간 항공기 개발에 대한 안전성 평가의 위험 수준은 고장 조건 (Failure Condition)으로 분류할 수 있으며, 항공기 기능에 따른 시스템의 상태를 말한다. 예를 들면 항공기의 랜딩기어를 내릴 수 없게 되거나, 항공기의 피치 제어 능력의 상실 등이 해당된다. 실제 설계 평가를 수행함에 있어 고장 조건은 그 영향에 따라서 영향 없음(No safety effect), 경미(Minor), 중요(Major), 위험(Hazardous), 치명(Catastrophic)으로 위험 수준을 아래와 같이 분류한다.

[표 1-11] Failure conditions and Definition of Risk

Failure conditions	Definition of Risk
Catastrophic	Catastrophic failure conditions must be extremely improbable
Hazardous	Hazardous failure conditions must be no more frequent than extremely remote
Major	Major failure conditions must be no more frequent than remote
Minor	Minor failure conditions may be probable
No safety effect	Failure conditions with no safety effect have no probability requirement.

안전성 평가를 수행함에 있어 많은 오류를 경험하게 될 수 있다. 그 중 경미한(Minor) 결과 이상의 고장 조건을 유발하는 경우에는 모두 정량적인 분석이 요구된다는 것이 일반적이지만 경우에 따라 정량적인 분석이 요구되지 않을 수도 있다.

이러한 경우에는 평가 대상인 해당 시스템이 전통적이고 일반적인 설계에 해당되고, 안정적인 운용 경험/이력을 지닌 유사한 시스템(기존 형식증명 항공기 등에서 운용이 되는 동일 시스템 및 파생형 등)을 근거하여 엔지니어의 기술적인 판단과 정성적인 평가에 따라 분석을 수행하는 것이 가능하기 때문에 이에 대한 분석 또한 인증당국의 감항검사관 및 인증엔지니어가 신청자의 설계엔지니어에게 근거가 명확한 적합성 입증 자료를 요구하고, 추가적인 검증을 수행할 수 있다.

또한 설계자가 정량적(수치적)인 평가를 수행할 때는 적합하게 나타나지 않은 설계적 특징을 수단으로 하여 분석결과에 반영하지 않아야 한다. 수치적인 평가의 목적은 안전성 목표에 적합하다는 것을 수치에 기반하여 실증한다는 것으로 기술적인 시스템 설계가 양호한 결과를 갖도록 지원한다는 목적으로 수행되어야 한다.

이와 같은 이유로 치명적인 고장 조건에 해당하는 위험 수준에서 수치적인 기준이 불확실성을 동반한다면 수치적인 기준에 의해서만 평가되어서는 안 되고 합리적인 안전 여유와 위험완화 조치가 수반되어야 한다.

또한, 통계적 고장률과 관계없이 단일 고장(Single Failure)으로 발생하는 고장 조건 또한 극히 불가능(Extremely Improbable)으로 분류하지 않는 것이 일반적이라 할 수 있다.

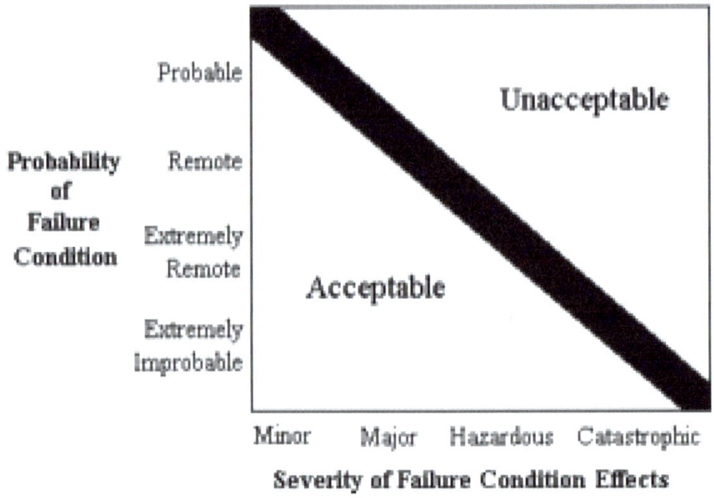

[그림 1-24] 수용 가능한 위험 수준 및 범위

여기서 적합성 입증은 위험 수준에 따른 분류로 해당 위험 수준에서 요구되는 분석의 수준이 달라질 수 있다는 것이 중요하다고 할 수 있으므로 위험 수준에 따른 분석 과정에 필요한 사항을 결정하는 것이 필요하다.

[표 1-12] 위험상태 분류 및 정의

위험 상태 분류	위험 상태 정의
희박 (Remote)	동일 형식의 많은 비행기의 전체 운용 수명을 고려할 때 전체 수명 동안 각 비행기에서 일어나지 않을 것 같지만, 수차례 일어날 수도 있는 상태.
극히 희박 (Extremely Remote)	동일 형식의 모든 비행기의 전체 운용 수명에서 일어나지 않을 것 같지 않지만, 어느 정도의 가능성이 있는 것으로 간주되는 상태
극히 불가능 (Extremely Improbable)	일정 형식의 모든 비행기의 전체 운용 수명 주기 동안 일어날 것으로 예상되지 않는 고장 조건

이러한 발생 확률의 정량적 수치는 1970년대 이후 항공기술의 발전과 설계 복잡성이 증가하여 단순한 단일고장만으로 충분한 안전을 평가하기 어려워 항공기 시스템의 종합적 안전평가가

필요하게 되었다. 따라서 체계적이고 계량화를 위한 안전성 평가 기준 마련을 위해 확률기반 시스템 안전목표(Top Level of Safety) 개념이 감항기준에 도입되었으며 이에 대한 기준 문서로 미국 연방항공청에서 FAA Part 23.2510, FAA AC-23.1309-1E 등을 제정하여 항공시스템의 안전성 평가, 위험도 평가의 요구조건으로 현재까지 활용되고 있다.

Classification of Failure Conditions	No Safety Effect	<----Minor----->	<----Major---->	<--Hazardous--->	< Catastrophic>
Allowable Qualitative Probability	**No Probability Requirement**	**Probable**	**Remote**	**Extremely Remote**	**Extremely Improbable**
Effect on Airplane	No effect on operational capabilities or safety	Slight reduction in functional capabilities or safety margins	Significant reduction in functional capabilities or safety margins	Large reduction in functional capabilities or safety margins	Normally with hull loss
Effect on Occupants	Inconvenience for passengers	Physical discomfort for passengers	Physical distress to passengers, possibly including injuries	Serious or fatal injury to an occupant	Multiple fatalities
Effect on Flight Crew	No effect on flight crew	Slight increase in workload or use of emergency procedures	Physical discomfort or a significant increase in workload	Physical distress or excessive workload impairs ability to perform tasks	Fatal Injury or incapacitation
Classes of Airplanes:	**Allowable Quantitative Probabilities and Software (SW) and Complex Hardware (HW) Development Assurance Levels (Note 2)**				
Class I (Typically SRE 6,000 pounds or less)	No Probability or SW and HW Development Assurance Levels Requirement	$<10^{-3}$ Note 1 P=D	$<10^{-4}$ Notes 1 and 4 P=C, S=D	$<10^{-5}$ Note 4 P=C, S=D	$<10^{-6}$ Note 3 P=C, S=C
Class II (Typically MRE, STE, or MTE 6,000 pounds or less)	No Probability or SW and HW Development Assurance Levels Requirement	$<10^{-3}$ Note 1 P=D	$<10^{-5}$ Notes 1 and 4 P=C, S=D	$<10^{-6}$ Note 4 P=C, S=C	$<10^{-7}$ Note 3 P=C, S=C
Class III (Typically SRE, STE, MRE, and MTE greater than 6,000 pounds)	No Probability or SW and HW Development Assurance Levels Requirement	$<10^{-3}$ Note 1 P=D	$<10^{-5}$ Notes 1 and 4 P=C, S=D	$<10^{-7}$ Note 4 P=C, S=C	$<10^{-8}$ Note 3 P=B, S=C
Class IV (Typically Commuter Category)	No Probability or SW and HW Development Assurance Levels Requirement	$<10^{-3}$ Note 1 P=D	$<10^{-5}$ Notes 1 and 4 P=C, S=D	$<10^{-7}$ Note 4 P=B, S=C	$<10^{-9}$ Note 3 P=A, S=B

Note 1: Numerical values indicate an order of probability range and are provided here as a reference.
Note 2: The letters of the alphabet denote the typical SW and HW Development Assurance Levels for Primary System (P) and Secondary System (S). For example, HW or SW Development Assurance Level A on Primary System is noted by P=A.
Note 3: At airplane function level, no single failure will result in a Catastrophic Failure Condition.
Note 4. Secondary System (S) may not be required to meet probability goals. If installed, S should meet stated criteria.

[그림 1-25] Part 23급 항공기 유형별 안전목표 및 개발보증수준

출처: US FAA AC 23.1309-1E, 2011.11

[3] 군용항공기 안전성 평가

군용 항공기 개발에 대한 안전성 평가의 위험 수준은 미국 국방부에서 군사용 장비에 적용하도록 발행한 Mil-STD-882E“System Safety”기준 문서를 적용하고 있다. 현재, 군사용 무기체계 및 장비뿐만 아니라 민간에서도 많이 참조 활용하는 시스템 안전성 평가의 기준이며 위험도 분석 방법을 주요 Task로 분류하여 기술하였다.

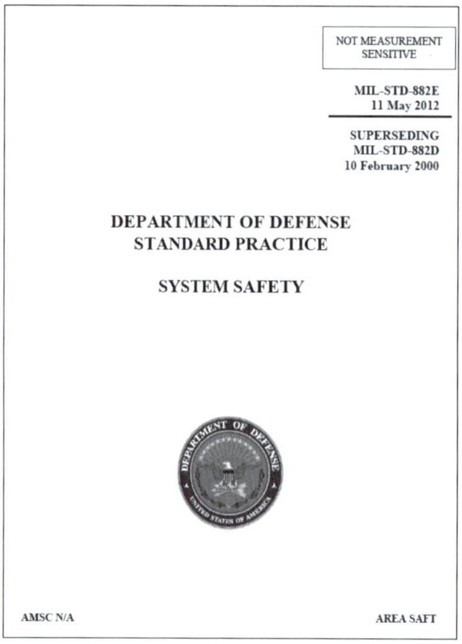

NOT MEASUREMENT SENSITIVE

MIL-STD-882E
11 May 2012

SUPERSEDING
MIL-STD-882D
10 February 2000

DEPARTMENT OF DEFENSE
STANDARD PRACTICE

SYSTEM SAFETY

AMSC N/A AREA SAFT

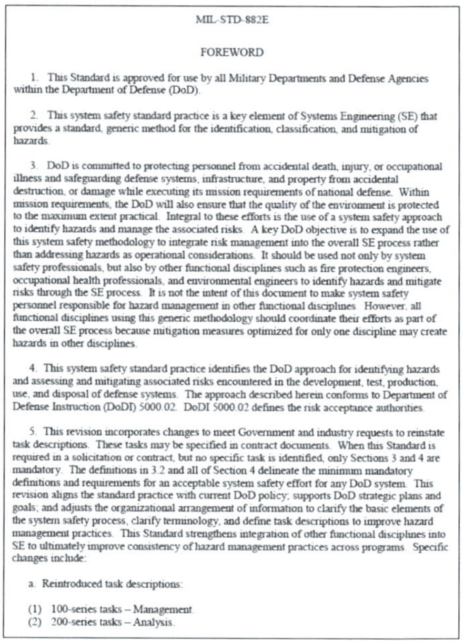

MIL-STD-882E

FOREWORD

1. This Standard is approved for use by all Military Departments and Defense Agencies within the Department of Defense (DoD).

2. This system safety standard practice is a key element of Systems Engineering (SE) that provides a standard, generic method for the identification, classification, and mitigation of hazards.

3. DoD is committed to protecting personnel from accidental death, injury, or occupational illness and safeguarding defense systems, infrastructure, and property from accidental destruction, or damage while executing its mission requirements of national defense. Within mission requirements, the DoD will also ensure that the quality of the environment is protected to the maximum extent practical. Integral to these efforts is the use of a system safety approach to identify hazards and manage the associated risks. A key DoD objective is to expand the use of this system safety methodology to integrate risk management into the overall SE process rather than addressing hazards as operational considerations. It should be used not only by system safety professionals, but also by other functional disciplines such as fire protection engineers, occupational health professionals, and environmental engineers to identify hazards and mitigate risks through the SE process. It is not the intent of this document to make system safety personnel responsible for hazard management in other functional disciplines. However, all functional disciplines using this generic methodology should coordinate their efforts as part of the overall SE process because mitigation measures optimized for only one discipline may create hazards in other disciplines.

4. This system safety standard practice identifies the DoD approach for identifying hazards and assessing and mitigating associated risks encountered in the development, test, production, use, and disposal of defense systems. The approach described herein conforms to Department of Defense Instruction (DoDI) 5000.02. DoDI 5000.02 defines the risk acceptance authorities.

5. This revision incorporates changes to meet Government and industry requests to reinstate task descriptions. These tasks may be specified in contract documents. When this Standard is required in a solicitation or contract, but no specific task is identified, only Sections 3 and 4 are mandatory. The definitions in 3.2 and all of Section 4 delineate the minimum mandatory definitions and requirements for an acceptable system safety effort for any DoD system. This revision aligns the standard practice with current DoD policy; supports DoD strategic plans and goals; and adjusts the organizational arrangement of information to clarify the basic elements of the system safety process, clarify terminology, and define task descriptions to improve hazard management practices. This Standard strengthens integration of other functional disciplines into SE to ultimately improve consistency of hazard management practices across programs. Specific changes include:

a. Reintroduced task descriptions:

(1) 100-series tasks – Management.
(2) 200-series tasks – Analysis.

[그림 1-26] US, DOD Mil-STD-882E

군용항공기 감항인증에서 필요한 요소도 민간항공기와 동일하게 항공기 유형별로 미국 국방부에서 제정한 안전성 목표값 충족 여부를 판단하며 목표값 미충족으로 감항성에 영향 발생 시 항공기 재설계를 통해 안전성을 확보해야 감항인증을 획득할 수 있다. 따라서, 군용항공기 개발 시 안전성 평가의 판단기준을 아래와 같이 정의하였다.

RISK ASSESSMENT MATRIX				
SEVERITY / PROBABILITY	Catastrophic (1)	Critical (2)	Marginal (3)	Negligible (4)
Frequent (A)	High	High	Serious	Medium
Probable (B)	High	High	Serious	Medium
Occasional (C)	High	Serious	Medium	Low
Remote (D)	Serious	Medium	Medium	Low
Improbable (E)	Medium	Medium	Medium	Low
Eliminated (F)	Eliminated			

[그림 1-27] 항공기 위험요소 및 안전성 판단 기준

4.6 안전성 평가 기준

항공분야의 대표적인 안전성 평가 기준은 미국 자동차기술협회(SAE : Society of Automotive Engineers)에서 제정한 항공기 개발용 안전성 평가 프로그램인 ARP-4754B, 4761A 등을 적용하고 있다. 구체적으로 안전성 평가 도구는 개발 및 검증과정에서 적용하는 지침서이며 미국 연방항공청이나 유럽 항공안전청에서도 이를 인용하고 있어 전 세계 항공분야에서 기본 매뉴얼로 활용한다. 최근 개정된 SAE ARP-4761A 및 ARP-4754B 등 지침 및 평가, 검증과 관련된 기준을 정리하면 다음과 같다.

[표 1-13] 항공기 개발 및 운용 단계 안전성 평가 기준 문서

Standards	Describes	Published	Latest
SAE ARP-4761A	Guidelines for Conducting the Safety Assessment Process on Civil Aircraft, Systems, and Equipment	1996.12.01	2023.12.20
SAE ARP-4754B	Guidelines for Development of Civil Aircraft and Systems	1996.11.01	2023.12.20
SAE ARP-5150A	Safety Assessment of Transport Airplanes in Commercial Service	2013.05.09	2019.01.02
SAE ARP-5151A	Safety Assessment of General Aviation Airplanes and Rotorcraft in Commercial Service	2013.05.09	2019.08.20

항공시스템에 대한 안전성 평가는 크게 개발단계와 운용단계로 구분되어 수행되나 실제 평가는 개발과 운용을 연계하여 평가되어야 하며 2개 평가 기준에 대한 상호 연관성을 그림으로 나타내면 아래와 같다.

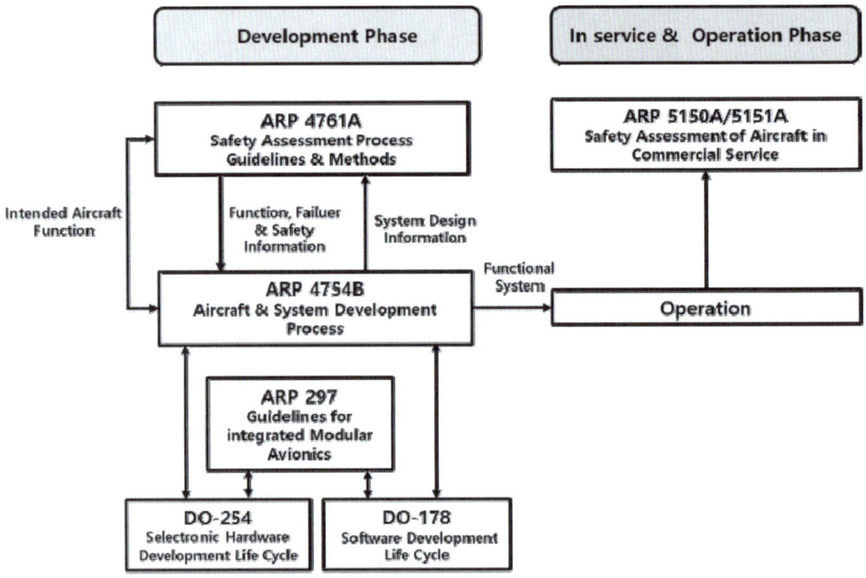

[그림 1-28] 항공기 개발 및 운용단계 안전성 평가 연계도

출처: Li Xiaoxun외 3인, A Comparison of SAE ARP4761 and ARP4754A, 2011 ISAA

4.7 안전성 평가 수행

안전성 평가는 크게 항공기 개발단계와 운용 단계로 구분하여 수행하며 아래 그림에 나타낸 바와 같이 항공기 및 시스템이 임무에 부합된 설계요구에 대한 기능위험평가를 시작으로 System, Subsytem 및 Equipment를 대상으로 Function 및 Item 요구를 분석하고 개발보증수준(DAL : Development Assurance Level)을 설정하여 앞절에서 기술한 SAE

ARP-4754B, 4761A 등 관련 기준 문서를 적용하여 수행한다. 이후 기능위험평가(FHA : Functional Hazard Assessment), 시스템예비안전성평가(PSSA : Preliminary System Safety Assessment), 시스템안전성평가(SSA : System Safety Assessment) 및 공통원인분석(CCA : Common Cause Analysis)을 진행하여 최종적으로 시스템안전성평가결과(SSA : System Safety Assessment Report) 순서로 진행되며 항공기 개발 절차와 연계한 안전성 평가의 단계별 수행은 아래 그림과 같다.

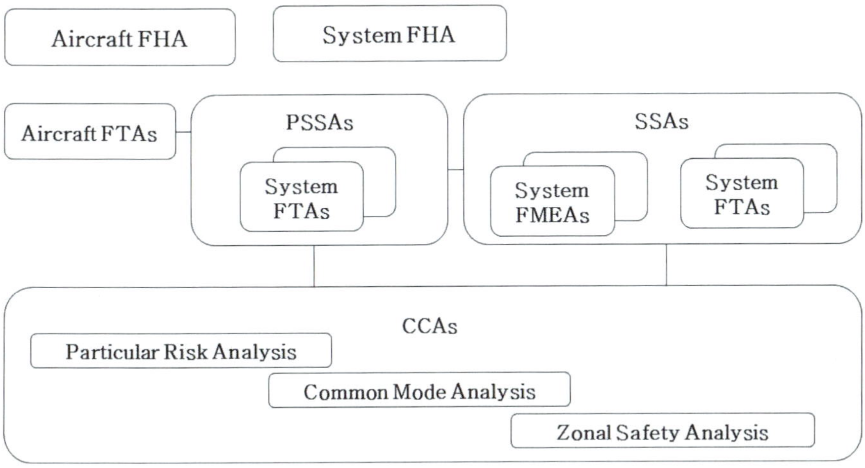

[그림 1-29] 항공기 및 시스템 안전성 평가 도구 연관성

[1] 기능위험분석(FHA)

기능위험평가의 최종 목표는 항공기와 이를 구성하는 시스템간의 상호 연동 및 독립적 기능 수행 시 고장상태를 식별하고 고장으로 인해 항공기가 시스템에 어떤 영향을 미치는지에 대한 정량적 평가이다. 즉, 항공기 개념 및 응용설계 단계부터 항공기에 요구되는 기능을 구분하고 기능별로 발생가능한 고장 상태를 식별하여 최종적인 고장의 영향정도를 판단하는 과정이다.

항공기의 고장발생에 따른 영향정도와 발생빈도를 분석하여 요구되는 안전목표에 충족하는지 여부를 확인하며 안전목표값을 산출하기 위한 주요 인자는 고장발생 확률과 발생에 따른 영향성이며 이는 단순 고장률 산출값이 아니고 항공기가 비행시간당 발생 할 수 있는 고장의 평균확률 개념을 지칭하며 아래 공식으로 산출한다.

$$P_{Averageper\,FH}\,(failure\ condition) = \frac{P_{Averageper\,Flight}\,(failure\ condition)}{T_F}$$

또한, 최상단의 항공기 기능을 하부의 시스템 기능으로 할당하고 각각의 시스템에 대한 기능위험평가 그리고 역할과 기능이 매우 중요한 장비의 경우에도 시스템 수준으로 기능위험 평가를 수행할 수 있다. 최근의 항공기 개발은 하드웨어뿐만 아니라 자동화 비행을 위한 첨단 항공전자장비로 구성되어 소프트웨어의 기능과 역할이 비행안전에 매우 중요하므로 항공기 개발 시 소프트웨어는 별도의 소프트웨어 통제 분류기호(SCC : Software Control Category)를 적용하여 기능위험평가를 수행하고 이 결과를 기준으로 개발보증수준(DAL : Development Assurance Level)을 결정한다.

[2] 고장트리분석(FTA)

항공기 및 시스템 또는 장비 단위까지 기능위험분석 완료 후 각각의 고장 발생 확률 산출값을 기반으로 최상위 단위인 항공기 수준의 최종 고장 발생확률을 산출하는 과정이며 Top-Down 분석기법 중의 하나이다. FTA는 항공 분야 설계에 대한 안전수준을 확인하고 제어될 수 있는가에 대한 해답을 도출한다. FHA에서 설정한 안전목표값이 미충족되어 고장 발생과 영향성이 있는 것으로 분석되면 항공기 설계자는 미충족 항목을 충족시키기 위해 설계보완 및 변경 등 조치를 통해 감항인증 당국에서 요구하는 목표값을 충족해야 한다.

FTA 수행 목적은 다음과 같다.

첫째, 감항인증 당국의 설계 검토 확인 및 피드백

둘째, 비행안전에 영향을 주는 고장을 식별하여 설계 수정 및 보완

셋째, 최하단에서부터 최상단인 항공기의 고장발생 확률 산출

넷째, 정량적 및 정성적 평가를 통해 설계자의 설계오류 식별

다섯째, 항공기 및 시스템에 공통적으로 발생하는 고장의 원인관계 식별하여 해당 System, Equipment, Item의 설계 보완 필요성 판단 등이다.

FTA는 일반적으로 모든 산업현장에서 발생하는 기계, 장비, 부품과 시스템의 고장률을 정량적 분석하는 방법이며 수학적 확률계산 이론으로 AND, OR Gate 논리를 사용한다.

또한, 항공기 설계단계의 FTA 수행 절차는 아래와 같이 수행한다.

첫째, 최하단 시스템부터 결함유형을 정의하고 정의된 결함유형별로 고장모드 영향치명도분석(FMECA : Failure Modes, Effects and Criticality Analysis)을 수행하여 설계 반영 요인 식별

둘째, 고장모드영향치명도 분석결과를 시스템 보완을 위해 설계 엔지니어에게 제공하며 FTA 수행을 위한 논리 개발

셋째, FTA 논리 개발에 대한 실증분석 및 FTA 분석 결과 작성

넷째, 사용자가 제시한 최종 안전목표 대비 충족여부 판단 및 설계 Feed Back.

상기 절차를 AND 및 OR Gate를 혼합하여 적용한 논리도는 아래 그림과 같다.

항공기 개발 엔지니어는 FTA 결과에 따른 설계 반영, 감항 당국에서는 사용자가 제시한 안전목표값에 충족하는지 여부 확인 및 형식증명을 위해 FTA 결과 분석서를 감항성 심사의 입증자료로 제출한다. FTA와 유사한 방법의 Top-Down 절차를 이용한 고장분석 방법은 고장 발생 원인을 구성품 상호간 인과관계로 분석하는 DD(Dependence Diagram) 방법 및 현재의 상태가 미래의 고장에 어떻게 영향을 미칠수 있는가를 분석하는 MA(Markov Analysis) 방법을 적용한다.

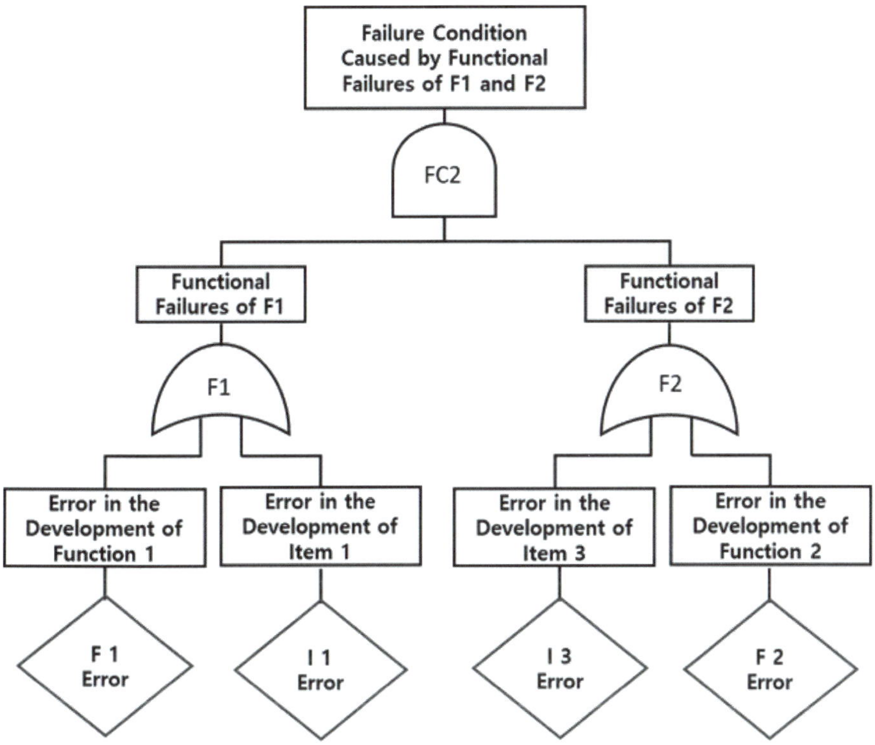

[그림 1-30] FTA 수행 단계의 혼합 논리 Gate

출처: Nicholls. D. "System Reliability Toolkit", RIAC, NY, pp. 554-559. Nov 11

[3] 예비 안전성 평가(PSSA)

시스템에 대한 예비안전성 평가는 FHA 결과에 근거하여 설정된 시스템의 요구조건들에 부합되도록 항공기 각 구성 시스템들이 적합하게 설계되었는가를 평가하여 결정하는 단계이다. 예비안전성 평가는 시스템뿐만 아니라 장비, 아이템 및 하드웨어와 소프트웨어의 설계 요구조건들이 고유의 기능과 성능 발휘를 위한 예비설계 단계에서의 안전성을 평가하며 세부 절차는 앞 절에서 기술한 DD(Dependence Diagram), MA(Markov Analysis) 등의 방법으로 수행한다. 예비안전성평가는 시스템 설계, 기능의 복잡성과 고장 상태가 항공기에 미치는 영향 등에 따라 평가 결과값이 달라지며 이러한 결과의 활용은 최종 안전성 평가의 입증자료와 최종 안전목표 수준 도달 여부 검증에 적용한다. 예비안전성평가 세부 절차는 아래 그림과 같다.

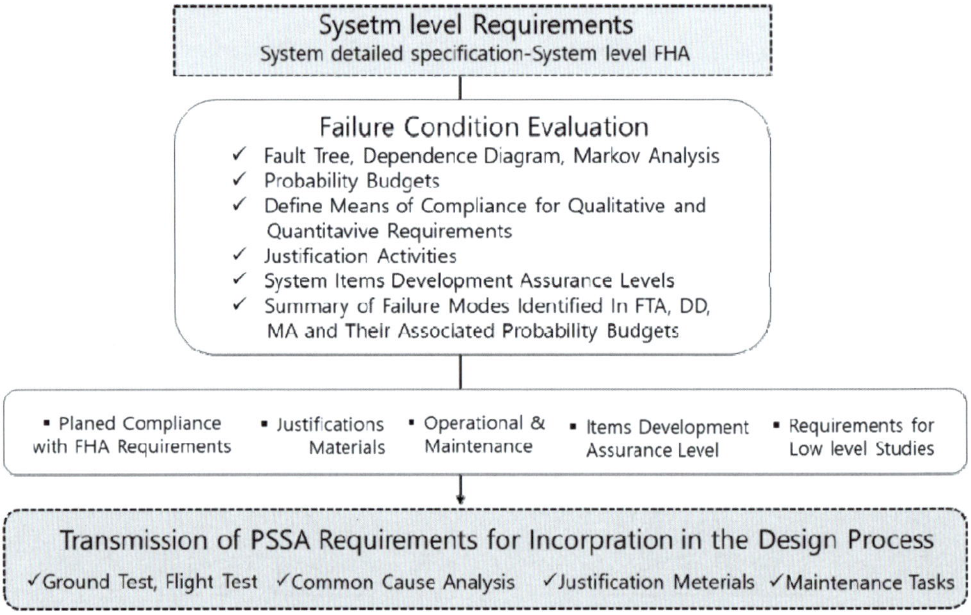

[그림 1-31] System level PSSA Procedure

출처: SAE ARP 4761A, Appendix B, PSSA, Dec 2023

[4] 시스템안전성 평가(SSA)

항공기가 설계된 시스템에 대해 체계적이고 종합적인 정량적 안전성 평가를 통해 안전목표값 충족을 확인하며 예비안전성평가를 통해 Feed Back된 설계변경, 재설계 등 안전성 향상을 위해 최종 설계 단계에서 수행한다. 예비안전성평가와 차이는 예비안전성평가는 요구되어진 아키텍처를 평가하고 시스템의 안전 보완 요구사항을 식별하나 안전성 평가는 예비안전성평가 결과를 반영하여 최종 설계된 시스템에 대해 기능위험분석에서 식별한 위험을 해소하는 수준에 도달하는가에 대해 정량, 정성적 평가를 통해 검증한다.

따라서, 안전성 평가는 예비안전성 평가에서 적용한 FTA, DD, MA 등 안전성 평가 기법을 활용하고 FMECA를 통해 고장치명도를 반영하여 안전성 평가 결과를 도출한다.

아래 그림에 나타낸 바와 같이 FHA에서 고장조건을 확인한 후 예비안전성평가의 하부 수준에 해당하는 단일 및 복합 고장이 존재하는지를 분석한다.

고장이 최종 시스템에 미치는 안전수준을 정량, 정성적으로 산출하여 이 값들이 항공기 개발 시 안전목표값을 충족하는 범위 내에 있으면 항공기 설계 안전수준을 만족하는 것으로 평가한다.

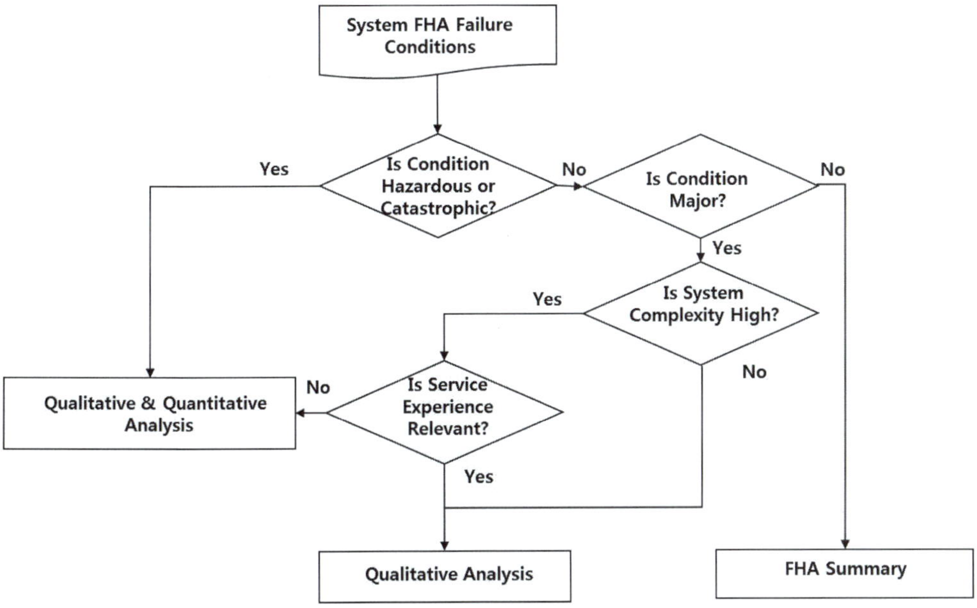

[그림 1-32] System Objective Verification Flowchart

출처: SAE ARP 4761, Appendix B, PSSA, Dec 2023

[5] 공통요인분석(CCA)

공통원인분석은 시스템 또는 품목 간의 독립적 작동이 안전요구사항에 충족하는지를 분석하는 절차이며 각 시스템이 독립성을 보유하도록 설계여부를 확인한다. 즉, 시스템 작동에 있어서 타 시스템의 고장영향으로 기존 시스템에 영향을 미치지 않도록 설계적합성을 분석하며 만일 시스템이 독립적(Independence)이지 않고 종속적(Dependence)으로 작동하도록 설계된 경우 고장발생과 위험정도가 감항당국의 요구에 적합해야 한다. 이러한 공통원인분석의 분석기법은 크게 3가지로 분류한다.

첫째, 구역안전분석(ZSA : Zonal Safety Analysis)

항공기 설계 시 안전취약 구역을 사전 분석하여 이에 대한 구역별 안전목표를 선정하여 최종 안전 수준을 충족하는 분석 방법이며 여기에는 구역별 기본 장착장비, 시스템 간 상호 연계성 및 운용단계에서의 정비 실수 등을 고려한다.

둘째, 특정위험분석(PRA : Particular Risk Analysis)

시스템 자체의 고장보다는 시스템 작동 시 외부요인이 시스템에 어떠한 심각한 영향을 주는지에 대한 분석이다. 분석 절차는 아래 그림에 도시한 바와 같이 설계와 관련하여 외부 위험요인에 노출되는 환경을 식별하고 각 외부 위험요인의 수준을 분석하여 이러한 위험이 직접 또는 간접적으로 시스템에 미치는 영향을 분석하여 수용 가능 수준에 포함되어야 한다.

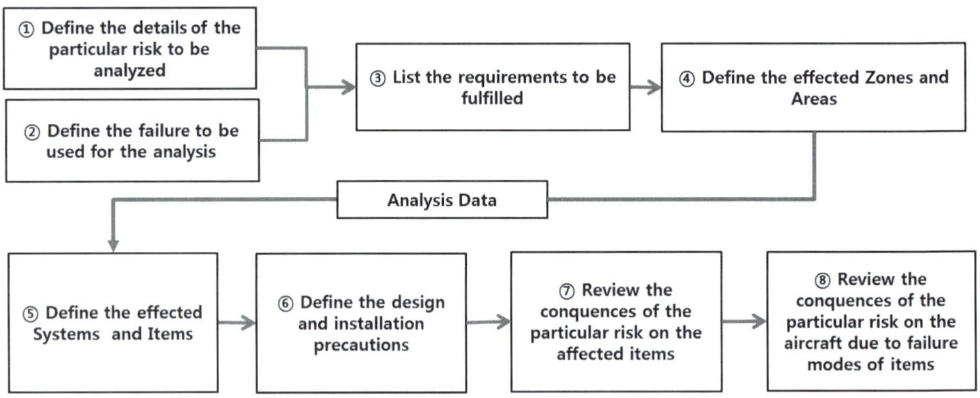

[그림 1-33] Particular Risk Analysis Procedure

셋째, 공통모드분석(CMA : Common Mode Analysis)는 앞서 기술한 FTA, DD, MA 등 분석기법을 통해 얻은 결과들이 모든 시스템과 연동하여 작동 시 공통적으로 나타나는 영향을 분석한다. 즉, 독립 구성된 시스템 구성요소들에 대해 독립성을 저해하는 설계, 제조 오류의 치명 영향성을 확인하고 하드웨어 및 소프트웨어의 설계오류 등에 대해 FTA 과정에서 AND Gate 결과를 기반으로 분석한다.

4.8 안전성 평가의 뉴 패러다임(SORA)

[1] 개념

2019년 5월 EU 규정제정위원회에서는 무인항공체계 운영 규정 "Commission Implementing Regulation 2019/947"을 제정하여 무인항공체계 비행영역을 Open, Specific 및 Certified 등 3개 영역으로 구분하였다. Open 영역은 위험도가 적어 비행 권고사항을 준수하여 비행 가능, Specific 영역은 위험도 평가를 통해 비행가능 여부 판단, Certified 영역은 위험도가 높아 별도 인증이 필요한 영역으로 정의하였으며 무인항공체계 개발자 및 운용자는 비행영역별 특성에 맞게 설계 및 운용조건을 충족하여야 한다.

SORA(Specific Operation Risk Assessment)는 JARUS에서 무인항공체계 개발시 기존의 기술적 안전성 검증과는 별개로 비행하고자 하는 지역에 대한 표준 위험도 평가지침 제정이 필요함을 인식하여 상기 3개 비행영역 구분을 기반으로 무인항공체계의 비행영역 중 신청자가 비행하고자 하는 Specific 영역에 대해 지상 및 비행공역의 위험도를 평가하기 위해 제정한 새로운 위험도 평가 모델이다.

아래 그림에 나타낸 바와 같이 ① Open, ② Specific, ③ Certified의 3개 비행영역 중 비행 권고사항을 준수하면 제한없이 비행이 가능한 ① Open 영역을 제외하고 신청자가 비행하고자 하는 ② Specific 영역에 대해 위험도를 평가하여 결과값인 특정보장무결성수준 SAIL(Specific Assurance Integrity Level)을 산출한다. 산출된 SAIL은 ② Specific 영역의 위험도 수준을 의미하며 [그림 1-34]의 ③ Certified 영역으로 근접할수록 위험도가 심각하여 비행승인 신청자는 별도 인증 또는 운용 개념의 변경 등 위험 완화조치를 하여 감항당국에서 비행을 승인하는 새로운 안전성 평가 기법이다.

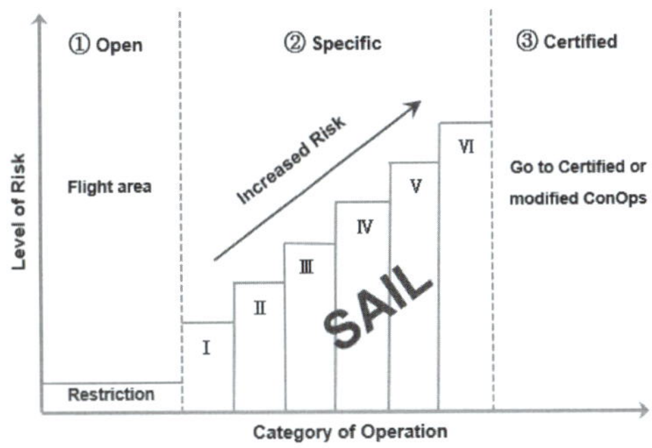

[그림 1-34] SORA 개념

[2] 목적 및 사례

SORA의 목적은 아래의 조항에 명시된 바와 같이 공역은 지구상의 위치 및 지역별로 차이가 있으며 특히, 무인항공기의 경우 도심권, 비도심권 및 인구 비밀집 지역 등 다양하다. 이러한 다양한 비행환경에서 비행체의 크기나 지상 및 공중 환경을 동일하게 적용하여 감항인증을 하기에는 많은 노력과 시간적, 경제적 투입이 요구된다. 따라서 SORA는 감항당국이 안전성 평가를 해당 비행지역에 대한 위험평가 결과 그리고 비행체의 규모를 기준으로 평가를 수행하여 일정 수준의 안전성 목표에 도달하게 되면 감항인증 절차를 생략하고 비행을 승인하는 제도이다.

1.2 Purpose of the document

(a) The purpose of the SORA is to propose a methodology for the risk assessment to support an application for authorization to operate a UAS within the *specific*[a] category.

(b) Due to the operational differences and expanded level of risk, the specific category cannot automatically take credit for the safety and performance data demonstrated with the large number of UA operating in the open category. Therefore, the SORA provides a consistent approach to assess the additional risks associated with the expanded and new operations not covered by the open category.

(c) This methodology is proposed as an acceptable means to evaluate the risks and determine the acceptability of a proposed operation of UAS within the specific category.

[그림 1-35] SORA의 목적

또한, SORA 프로세스를 적용하여 위험도 평가 및 비행승인 대상 비행체는 다음과 같다.

㉮ 무인항공체계(UAS ; Unmanned Aircraft System)

㉯ R&D 과제로 연구개발 중인 시제 무인항공기

㉰ 실험분류의 무인항공기

㉱ 무기를 장착하지 않은 군용 무인항공기

㉲ 사람과 폭발물과 같은 위험 물질을 운송하지 않는 무인항공기

SORA 프로세스를 무인항공기의 안전성 평가에 입증근거 자료로 활용하기 위해 유럽 항공안전청(EASA)은 2020년에 신규 제정한 규정 2019/947의 수용가능 적합성 검증방법(AMC : Acceptable Means of Compliance)에서 운용위험도 평가에 SORA 모델을 적용하도록 명시하였으며 최근 영국은 SORA 절차를 적용하는 규정 제정을 검토중이며 독일의 V사는 2021년 프랑스 파리 근교의 비행시연 행사를 위해 SORA 프로세스를 통해 비행승인한 사례가 있다.

아직까지 세계적으로 SORA 안전성 평가 체계를 많은 국가에서 적용하고 있지 않으나 비교적 무게가 적은 소형 드론이나, 초경량 비행장치를 인구 밀집 지역이 아닌 지역에서 비행할 경우 적용하는 국가가 확대되고 있는 추세이며 국가 연구개발 과제의 시제기에 대한 비행시험의 경우 지상 및 공중 상황에서 안전이 보장되면 감항인증 절차가 아닌 SORA를 적용한 비행승인이 증가 될 것이다.

[3] 수행 절차

SORA는 비행승인 신청자가 제안한 운용개념에 기반하여 위험등급을 결정하고 이에 비례해서 할당되는 강건도 수준을 근거로 운용안전목표에 대한 적합성을 입증하며 아래 순서도에 나타낸 바와 같이 ①~⑩ 까지 총 10단계 절차로 진행된다.

SORA 프로세스를 활용하여 비행승인을 받고자 하는 자는 해당국가 감항당국에 아래 각 단계별 절차를 통해 지상 및 공중상황에서의 위험도를 식별 분석하여야 하며 최종 비행 승인 여부는 위험도 평가 결과에 따라 신청자의 위험도 완화조치를 통해 SORA에서 요구하는 운용안전목표 신뢰도 충족 시 승인된다.

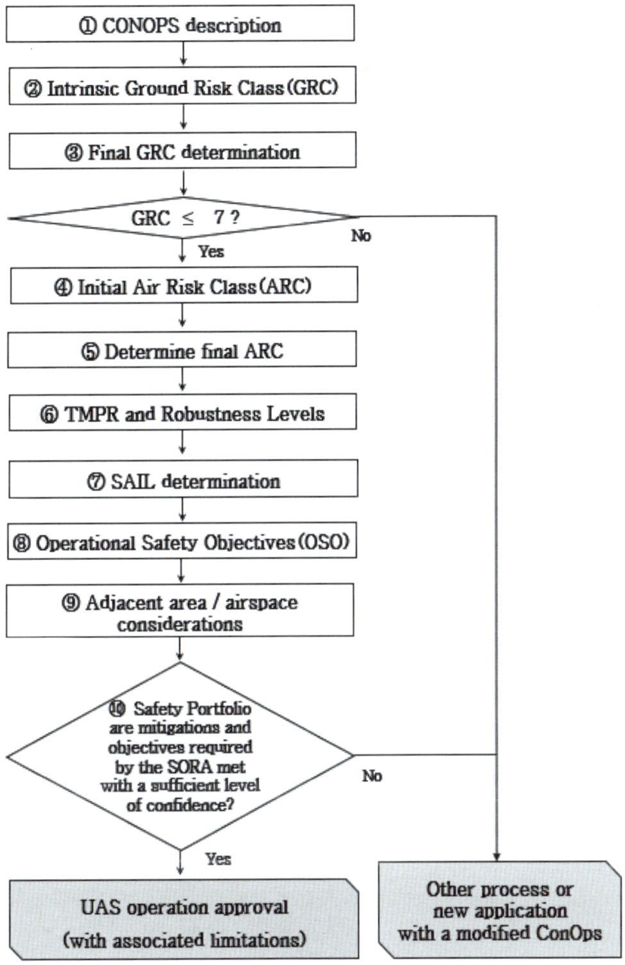

[그림 1-36] SORA 프로세스 절차

[4] K-UAM 적용

SORA 프로세스는 기본적으로 사람이 탑승하지 않는 무인항공체계(UAS)의 위험도 평가 방법이기 때문에 미래의 K-UAM 안전성 평가에 적용은 해당되지 않는다. 다만, K-UAM 비행체의 연구를 위해 시제기 비행시험 목적으로"실험분류 특별감항 증명"을 위한 안전성 평가 참고자료로 활용 될 수 있을 것이다. 또한, 군용 무인항공기 개발 시 시제기에 무장이나 폭발물 등 위험 물질을 장착하지 아니하고 국가 종합비행시험장(전남, 고흥) 등과 같이 인구 비거주 및 지상, 공중 위험도가 높지 않은 광활한 지역에서 특별감항인증 획득을 위한 안전성 입증자료로 활용하는 방안을 고려할 수 있다.

4.9 안전성 평가 및 분석 도구

항공기 개발 시 안전성 및 신뢰성을 평가하고 분석하는 수단에는 지금까지 제시된 평가 기준 문서를 근거로 FHA, FTA, PSSA 등 단계별 절차를 거쳐 수행하며 수행과정에서 영역별 전문 분석 소프트웨어 Tool을 활용하고 있다. 본 절에서는 이러한 단계별로 어떠한 소프트웨어 Tool을 이용하여 분석하여 검증되는가에 대해 현재 가장 많이 활용되고 있고 분석 신뢰도가 높은 Tool을 소개한다.

[1] Ansys Medini

시스템의 안전성 평가 및 분석용으로 범 세계적으로 가장 많이 활용되고 있는 Ansys medini는 미국 Ansys, Inc.에서 개발한 특수 소프트웨어 도구로 임베디드 시스템에 대한 모델 기반 안전 분석 소프트웨어 Tool 이다. 특히 항공 우주분야에서 안전성 분석을 비롯하여 자동차, 방위산업에서 결함이나 고장 발생시 사고와 직결되어 안전을 최우선으로 개발 및 운용되어야 하는 장비에 효율적이다.

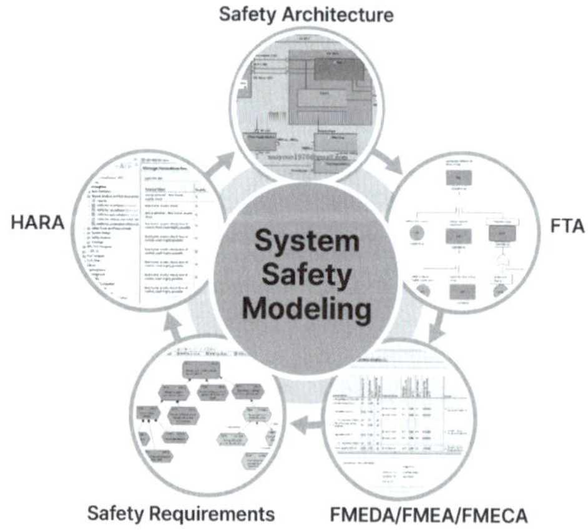

[그림 1-37] Ansys medini 분석 영역

출처: ㈜ MOASOFT, https://moasoftware.co.kr/

Ansys medini의 주요 특징은 다음과 같다.

① 다양한 국제 안전 표준에 대한 분석

국제표준 및 산업표준, 단체표준(예 ; ISO 26262(자동차용), ARP4761(항공우주용), IEC 61508(산업용) 등에 대해 안전표준 분석을 지원하여 안전성 평가 단계에서 가장 핵심적인 기능 위험 평가(FHA), 고장 모드 및 영향 분석(FMEA), 결함 트리 분석(FTA), 신뢰성 블록 다이어그램(RBD)을 수행에 대한 높은 신뢰도를 지원한다.

② MBSE(모델기반 시스템 엔지니어링) 방식 적용

AI 등 산업혁명 영향으로 모델기반 접근 방식을 사용하여 시스템 엔지니어링 기법으로 설계 초기 단계에서부터 시스템 안전분석을 통합하여 수행이 가능하며 전체 설계 단계에서 안전 요구사항을 분석하고 결과를 고려하므로 분석에 대한 높은 신뢰도를 유지한다.

③ 모델 통합 및 분석기능 자동화

SysML(시스템 모델링 언어) 및 UML(통합 모델링 언어) 등 타 모델과의 통합 지원이 가능하며 원활한 데이터 공유와 안전 분석 보고서 생성을 자동화하여 분석 소요시간이 최소화되며 Human Error를 최소화 한다.

④ 높은 안전성과 신뢰성

설계 프로세스에서 안전 분석을 통합 수행하여 식별되지 않은 잠재 위험을 조기에 식별하고 완화하여 안전하고 신뢰성이 높은 시스템을 설계할 수있다.

상기의 특징을 보유한 Ansys Medini의 응용분야는 항공우주 산업에서 ARP-4761A 및 DO-178C와 같은 안전 표준을 준수하기 위해 항공전자 시스템, 비행제어 시스템 및 기타 항공우주 기술 개발 응용 프로그램에 적용할 수 있으며, 자동차 전자 제어 장치(ECU), 자율주행 시스템 및 기타 중요한 자동차 시스템의 안전 분석에 적용이 가능하다.

[2] BowTie

BowTie XP는 사고 및 위험 분석용 소프트웨어이며 복잡한 위험을 시각적으로 표현하고 이해하기 쉽게 분석한다. BowTie XP의 주요 특징은,

① 위험 요인, 예방 조치, 완화 조치를 동시에 시각적으로 표현 가능

② 위험 요인별 분석결과와 완화 조치를 연계하여 분석에 따른 최종 결과 확인

③ 위험 요인에 대한 통제 방법을 체계적으로 분석 및 관리가 가능

④ 위험에 대한 추적관리를 문서화하여 높은 효과성과 투명성

BowTie XP의 적용 분야는 산업 플랜트 분야에서 화학공장, 유류 정제 산업 및 제조업 분야에서의 안전관리 Tool로 활용되고 있으며 항공 분야는 항공시스템 개발 관련 안전성 분석, 병원 및 의료 시설에 대한 안전관리와 전력생산 및 송배전 등 분배 산업 등에서 적용하고 있다.

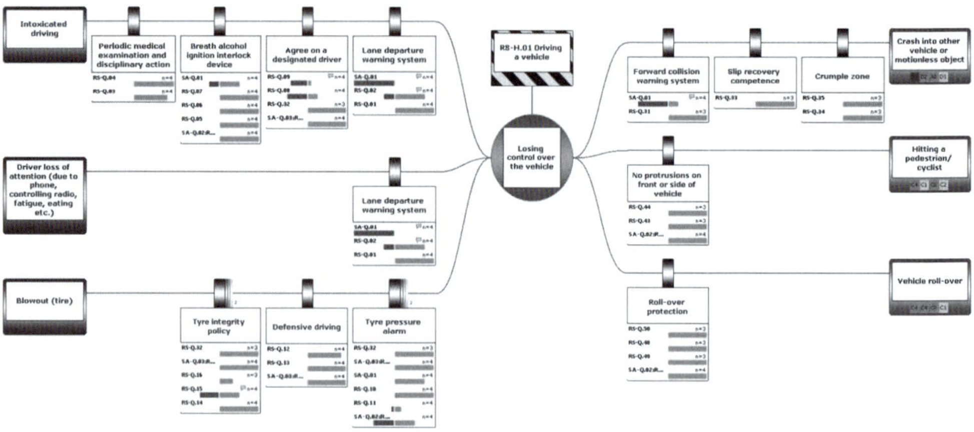

[그림 1-38] BowTie XP 분석 단계

출처: (주)MOASOFT https://moasoftware.co.kr/

[3] Audit XP

Audit XP는 시스템의 위험 관리 및 감사 활동을 지원하는 소프트웨어 도구이며 산업 안전, 품질 관리, 규제 준수 여부 등을 확인하고 문서화하는 프로그램이다.

주요 기능은 다음과 같다.

① 감사 계획 및 일정 관리

② 감사 체크리스트 및 양식 생성

③ 감사 결과 문서화

④ 감사 결과 추적 관리

⑤ 감사 관련 데이터 분석 및 도시화하여 문제점 파악 지원 등이며 무엇보다도 시스템의 안전에 치명적인 영향을 미치는 장애를 식별하고 추적하는 기능이 있다.

Audit XP 적용 분야는 일반적인 작업장 안전점검 및 규제사항 준수 여부를 확인하는 감사 기능에 활용하고 생산 제품의 품질관리 체계를 감사하는데 활용되며 법령으로 강제하고 있는 다양한 산업규제와 법적 요구사항 준수여부를 확인하는데 활용된다.

[4] Incident XP

Incident XP는 BowTie XP와 유사하게 사고 관리 및 분석 전문 소프트웨어이다. 복잡하고 다양한 사건 및 사고의 원인을 시각적으로 표현하고 분석하여 사고를 사전에 예방하도록 하는 사전 위험관리를 중점적으로 수행한다.

주요 기능은 다음과 같다.

① BowTie 방법론을 적용하여 사고 및 사건의 원인을 시각적으로 분석

② 사고 관련 원인 인자에 대해 직접, 간접원인을 식별하고 분석

③ 사용자가 요구하는 다양한 사고 분석 결과를 문서화 생성

④ 사고 관련 정보를 통합하여 분석 가능

⑤ 원인 분석에 따른 재발 방지를 위한 후속조치사항을 추적 감시 기능

Incident XP의 적용 분야는 산업현장, 항공산업 및 의료, 에너지 산업 분야에서 발생하는 각종 사고의 원인분석과 결과에 대한 후속조치 및 안전성을 개선하고 향상하는 목적으로 적용한다. 가장 큰 장점은 상황이 각각 다른 사고 유형에 대해 원인과 결과를 분석하는데 높은 신뢰도를 갖고 있어 주로 사고 분석의 Tool로 유용하다.

제2장

미래항공교통 안전성 시험·평가·인증 기술 분석 및 인증시험센터 구축

1. AAM 안전성 시험·평가·인증기술 분석
2. AAM 안전성 인증 시험센터 및 시험장비 구축 방안
3. 국제표준화 동향
4. 국제표준화 추진체계 및 단계 조사
5. eVTOL 관련 표준 최신 동향

1 AAM 안전성 시험·평가·인증기술 분석

1.1 필요성 및 역할

[1] 정부 항공산업 환경 측면

미래형 항공산업 발전에 따른 개발 시험 · 평가 · 인증 관련 인프라 구축 요구가 확산되고 있다. 국내 항공기 개발 및 제작산업은 IT, 전기, 전자, 통신, 자동차, 조선 등 국내 타 주요 산업과 국가 경제 수준 대비 낙후되어 있으나 최근 군용항공기를 중심으로 선진국 수준 도약을 위한 연구개발 및 제작산업이 빠르게 성장하고 있다. 또한, 2~4인승에 이어 중소형기/무인기 등으로 민간 항공기 개발로 확대되고 있으며, 무인 항공 부품의 국산화, 첨단기술의 적용 및 항행시설의 국산화 등에 참여하는 국내 업체가 증가하는 추세이다. 그러나 국내 항공산업 중에서 기계 · 전자 · 엔진 부품류와 인증 분야는 선진국 대비 기술 격차가 상당히 크기 때문에 이를 극복하기 위한 범국가적 노력이 필요하다.

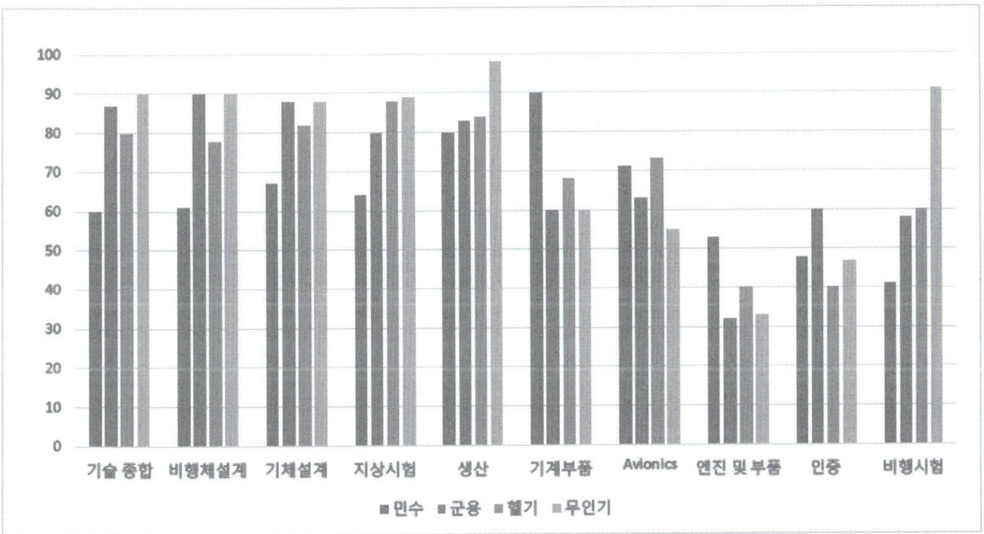

[그림 2-1] 항공산업 기술 분야 별 선진국 대비 국내 기술 수준(%)

출처: K-UAM 기술로드맵

K-UAM기술로드맵에서 UAM(도심항공교통)은 미국이 최고기술국으로 평가되었으며, 우리나라는 최고기술국 대비 60.5%의 기술 수준을 보유하고 있으며, 최고기술국과의 기술격차는

2.8년으로 분석된다. 중소기업의 기술경쟁력은 최고기술국 대비 56.7%, 기술격차는 3.3년으로 평가되며, 유럽(85.5%) 〉 중국(77.9%) 〉 일본(67.4%) 〉 한국(60.5%)의 순으로 평가기술의 수명주기(TCT[2])에서 UAM은 8.81의 기술수명주기를 지닌 것으로 파악된다.

[2] UAM관련 핵심기술 및 부품 개발 필요

국내 중대형 드론 경쟁력은 세계 7위 기술력을 보유하고 있으나 핵심 센서 및 장비인 초분광 카메라, 레이더 등은 대부분 수입에 의존하는 실정이다. 모듈화와 더불어 부품화를 통해 품질을 높이고 생산성 및 성능을 고도화하기 위한 신기술로 진화하는 추세이며, 딥러닝 등을 적용한 드론 영상분석에서, 무인기 스스로 조종과 항행을 담당하는 자율지능까지 인공지능 기술의 적용 범위가 확대되고 있다. 드론-조종 기간 1대 1 통신에서, 다중 무인이동체간 무선네트워크를 구성하는 기술로 발전하고, 다중 무인 이동체가 획득한 데이터를 실시간으로 연결해 분석하는 Big-Data 기술은 응용 분야를 중심으로 발전하고 있다. 드론 운용 지역 확장 및 다양한 서비스 창출을 위해 인공지능 기술과의 융합에 대한 관심이 높으며, 이를 위한 고성능 미션보드 탑재 기술에 대한 수요도 제기되고 있고, 통신 지연 및 단절, 열악한 비행 환경 등에서도 대응할 수 있는 지능형 드론 개발에 인공지능 기술이 접목되고 있다.

[3] 장거리 운행을 위한 고성능 배터리, 수소연료전지와 고효율 모터 개발현황

드론의 페이로드 및 운행시간을 늘리기 위해서는 배터리의 용량증대, 에너지 밀도 개선, 수명주기 연장, 충전시간 단축 등이 요구되고 있다. 배터리의 무게는 드론 비행시간을 결정하는 중요한 요인으로서, 경량화에 노력 중이며 제조사들 역시 주요 도전항목으로써 R&D에 매진하고 있다. 리튬이온 배터리 에너지 밀도의 개선은 한계에 가까워지고 있으며 배터리 기술의 새로운 혁신이 필요한 상황이다. 현재는 리튬-이온 폴리머(LiPo) 타입을 활용 중이며 약 1시간 내외 비행 가능하나, 리튬-이온 폴리머(LiPo) 타입의 배터리는 제한된 용량과 주위 온도 변화에 대한 내구성의 민감도, 성능 향상에 대한 잠재성 부족으로 인한 상향 한계성이 드러나고 있다. AAM급 무인항공기에 적합한 배터리 팩의 에너지 밀도는 600Wh/kg정도[3])로 리튬-황 배터리나 폭발안전성을 고려한 전고체 배터리로 현재의 수준으로는 장시간의 연구 및 투자가 요구된다. 전기비행의 실현가능성은 에너지 밀도, 출력, 중량, 비용 및 안전성에 따라서 좌우될 것으로

2) 기술수명주기(TCT, Technical Cycle Time): 특허 출원연도와 인용한 특허들의 출원연도 차이의 중앙값을 통해 기술 변화속도 및 기술의 경제적 수명을 예측

3) The challenges and opportunities of battery-powered flight, Nature Vol 601(2022)

예상된다. 삼성SDI가 전고체 배터리로 차세대 배터리 시장 공략에 속도를 내고, 2024년 3월 6일부터 8일까지 열린 '인터배터리 2024'에서 전고체 배터리 '900Wh/L ASB(All Solid Battery)'양산 로드맵을 처음 공개하였으며, 2027년까지 전고체 배터리 ASB를 양산한다는 목표이나, 무인 항공용 배터리 적용가능성은 아직은 미지수이다.

배터리보다 장거리 이송 가능, 빠른 충전속도를 가진 수소연료전지의 경우, HY4, HyFlyer project(Piper Malibu)으로 80~100kW급 연료전지 사용 비행에 성공하였고, Alaka'i Technologies, HyPoint, H3 Dynamics 등이 연료전지를 이용한 UAM의 개발 진행중에 있다. PEMFC의 경우 최대출력은 100kW 수준, Ballard 사의 FCveloCity HD100 (100kW / 256kg), PlugPower 사의 P125KW (125kW / 350kg)이다. 현재 연료전지(저장시스템) 가격, 최대 출력, 무게, 신뢰성 확보 등 기술적 문제 해결 필요하다.

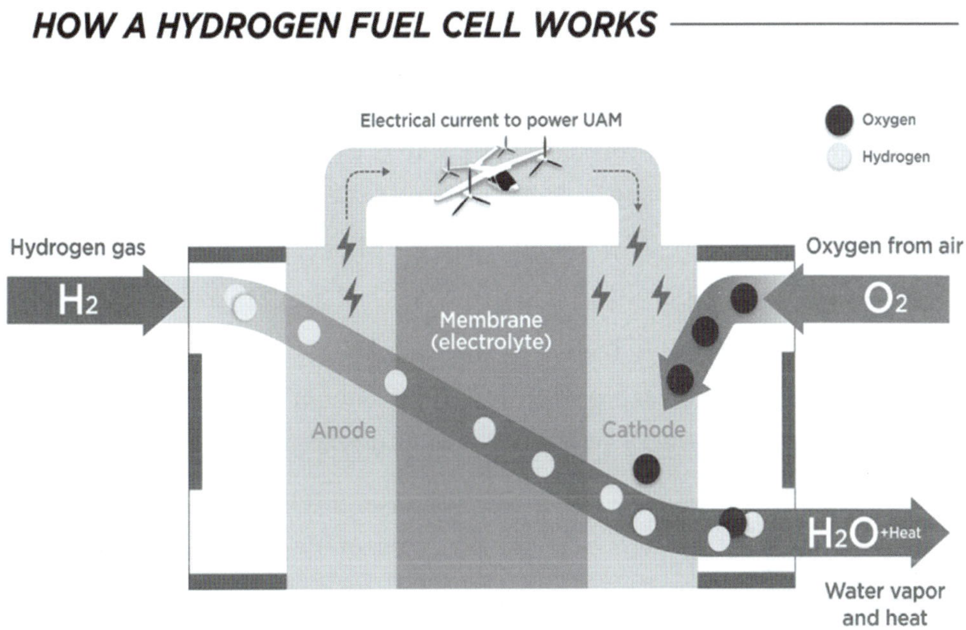

[그림 2-2] How Green Hydrogen Will Fuel the Future of UAM

출처: US Dept of Energy

장거리 및 고중량 탑재 비행을 위해서는 배터리뿐만 아니라 고출력 추진모터의 기술개발 필요하다. 드론의 사용목적 및 환경 등에 최적화된 추진동력 체계 기술로서, 친환경·고성능·고효율 동력원 개발이 요구되고 있고, 세계적으로 항공기의 전기 추진화 추세로 인해 기체뿐만 아니라 '전기엔진'으로 정의되는 모터와 인버터 등의 전기 파워트레인 부품에 대한 인증들이 미국의 FAA와 유럽의 EASA에서 진행되고 있다.

무인항공기에 특화된 추진동력 기술 및 고고도 장기체공을 위한 태양전지, 수소연료엔진 등 추진동력 기술 개발 추세이며, 내연기관, 태양전지, 연료전지 등을 조합한 하이브리드 동력 기술도 현재 연구되고 있다.

[4] 전기동력 수직이착륙기(eVTOL) 주요기술

PAV는 전기동력수직이착륙기(eVTOL)로 수렴하고 있으며 현재 싱글모드-VTOL형 PAV가 절대 다수를 차지한다. 2019년 기준으로 전 세계에서 114개의 업체가 133개의 eVTOL 모델을 개발 중이다. 이 중 미국기업이 52개 업체로 eVTOL 개발을 주도하고 있으며, 영국(11개사), 프랑스(8개사), 러시아(6개사)가 그 뒤를 따르고 있다. 원천별로 구분해 보면 순수배터리로만 구동되는 모델은 94개, 하이브리드 모델은 34개, 수소전기 모델은 5개로 순수배터리 모델이 주류를 이루고 있다. eVTOL의 핵심 시스템인 전기추진시스템은 전력원으로 2차전지만 사용하여 전동모터로 로터·팬을 구동하는 순전동 추진시스템과 2차전지와 내연기관 발전기를 조합한 하이브리드 추진시스템 등 두 가지 경향을 나뉘고 있다. eVTOL의 형태는 무익형과 유익형 두 가지 카테고리로 크게 나누어진다. 무익형 eVTOL은 단거리 저속비행에는 최적이지만 공기역학적으로는 장거리 비행에는 적합하지 않다. 유익형 eVTOL는 로터를 사용한 수직비행에서 날개를 이용하는 수평비행으로 이행할 수 있다는 점에서 무익형 eVTOL보다 효율적이며, 고속주행이 가능하고 항속거리도 길다.

[그림 2-3]은 FAA나 EASA에서 정의하고 있는 UAM 항공기의 분류를 나타낸 것이다. 크게는 날개의 유무에 따라서 무익/유익 형으로 분류할 수 있으며 비행방식에 따라서 다중 로터식(혹은 멀티콥터형), 양력 + 추력 식(혹은 Lift + Cruise 형 (리프트 앤 크루즈)), 추력 편향식(vectored thrust 형 혹은 틸트로터/틸트윙)으로 구분이 가능하다.

2023년 기준으로는 Vectored Thrust (332건), Lift + Cruise (163건). Wingless(Multicopter) (277건), Hover Bikes/Personal Flying Devices (108건), Electric Rotorcraft (64건), 총 944건의 eVTOL이 개발되고 있다. 약 35%가 넘는 eVTOL들이 추력 편향 식으로 개발되고 있으며 그 뒤를 이어 다중 로터 식이 약 30%가 넘는 비율을 차지하고 있다. 그다음으로는 양력 + 추력 식이 약 17%를 차지하고 있다.

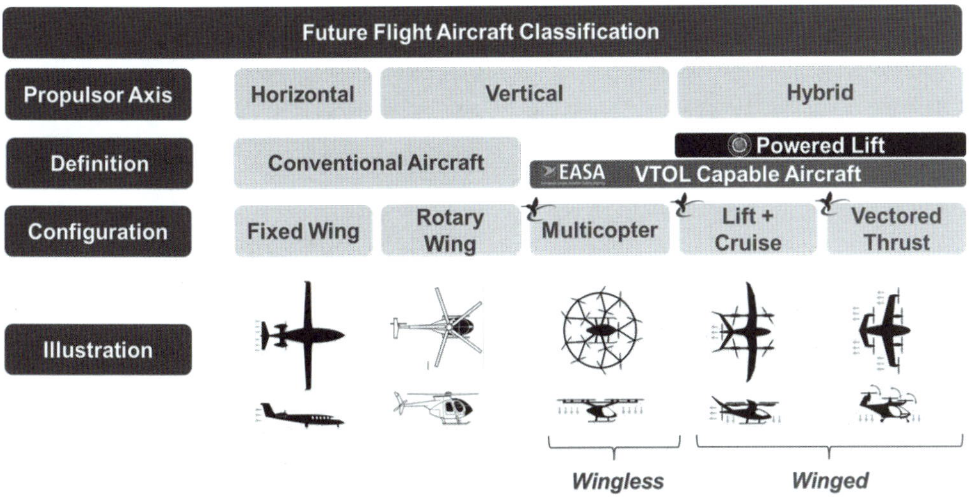

[그림 2-3] 무인항공기(UAM) 분류

출처 : UK Civil Aviation Authority, Future Flight Aircraft Capabilities
(https://evtol.news/aircraft에서 확인 가능)

eVTOL의 형태를 틸트로터, 고정익·회전익 복합, 멀티로터로 나누기도 한다.

[표 2-1] eVTOL 형태에 따른 특징 비교

형태	Vectored Thrust 틸트로터	Life + Cruise 고정익 회전익 복합	Wingless(Multi-rotor) 멀티로터
특징	• 틸트 시스템 탑재 • 세 가지 비행모드 고정익, 회전익, 천이비행 • 높은 전진 비행 효율 • 낮은 정지 비행 효율	• 독립적 고정식 추진부 구성 • 세 가지 비행모드 공정익, 회전익, 천이비행 • 틸트로터보다 수직이착륙 용이 • 높은 전진 비행 효율	• 회전익으로 구성 • 단일 비행모드 (회전익) • 높은 정지 비행 효율 • 높은 안전성 • 낮은 전진 비행 효율

출처: 한국형 도심항공(K-UAM) 로드맵

[그림 2-4] Multi-Rotor(다중로터)식 eVTOL (1) Volocopter사의 VoloCity (2) Airbus Helicopters 사의 CityAirbus (3) Alaka'i Technologies사의 Skai (4) EHang사의 Ehang 216

출처 : Volocopter, Airbus Helicopters, Alaka'i Technologies, Ehang

[그림 2-5] Lift + Cruise(양력 + 추력)식 eVTOL (1) Wisk Aero사의 Cora (2) Airbus사의 CityAirbus NextGen (3) Volocopter 사의 VoloConnect (현 VoloRegion) (4) Beta Technologies 사의 ALIA-250

출처 : Wisk Aero, Airbus, Volocopter, Beta Technologies

[그림 2-6] Vectored Thrust(틸트로터)식 eVTOL (1) Joby Aviation사의 S4 (2) Archer Aviation 사의 Maker (3) Vertical Aerospace사의 VX4 (4) Overair사의 Butterfly (5) Supernal사의 S-A1 (6) KARI의 OPPAV (7) Airbus사의 Vahana Beta (8) Dufour사의 Aero3

출처 : Joby Aviation, Archer Aviation, Vertical Aerospace, Overair, Supernal, KARI, Airbus, Dufour

1.2 세부분야별 기술

[1] 안전성 평가기술

□ 안전성 평가기술

- AAM 무인기의 인증위한 정량적 안전수준(Safety Level) 평가과정(Process)[4] 개발이 필요하다.

추진 필요성	• AAM 무인기의 안전수준은 미국, 유럽 등 선진국에서 유인 항공기 관련 수십 년간 연구와 경험 및 사례 분석, 실데이터 등에 기반으로 도출한 경험적(Empirical) 기술 지표임. • 정부에서 미래 역점사업으로 추진 중인 AAM 개념의 2030년 K-UAM 정상 운영 대비 비행체 설계에 대한 안전수준, 즉 정량화된 안전목표값(Safety Target)을 규정하여 안전성, 사회적 수용성 확보 필요 • K-UAM 산업 활성화를 위해 항공기 개발 업체의 비행체 안전 설계를 위한 Guideline이 필수적이나 국내에서는 유인 및 무인기에 대한 안전수준 설정은 선진국의 기준에 의존하고 있으며, 국내 현실을 반영하기 위한 연구가 전무한 상황임. • 안전수준을 짧은 시간 내에 설정하기 위해 과학적인 근거와 실데이터 없이 선진국의 유사자료를 취합하는 정도의 노력을 통해 설정할 경우 국내 실정에 맞지 않을 뿐만 아니라, 기술적, 정책적으로 오히려 혼돈을 유발할 수 있음. • 국내 상황에 맞는 AAM 무인기의 안전수준 설정을 위해서는 현재 수준을 파악하고 국제인증기관에서 요구하는 안전목표값(Safety Target)을 달성하기 위한 Action Item들이 함께 도출되어야만 함. 즉, 안전도를 숫자만으로 정의하는 것은 무의미하며 도출 과정과 실기반 참고 자료를 통해 국제인증수준에 맞추기 위한 안전성 평가 및 개선 활동의 마중물 역할을 하도록 안전수준을 설정할 수 있어야 함.
정부 지원의 필요성	• 안전수준의 설정은 기술적 분석 프로세스뿐만 아니라 정책적 결정이 수반되며, 설정되는 안전 목표값이 유무인 항공기 설계, 제작, 운용, 관리에 미치는 영향력이 지대하고 국제 상용화를 위한 인증 안전 목표값이기 때문에 정부지원을 통한 연구결과 도출과 민수용 감항당국 참여 및 검토가 필수적임.

□ 안전성 평가 기술 동향

- 항공기는 다양한 부품, 장비 및 시스템이 사용되고, 수많은 시스템을 구성하는 구성품 및 시스템이 복합적으로 동작하기 때문에 승객 및 화물 운송 목적으로 3차원 공간에서 비행 시스템의 안전성 평가가 단순한 시험 또는 분석을 통해 요구되는 안전성 수준을 확인할 수 없는 경우, 항공기 또는 복합 시스템 수준에서 안전성 목표와 이에 대한 적합성 입증 계획을 수립하고, 타당한 검증(Verification) 기법을 적용하여 이에 대한 충족 여부와 유효성을 확인(Validation)하는 종합적인 항공기 설계 및 인증 프로세스로 수행한다.

---

4) 무인기 안전도 평가 위한 전과정(프로세스)개발과 단계별 업무 사항, 필요 데이터 리스트, 평가 방법, 필수 산출물등을 전체론적 접근법(Holistic Approach & Fracas)으로 분석

- 1950년대에 자동착륙장치의 개발은 항공산업체와 감항당국에 새로운 도전의 계기가 되었고, 항공기 등의 인증에 있어서 새로운 접근방식이 도입되었다.
- 1960년대 후반에는 복합 시스템(Complex System)이 출현하기 시작하면서 구성품에 대한 고장 확률에 대한 필요성이 명확해지고, 시스템에 대한 전체적인 고장 분석이 가능하게 되었다.
- 1970년대 초반부터 확률(가능성)의 개념을 포함하는 용어가 항공기 안전기준에 명시 시작하였고, 1970년대 이후 항공기술의 발전과 설계 복잡성이 증가하여 단순한 단일고장만으로 충분한 안전을 평가하기 어려워, 항공기 시스템의 종합적 안전평가가 필요하게 되었다. 그로인해 확률기반 시스템 안전목표(Top Level of Safety) 개념이 감항기준에 도입되고 23.2510, 2x.1309의 요구조건으로 현재까지 활용중에 있다.
- 2000년대 이후 국제적인 무인항공기 연구개발 및 상용화 운용 급증에 따라 국가별 안전도 요구 증대에 따라 유럽(EASA)에서는 SC-VTOL에 대한 카테고리별 안전목표값 제정하여 적용중에 있다.
- 군용 무인항공기의 경우 2010년 이후 북대서양 조약기구(NATO)에서 STANAG 4761 등 중량별 안전목표값을 규정하여 군용 무인항공기 개발에 적용 중이다.
- Part 23급 항공기 중 Class I (SRE, 〈6,000lbs) 항공기의 치명(catastrophic) 등급고장은 약 10건 정도로 가정하고, 각각의 고장 발생확률은 $1.0x10^{-6}$이하로 요구하고, Part 25급 항공기에 대해서는 유사하게 치명(catastrophic) 등급 고장상태를 약 100건 정도로 가정하며, 각각의 고장 발생확률은 $1.0x10^{-9}$이하를 요구하고 있다.

□ 안전성 평가 연구

안전성 평가 연구 분야로 항공산업의 고장이력 분석 및 정보화, 국내 무인기 운용을 위한 안전 평가 프로세스 구축, 국내 무인기 안전 목표값 분석등이 필요하다.

- 국내 항공 산업의 고장 이력 분석 및 정보화
  - 유사급 국산 유무인 항공기 고장 보고, 분석 및 시정 조치 시스템, FRACAS (Failure reporting, analysis, and corrective action system) 개발로 수집 대상 데이터 시스템 선정 및 고도화 알고리즘 개발이 필요하다.

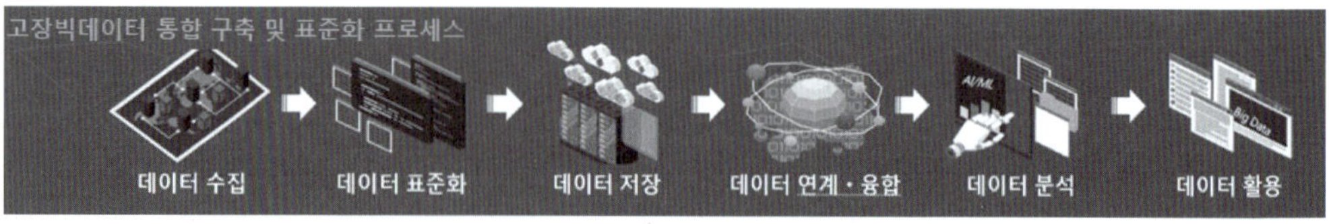

[그림 2-7] 고장 데이터 통합 구축 및 표준화 프로세스

- 해외 선진 사례 분석 기반 데이터 시스템 Customization
- 시스템에 적합한 데이터 수집 범위 및 확보 방법 연구

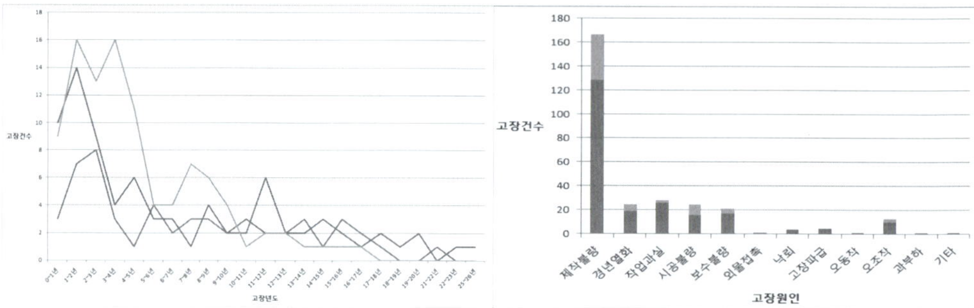

	제작불량	경년열화	작업과실	시공불량	보수불량	외물접촉	낙뢰	고장파급	오동작	오조작	과부하	기타	총합계
23kV	79	10	10	5	11	1		2		7	1		126
154kV	50	9	16	11	6		4	3	1	3		1	104
345kV	38	6	2	9	4					3			62
총합계	167	25	28	25	21	1	4	5	1	13	1	1	292
점유율	57.2%	8.6%	9.6%	8.6%	7.2%	0.3%	1.4%	1.7%	0.3%	4.5%	0.3%	0.3%	100%

[그림 2-8] 부품 고장 데이터기반 통계 분석 그래프 사례

- 시스템 단계별 프로세스 분석위한 표준화된 프레임워크 개발
  - 고장 빅데이터 운영관리 거버넌스 수립
  - 데이터 저장·관리·분석·평가 프로세스 구축

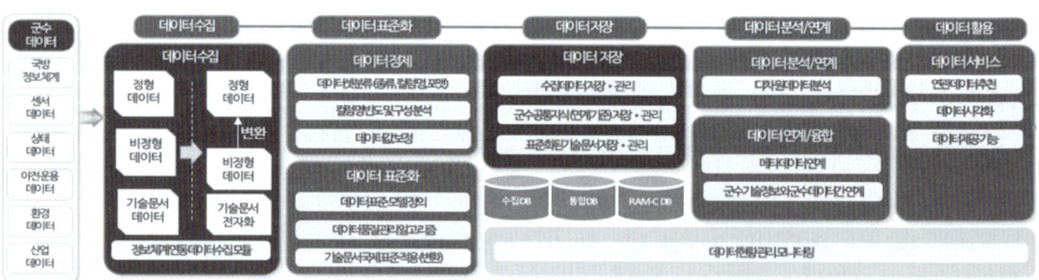

[그림 2-9] 데이터 저장. 관리. 분석 평가 프로세스

  - 기술 표준/매뉴얼/인프라 구축
  - 분석 제도 운영 방안 수립

• 기술 확보 방안 수립

• 관리 체계 통합 및 실증분석

- 고장 데이터의 안전성 평가 위한 정보화 (데이터 분석 및 가공 필요)

- RAMS[5]) 분석 (빅데이터 기반 수명주기 분석)

운전 기간	제작 년도	제작 년도 운전 대수	운전 기간 고장 대수	운전 기간 대수	고장확률 (f)	누적고장확률 (F)	1-F	1/(1-F)	ln(1/(1-F))	ln(ln(1/(1-F)))	t	ln(t)	F(t)	R(t)	MTBF	λ(t)	f(t)
1	'2008	265	9	1468	0.00061291	0.000612912	0.99938708	1.00061328	0.0006131	-7.3969826	1	0	0.00073380	0.99926619	694.5857445	0.000805353	0.000804762
2	'2007	1022	16	14419	0.00110964	0.001722559	0.99827744	1.00172553	0.001724044	-6.3630824	2	0.69314718	0.001569131	0.998430869		0.000861423	0.000860071
3	'2006	1318	13	13397	0.00097036	0.002692926	0.99730707	1.00270019	0.002696558	-5.9157792	3	1.09861228	0.002447135	0.997552865		0.000896014	0.000893821
4	'2005	909	16	12079	0.00132461	0.004017538	0.99598246	1.00403374	0.00402563	-5.5150737	4	1.38629436	0.003353752	0.996646248		0.000921396	0.000918306
5	'2004	1054	11	11170	0.00098478	0.005002319	0.99499768	1.00502746	0.005014873	-5.2953473	5	1.60943791	0.00428202	0.99571798		0.000941578	0.000937546
6	'2003	1602	4	10116	0.00039541	0.005397732	0.99460226	1.00542702	0.005412353	-5.2190714	6	1.79175946	0.005227719	0.994772281		0.000958396	0.000953385
7	'2002	1284	4	8514	0.00046981	0.005867547	0.99413245	1.00590217	0.005884828	-5.1353777	7	1.94591014	0.006187996	0.993812004		0.000972849	0.000966829
8	'2001	1502	7	7230	0.00096818	0.006835735	0.99316426	1.00688278	0.006859206	-4.9821637	8	2.07944154	0.007160784	0.992839216		0.000985545	0.000978488
9	'2000	877	6	5728	0.00104748	0.007883221	0.99211677	1.00794586	0.007914458	-4.8390641	9	2.19722457	0.008144511	0.991855489		0.000996881	0.000988762
10	'1999	1099	4	4851	0.00082457	0.008707793	0.99129220	1.00878428	0.008745928	-4.7391671	10	2.30258509	0.00913794	0.99086206		0.001007132	0.000997929
11	'1998	610	1	3752	0.00026652	0.008974318	0.99102568	1.00905558	0.009014829	-4.7088843	11	2.39789527	0.010140067	0.989859933		0.001016496	0.001006188
12	'1997	898	2	3142	0.00063653	0.009610855	0.99038914	1.00970412	0.009657337	-4.6400373	12	2.48490665	0.011150064	0.988849936		0.001025120	0.00101369
13	'1996	764	2	2244	0.00089126	0.010502121	0.98949787	1.01061358	0.010557657	-4.5509039	13	2.56494935	0.012167233	0.987832767		0.001033119	0.001020549
14	'1995	682	1	1480	0.00067567	0.011177796	0.98882220	1.01130415	0.011240737	-4.4882108	14	2.63905733	0.013190977	0.986809023		0.001040580	0.001026854
15	'1994	315	1	798	0.00125313	0.012430929	0.98756907	1.01258740	0.012508839	-4.3813197	15	2.70805020	0.01422078	0.98577922		0.001047574	0.001032677
16	'1993	356	1	483	0.00207039	0.014501322	0.98549867	1.01471470	0.014607494	-4.2262206	16	2.77258872	0.01525619	0.98474381		0.001054160	0.001038077
17	'1992	125	1	127	0.00787401	0.022375338	0.97762466	1.02288745	0.022629464	-3.7885025	17	2.83321334	0.01629681	0.98370319		0.001060383	0.001043103
18	'1991	2	0	2	0	0.022375338	0.97762466	1.02288745	0.022629464	-3.7885025	18	2.89037175	0.017342284	0.982657716		0.001066285	0.001047793

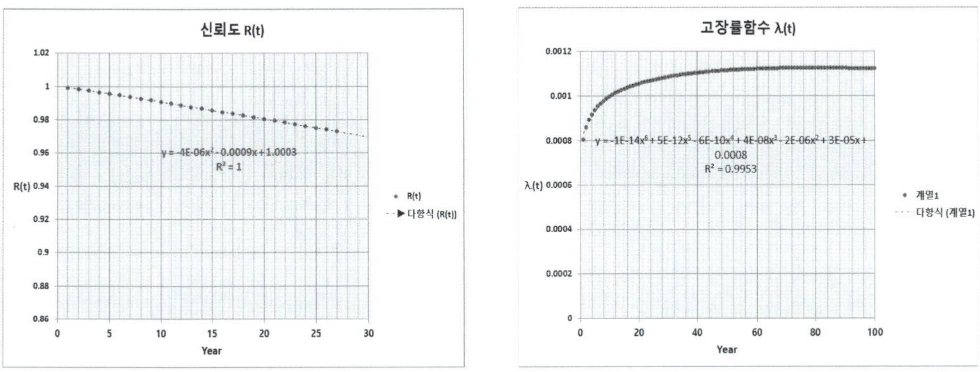

[그림 2-10] 고장 빅데이터 기반 신뢰도 및 고장률 분석 사례

- 지속적 고장 관리 시스템 구축

• 고장 모드 및 효과 분석 (Failure mode and effects analysis)

• 고장 분석 방법 연구 (Failure analysis)

• 고장 코드 개발 (Failure code creation)

5) RAMS(Reliability, Availability, Maintenability, and Safety)

• 고장 재현 방법 개발 (Test and evaluation)
• 업무 오더 분석 (Work order analysis)
• 진원인 규명 분석 (Root cause analysis)
• 전략적 수정안 분석 (Strategy adjustment)
• 국내 무인기 운용을 위한 안전 평가 프로세스 구축

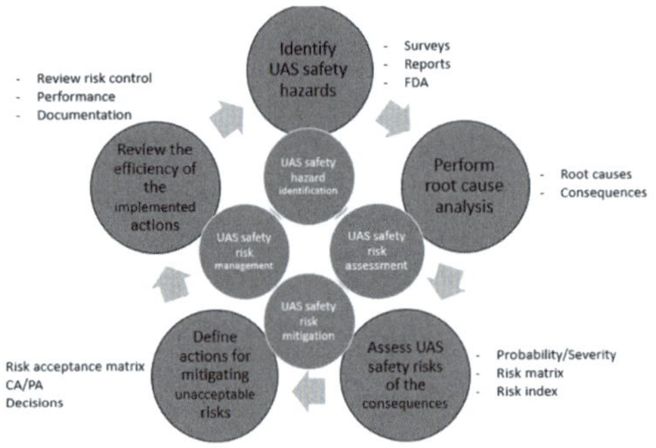

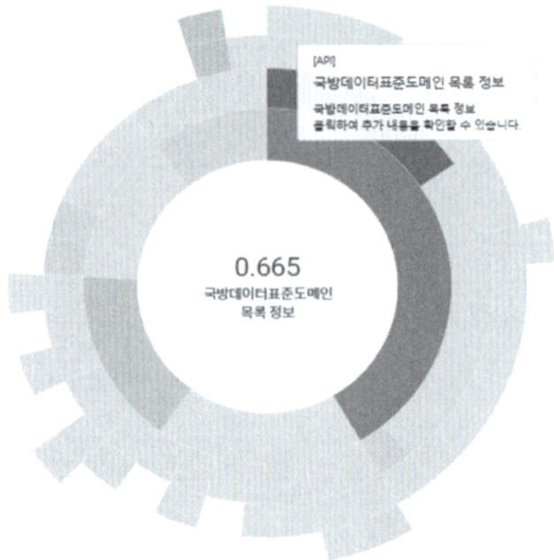

[그림 2-11] UAV Safety Risk Management Process

- 안전 위험 평가 정의
- 안전 위험 데이터베이스 구축
- 안전 위험 식별 방법 연구
  • 안전 위험 식별 소스의 예: 비행 운영 데이터 분석(FODA), 비행 보고서, 유지 관리 보고서, 안전 그리고 품질) 감사/평가, 사건/사고에 대한 자발적 보고, 관할 당국에 사고 보고 의무화, 고장 모드 효과 분석(FMEA)에 따른 브레인스토밍, 설문조사
- 안전 위험 평가 방법 연구
- 안전 위험 완화 방법 연구
- 문서화 및 관리
  • 안전 위험[6] 및 완화 조치를 포함한 무인기 안전위험 데이터베이스 설정
  • 위험 모니터링 절차 정의
  • 자발적이고 의무적인 보고체계 구축
  • 안전문화 정착화

6) 고도 손실, 통제력 상실, 전송 손실, 유인, 무인 항공기 또는 건물, 전력선과의 충돌, 내비게이션 시스템의 부분적인 고장 또는 손실, 악천후 또는 기후 이벤트, 부식 유무, 지역에 익숙하지 않은 조종사, 로터 고장, 언더슈팅 또는 오버런으로 인한 이착륙 사고

• 국내 무인기 안전 목표값 분석
- 전략적 추진 체계 수립
- 국제 인증 안전 목표값의 배경 분석 및 타당성 시뮬레이션
  • 국내외 개발 항공기의 사고 사례를 기반으로 한 사고 확률 시뮬레이션
  • 사고 원인 분석을 통한 설계(D)/제작(P)/운용(O)/유지보수(M) 관리 방법 연구
  • 조치 이후 사고율 감소 여부 시뮬레이션 검증
  • 시뮬레이션 검증 결과에 대한 국내외 전문가 분석 후 데이터베이스화

- 현 안전수준 분석
- 통계적 분석 (Weibull Distribution Analysis, Bayes' Theorem) 방법 개발

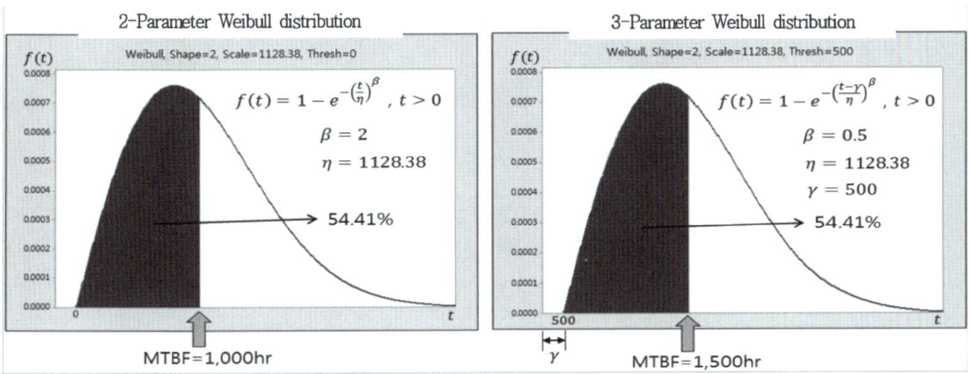

[그림 2-12] 고장데이터의 2-모수 와이블 분포와 3-모수 와이블 분포 분석

- 국제 인증시 안전 목표값 달성 위한 시정 조치 사항 분석
- 조치 사항의 우선순위 분석
- 지속적 안전도 향상 (Continuous Safety Improvement, Safety Continuum)을 위한 개선 활동 분석
- 안전 목표값 달성 위한 개선 활동 로드맵 개발
- 관리 프로세스 구축

□ 안전성 확보 기술 소개

UAM 인증을 위해 10^{-9} 수준의 안전도를 요구하고 있다. 안전성 향상을 위해 확보되어야 하는 대표 기술로는 자율비행, 악기상 대비 내환경성 확보, 내추락 설계 및 추락시 안전한 착지 방안등을 들 수 있다.

자율비행	충돌 방지 기술 (Detect and Avoid), 이착륙 자동화 기술, 인공지능 기반 비행 제어 기술, 재형상 제어 기술
악기상 대처	Icing 감지 및 경고, Anti-/De-Icing 기술, 안개/야간 등 저시성 극복 기술, 내풍제어 설계기술, 낙뢰 보호 기술
내추락 설계	인증 기준, 내추락 고려한 경량구조 및 좌석 개발, 추락사고시 안전착지 기술

[표 2-2] 비행안전에 영향을 주는 운항환경

	시정	운고	풍속	기온	기상현상 (눈,비)	일출몰시간
영향	시계비행제한	시계비행제한	기체운영제한	기체성능영향	기체운영제한	기체운영제한
운항기준	VIS 5,000m 미만	CIG1,500ft 미만	기체설계에 따름	기체설계에 따름	기체설계에 따름	Daytime only

[2] 성능 평가 및 설계 기술

성능 측면에서 추진기관의 성능 향상과 기체 경량화에 의한 효율 증대와 승객의 편의성 및 안락성 향상 등이 포함된다.

추진기관	분산 전기추진(DEP[7]) 기술, 고효율 추진발생 장치 (팬, 프로펠러, 로터), 지능형 에너지 동력 관리 기술, 고에너지 밀도 배터리, 고밀도 고효율 인버터, 고전압 시스템
경량화	경량 신소재, 일체 성형기술, 기능 통합화로 부품 수 절감 및 경량화

[3] 도심 내 운용 위한 소음과 배기가스 공해 최소화

소음	현재 헬기의 1/4 수준이 요구되며, 소음 예측 AI데이터 구축, 추진장치 소음 저감기술, 기체 소음 저감기술, 객실 능동 소음제어 기술 등이 핵심
배기가스	배터리의 경우 최선, 하이브리드 방식에서는 저공해 가스터빈/내연기관 필수

UAM은 도심 내를 150m 이상의 상공(일반적으로는 300~600m 상공)으로 비행한다. UAM과 가장 비슷하게 저고도로 비행을 하는 헬리콥터의 경우 소음이 가장 큰 문제로 제시되고 있다. 우버 백서에서 소음을 하나의 주요 차별화 요소로 제시하였으며, Porsche Consulting, Roland Berger, McKinsey 등에서도 이 분석에 대한 추가적인 연구를 하였다. 이처럼 UAM을 도입하기 위해서는 사회적 수용성을 만족해야 하며, 이러한 "비행 소음"이 해결해야 될 몇 가지 위험성(Risk)으로 제시되고 있다. 우버 백서에 따르면 'Robinson R44가 500ft (약 152m) 높이에서 81dB, 250ft (약 76m) 높이에서 87dB(데시벨)이며 UAM에서 사용될 VTOL의 경우

7) Distributed Electric Propulsion

는 250ft 높이에서 67dB 정도 되어야 될 것이다'라고 제시하였다. 이에 따라 현재 많은 기체 제작 업체들에서는 (운항 기준) 헬기의 80dB 대비 체감 기준 20% 수준인 65dB를 기준으로 설계하고 있다. 이는 생활 소음 수준 미만이며 UAM 내에서 일상 대화가 가능한 수준이다. [그림 2-13]은 Joby와 Volocopter에서 제시하고 있는 소음 수준을 나타낸 것이다.

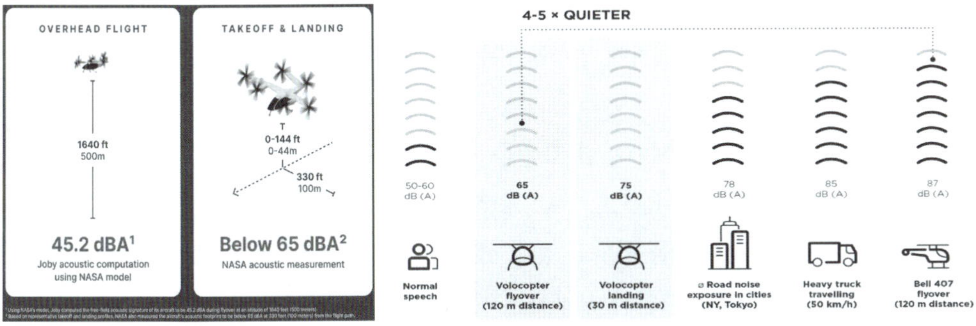

[그림 2-13] (좌) Joby (우) Volocopter의 소음 수준

출처: NewAtlas, Volocopter

[4] 기타 고려사항들

- UAM 상용화를 위해서는 현행 제도의 혁신적인 발전이 필요하며, 인증과 항행관제가 핵심 분야이며, 사회의 수용성 제고를 위한 노력이 필요하다.
- UAM은 일부 항공 파트를 다루는 것이 아니라, 전체 시스템을 고려하여 표준규격 개발 및 인증체계를 구성해야 한다.
- 유인/무인기의 치명적(Catastrophic) 안전성 리스크[8] 레벨(10^{-6} ~ 10^{-9})은 다양하다.

Failure	Military, 1/FH (Stanag[9]4671)	Military, 1/FH (Stanag 4703)	Civil,1/FH (CS-LURS[10])
Cumulative	〈 10^{-5}	10^{-4} less than 15kg, $2 \cdot 10^{-5}$at 75kg	〈 10^{-8}
Catastrophic	〈 10^{-6}	$4 \cdot 10^{-6}$ If number of failure of sub-system = 5	〈 10^{-9}
Hazardous	〈 10^{-5}	$4 \cdot 10^{-5}$	〈 10^{-7}
Major	〈 10^{-4}	$4 \cdot 10^{-4}$	〈 10^{-5}
Minor	〈 10^{-3}	$4 \cdot 10^{-3}$	〈 10^{-3}
No Safety Issue	〉 10^{-3}	〉$4 \cdot 10^{-3}$	1.0

Failure and Criticality Assessment Analysis in Stanag 4671,4703, and CS-LURS

8) 고장률(리스크)/비행시간(hr)
9) NATO Standardization Agreement
10) Certification Specification for Light Unmanned Rotorcraft System

- 인증에는 표준개발(Standard development), 법률 체계(Legal framework), 인증기관(Certifying authority), 대상품 구성(Product configuration), 운용분야(Kind of operations)등이 관련되어 있다.
- 현재는 UAS/ eVTOL규제, 규격 및 표준이 개발중에 있고, UAM/AAM으로 진화예정이다.
- 리스크 기반 방법으로 설계와 운용 완화 사이의 적절한 균형 유지가 필요하다.
- 설계 및 시스템 아키텍쳐에 영향을 주는 시스템 안전성 평가/운용 리스크 평가 표준 개발 필요하다.
- 안전성 인증 프로세스는 관련 표준를 참조하여 구성되기 때문에 국제 표준화 기구(EUROCAE, ASTM, RTCA, SAE, etc.)를 통해 개발되는 다양한 규격 및 표준들이 인증 프로세스의 기반을 이루고 있다. 즉, eVOTL, UAM의 인증 체계 개념을 이해해야만 향후 어떤 표준 개발이 요구되는지 알 수 있다.

1.3 안전성 시험·평가·인증 관련 기술 동향

무인 드론이든 유인 드론이든 완전히 자율적인 시스템을 지향하는 추세지만, 이러한 자동화는 완화되어야 하는 여러 가지 위험과 과제를 수반하고 있다. 향후 항공사고 및 리스크의 발생을 최소화하기 위해 항공기와 유사한 시험·평가 프로토콜이 마련될 것으로 예상되고 있다. 특정 크기 또는 무게 이상에서 드론은 전통적인 항공기 절차(자율적 측면을 위해 수정이 필요할 것)에 따라 비행할 수 있도록 인증될 것이나, UAM 항공기의 경우 운용공역에서 기상환경 조건(난류, 돌풍, 급변풍등)에 극도로 취약해 인증 절차의 대폭 수정 필요하다. 특히 악천후 시 비상 및 안전 운영을 증명할 수 있는 시험·평가·인증방법 제시가 매우 중요할 것으로 생각된다.

다양한 국제 규제 및 기술 표준 관련 기관(특히 JARUS-Joint Authorities for Rulemaking on United Systems, jarus-rpas.org, 국내 KIAST)은 드론의 안전한 운영을 위한 규정을 제정하는 과정에 있고, 모든 UAM은 오늘날 전통적인 교통수단의 경우와 같이 공식적인 시험평가와 인증 절차의 통과가 요구된다. 사례로 비행 중 실운용 기상 환경에서 일정 수준의 안전성을 보장하기 위해 구체적인 평가 테스트 주기 및 시연(Demonstration)을 거쳐야만 한다.

[1] 국내 현황

국내에는 드론 시험 비행을 위한 드론 전용 시험비행장 구축 및 실증도시, 드론특별자유화구역 등 실증사업 확대 중에 있다. 국토부는 '드론시스템의 실용화 및 사업화 등을 촉진하기 위해 비행허가, 비행승인 등 각종 규제 면제 또는 간소화하는 특별자유화 구역 운영 및 상용화 패스트 트랙을 지원 중이나, 드론의 실운용에 따른 안전성을 평가할 수 있는 위험도 기반 시험평가체계 및 인증 인프라는 전무하다. K-UAM의 성능요구조건에서 현재 내풍성 항목은 일정속도로만 정의되어 있기 때문에 안전성 평가에 대한 리스크가 크다.

참고 K-UAM 차세대 형식증명기(eVTOL) 성능요구조건

구분	OPPAV 기술검증시제기 (1인승)	1세대 (Joby S-4 기준)	차세대(2세대)		RAM (Regional Air Mobility)	비고 •미래시나리오 선행과제 등
			최종 성능요구조건 • 최소 총 5대 : 구조시제기(2대), 형식증명기(2대, 예비 기체 포함) 및 실증기(테스트베드기) 1대 • 체계 기업은 2종 모두 개발하되 배터리 또는 수소연료전지 형식 중 1종을 선택하여 국내형식증명 신청 (T.C 신청外 기체는 실증기로 개발)	7차 총괄위 보고(3/11) • 배터리 기체(2대), 수소연료전지 기체(1대)		
내환경 운용대기 온도	|	• -20°C ~ 40°C	• -25°C ~ 45°C	• -25°C ~ 45°C	• -25°C ~ 45°C	
내환경 내풍성	• 10	• 10 m/s	• 15 m/s	• 15 m/s	• 15 m/s	
내환경 강우	•	• 10 mm/h	• 완전/전방향 방수 *(軍)완전/전방향 방수	• 15 mm/h	• 15 mm/h	• 운용조건

[그림 2-14] K-UAM 내풍성·내환경성 요구사항 (2022년)

eVTOL 관련 국내의 시험·평가 국제표준개발 추진 방향은 다음과 같다.

- 2021년 7월 국가기술표준원(KATS)에서 무인기 국제/국내 표준화 추진 로드맵 (~2025년까지) 작성요구 받고 제안함 (아래 표21 참조).
- K-UAM/eVTOL 관련 표준으로 국제표준화기구(ISO)에 제안 예정임: Conops 등을 고려 하여 현재 제안가능한 분야로 한정함. 매년 필요에 따른 확장 예정.
- ISO 및 EUROCAE등의 국제 표준화 기구에서 필요로 하는 기타 표준과 EASA의 인증 (Type Certificate, Restricted Type Certificate, Individual Certificate of Airworthiness, Special Certificate, AMC, AC, TSO, SORA. etc.)에 필요한 표준안 제안.
- 다양한 형태로 개발 중인 신개념 비행체(eVTOL[11])는 미국·유럽 등의 인증체계를 벤치마킹해 세부 표준 및 인증기준·절차를 마련하고 국가 간 상호인정 확대도 추진.

11) eVTOL(electric Vertical Take Off & Landing) : 전기 분산동력 수직이착륙기, 전기동력으로 친환경적이고 수직이착륙이 가능해 활주로가 필요 없음(공간 소요↓)

• 국가기준에 적극 반영되는 산업표준(국표원등)·단체표준(TTA, 제작업계 등) 마련 움직임에 적극 동참하고, 국제 주요기관·학회·협회와 공동연구 및 공동 컨퍼런스 추진.

[표 2-3] 무인기 국제/국내 표준화 추진 로드맵 (~2025년까지)

구분	표준화 분야			표준명	제안연도 (예상)
	대분류	중분류	소분류		
국제 표준	WG1 감항표준	UAS/UAM 시스템안전 (UA System safety)	환경 오염	드론MFG(매연환경) 저항성평가시험규격	2023
			환경 오염	드론 미세먼지 저항성 평가 시험 규격	2023
			내환경 평가	해수 염분 및 해무평가 시험 규격	2024
			내환경 평가	Wind icing 시험 규격	2023
			내환경 평가	내열 시험 규격	2023
			내환경 평가	snowfall 시험 규격	2023
			내환경 평가	Lightning susceptibility 시험규격	2023
			내환경 평가	UV 시험 규격	2023
			내환경 평가	ESD/EOS 시험 규격 (정전기)	2023
			내환경 평가	Flammability 시험 규격	2024
			내환경 평가	자기력(Magnetic effect) 시험규격	2024
			내환경 평가	Water Ingress 시험 규격	2024
			내환경 평가	부식 시험 규격	2024
			내환경 평가	Mechanical Shock 시험 규격	2025
			내환경 평가	Crash safety 시험 규격	2025
			내환경 평가	전력선 전자기파 시험 규격	2025
			부품 안전성 평가	배터리 폭발 시험 규격	2024
			부품 안전성 평가	배터리 leakage current측정 시험 규격	2024
			부품 신뢰성 평가	배터리 기능 평가 시험 규격	2022
		항공전자공학 및 섭시스템	네비게이션 시스템	성능 평가 시험 규격	2025
		동력원 및 추진시스템	부품 신뢰성 평가	배터리 진동 시험 규격	2025
				배터리 수명 평가 시험 규격	2025
		전기 시스템 (Electrical Systems)	부품/섭시스템 신뢰성 평가	신뢰성 검정 시험 규격	2023
				전기전자 부품 섭시스템 수명 평가 시험 규격	2023
		유지 및 검사 (Maintenance and Inspection)	부품/섭시스템 신뢰성 평가	유지보수관리 표준/자산관리(RCM) 표준	2025
	WG2	용어	부품	이차전지 용어 정의(UAM용포함)	2022
		매뉴얼	부품	이차전지운용 매뉴얼/핸드북(UAM용 포함)	2022

<table>
<tr><th rowspan="2">구분</th><th colspan="3">표준화 분야</th><th rowspan="2">표준명</th><th rowspan="2">제안연도 (예상)</th></tr>
<tr><th>대분류</th><th>중분류</th><th>소분류</th></tr>
<tr><td rowspan="8">국가 표준</td><td>비행 운영 표준 중요 인프라 시설 검사 서비스</td><td>운용 체제</td><td>C-UAS 환경</td><td>관제 공역 내 카운터 드론의 운용 체제와 환경 정의</td><td>2022</td></tr>
<tr><td rowspan="7">감항표준</td><td rowspan="7">UAM 시스템 안전</td><td>부품 /섭시스템</td><td>부품별 가속 수명 평가 시험법</td><td>2023</td></tr>
<tr><td>부품/섭시스템</td><td>내환경 시험 조건
(저 위에 국제표준에서 정의한 모든 조건)</td><td>2024</td></tr>
<tr><td>시스템</td><td>돌풍 시험 표준 1
(Updraught/Downdraught)</td><td>2023</td></tr>
<tr><td>시스템</td><td>돌풍 시험 표준 2 (Lateral Wind Shear)</td><td>2023</td></tr>
<tr><td>시스템</td><td>돌풍 시험 표준 3 (Headwind/Tailwind)</td><td>2023</td></tr>
<tr><td>시스템</td><td>돌풍 시험 표준 4 (Bifurcating Gust)</td><td>2023</td></tr>
<tr><td>시스템</td><td>돌풍 시험 표준 5 (Votex)</td><td>2023</td></tr>
<tr><td rowspan="4">국제 표준</td><td>WG2</td><td>용어</td><td rowspan="4">UAM용</td><td>일반적인 용어의 정의</td><td>2022</td></tr>
<tr><td rowspan="3">비행 운영 표준 중요 인프라 시설 검사 서비스</td><td rowspan="2">서비스</td><td>시뮬레이터의 국제적으로 통용 가능한 사양 구성을 위한 지원 (가격 인상을 초래하는 불요불급한 사양을 지양함)</td><td>2023</td></tr>
<tr><td>적절하고 효과적인 드론조종사 훈련에 필요한 시뮬레이터의 요구 성능에 대한 정의</td><td>2023</td></tr>
<tr><td>운용체계</td><td>고객 수송용 무인항공기(UAM) 운용 절차 및 수직이착륙장 (Vertiport) 사용에 따른 요구조건 반영</td><td>2024</td></tr>
</table>

[2] 해외 현황

미국과 유럽은 무인 항공기의 국가 공역 내 점진적인 도입 및 안전한 운용을 위한 실증프로그램 추진 중에 있다.

<table>
<tr><td>미국</td><td>• FAA는 ‘13년부터 무인항공기의 국가공역 통합을 위한 단계적 로드맵을 제시하고 UAS IPP*를 통해 비가시권, DAA(Detect and Avoid), C2(Command and Control) 링크 등 시험평가 수행하며 국제기준 선도
* UAS IPP(Integration Pilot Program): 무인항공기시스템 국가공역통합 프로그램
• 드론의 안전성과 보안 우려를 해소할 수 있는 원격식별 장치를 의무 장착하는 규정* 마련 및 23년부터 전면 시행을 위한 실증 프로그램 수행
* 소형 드론운용을 위한 새로운 규정(Part 89) - 드론식별장치(Remote ID) 시스템적용
• FAA 산하 William J. Hughes Technical Center에서 국가 공역 내 무인기의 안전운용기준 개발 및 시험평가 수행 중
* 드론 지상충돌 심각도 평가 기준 마련 등 위험도 기반 안전성 시험평가 연구개발 수행 중</td></tr>
</table>

유럽	• EASA는 '유럽 드론 규칙(European Drone Regulation)*' 마련하고 전체 EU 회원국에 '23년 1월부터 전면 시행 예정 중이며 U-Space** 등 실증연구수행 중 * 유럽 드론 규칙에는 드론의 크기와 출력, 유형과 성능 등 기술요구사항, 안전 비행에 필요한 운영 요건, 드론 식별, 사전 승인 유무, 파일럿 교육 요구사항 등 포함 ** U-Space 1단계에서 핀란드-에스토니아 간 핀란드 횡단 드론택배 및 볼로콥터 실증 완료('19.8) • EASA와 협력하에 WG105에서 진행 중인 LUAS 인증위한 프로그램 (SG-1 DAA[12]), RPAS[13]) IFR[14]), SG-2 C3S[15]), Cellular MOPS[16]), SG-3 UTM[17]), SG-4 AW[18]), SC-LUAS[19]), RPS MOPS, SG-6 SORA[20]))
일본	• UAS 추진 및 규제를 위한 항공산업 혁명을 위한 로드맵 발표('17.5) 및 국토교통성 산하 물류, 인프라 점검, 재해 대응 분야에서 사용할 수 있는 드론 및 로봇 개발, 사회적 구현을 위한 시스템 및 비행 테스트 구축을 위한 실증 프로그램 지속 추진 중

[3] 안전성 시험·평가·인증 관련 정책 동향

(국내) 드론 산업발전 기본계획('17~'26, 국토부)의 한국형 K-드론 시스템 구축의 위험도 기반의 실증 테스트를 통해 고성능 드론에 대한 안전관리 체계화에 부합

(국내) 드론산업 경쟁력 강화방안('21.12, 국토부)의 안전한 드론 운용환경 조성의 도심 내 안전한 드론 운용을 위한 비행기준 마련에 부합

(국외) 주요 국가에서 드론의 활용 확대를 위해 도심 내 비행기준 마련 및 운영 중

(미국) 미국은 현재의 General Aviation을 위한 Part 23 Amendment 64에 기반한 규정으로 기체 인증을 진행 중

(유럽) UAM 미래시장 선점을 위해 유럽의 감항당국이 가장 선두로 대비하고 있으며, EASA는 2019년 7월에 3개 이상의 추력장치를 가진 소형 VTOL 전용 인증규정인 SC-VTOL-01을 제정하였고, 2020년 1월에는 전기 및 하이브리드 추진기관을 위한 특별 감항조건을 제안하고, 2020년 5월에 적합성 입증 방법 (Means of Compliance : MOC)을 제안함

(일본) 기체인증제도 창설: 드론 기체인증, 조종 라이센스를 얻어 운항규칙을 준수하고 국토교통부의 허가 승인 없이 비행가능 ('22.6 공표, '23. 12 시행예정)

12) Detach and Avoid
13) Remotely Piloted Aircraft System
14) International instrument Flight Rules
15) C3 Security
16) Minimum Operational Performance Standard
17) UAS Traffic Management
18) Airworthiness
19) Special Condition Light UAS (MTOW less than 750 kg)
20) Specific Operations Risk Assessment

(중국) 항공당국(CAAC)은 2019년 2월에 에어택시를 대상으로 특별감항인증지침인 SORA(Specific Operations Risk Assessment) framework를 발행하였고, EHang 216의 특별 감항인증을 받아 시범 운용 중

(국제인증 절차의 대응 측면) EASA, FAA는 실운용 기상환경을 포함한 인증절차 개발을 위하여 기술적 요구사항에 따른 평가방법 요구하고 있다. 비행체 외에도 지상 시스템, 통신 시스템, 이착륙장, 운항 시스템 등 포괄적인 인증 기준이 필요하다.

무인항공기 정책을 위한 국제기관 JARUS (Joint Authorities for Rulemaking Unmanned Systems)에서 SORA(Specific Operations Risk Assessment) 기반 운용 위험 평가 지표 개발했다.

용어	용어정의	표준 출처
Risk	- The combination of the frequency (probability) of an Occurrence and its associated Level of severity - The potential of an occurrence to cause harm defined by its probability and the severity of its consequence.	- EUROCAE ED-79A - Draft ARP 4761A - ED 135A 
Safety	- The state in which risk is acceptable	- EUROCAE ED-79A, ED-135

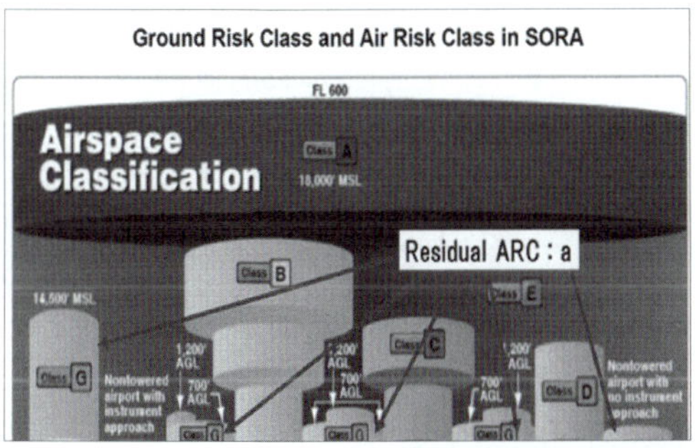

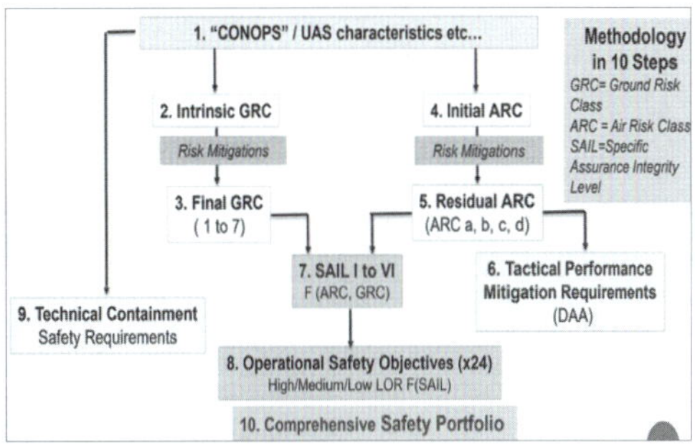

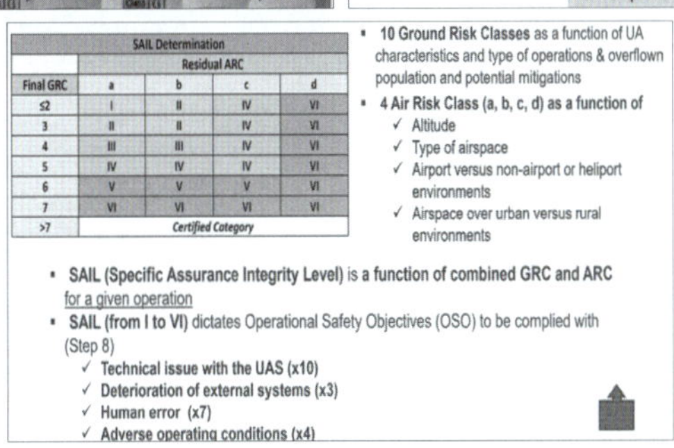

〈SORA Process: 10단계, 운용 개념 정의〉

지상리스크(GRC)/비행리스크 클라스(ARC) 완화 후 최종 레벨에서 안전수준평가(GRC와 ARC의 함수), 운용상 안전목표(I, II, IV, VI, V, VI, etc.) 설정후 그에 따른 관리체계의 차별화

〈SORA 기본 방침〉

특정 운영 위험 평가(SORA)는 주어진 운영 환경에서 무인 항공기 시스템(UAS)을 비행하는 데 필요한 NAA 인가에 대해 권한 있는 당국과 신청자 모두에게 필요한 지침을 제공한다. SORA는 주로 UAS의 "특정" 범주(EASA 기술 의견 01/2018에 의해 정의됨)를 목표로 한다. SORA는 주무관청과 신청자가 아직 초기 ARC를 설정하지 않은 경우에만 운용량에 대한 초기 ARC(air risk class)를 설정하는 데 사용된다. 초기 ARC는 운용량에서 UAS가 유인항공기와 충돌하는 비율에 대한 일반화된 정성적 분류이다. UAS 운용량은 일반화된 초기 ARC 수준과 다른 충돌 위험 수준을 가질 수 있다. 이 경우를 가정할 경우, 운용자, 주무관청 및 신청자가 전략적 완화조치의 적용을 통해 초기 ARC를 낮추는 작업을 돕는 프로세스를 제공한다.

Ground Risk Class and Air Risk Class in SORA

SAIL : Specific Assurance and Integrity Levels

	Low Assurance	Medium Assurance	High Assurance
Low Integrity	Low robustness	Low robustness	Low robustness
Medium Integrity	Low robustness	Medium robustness	Medium robustness
High Integrity	Low robustness	Medium robustness	High robustness

Table 1 – Determination of Robustness level

A Low robustness is where the applicant simply declares that the required level of integrity and assurance has been achieved.

A Medium robustness is one where the applicant provides supporting evidence that the required level of integrity and assurance has been achieved.

A High robustness is where the achieved integrity and assurance has been found acceptable by a competent third party. ⇒ AI

SAIL Determination				
	Residual ARC			
Final GRC	a	b	c	d
≤2	I	II	IV	VI
3	II	II	IV	VI
4	III	III	IV	VI
5	IV	IV	IV	VI
6	V	V	V	VI
7	VI	VI	VI	VI
>7	Category C operation			

OSO Number (in line with Annex E)		SAIL					
		I	II	III	IV	V	VI
	Technical issue with the UAS						
OSO#09	Remote crew trained and current and able to control the abnormal situation	L	L	M	M	H	H
OSO#10	Safe recovery from technical issue	L	L	M	M	H	H
	Deterioration of external systems supporting UAS operation						
OSO#11	Procedures are in-place to handle the deterioration of external systems supporting UAS operation	L	M	H	H	H	H
OSO#12	The UAS is designed to manage the deterioration of external systems supporting UAS operation	L	L	M	M	H	H
OSO#13	External services supporting UAS operations are adequate to the operation	L	L	M	H	H	H

	Human Error						
OSO#14	Operational procedures are defined, validated and adhered to	L	M	H	H	H	H
OSO#15	Remote crew trained and current and able to control the abnormal situation	L	L	M	M	H	H
OSO#16	Multi crew coordination	L	L	M	M	H	H
OSO#17	Remote crew is fit to operate	L	L	M	M	H	H
OSO#18	Automatic protection of the flight envelope from Human Error	O	O	L	M	H	H
OSO#19	Safe recovery from Human Error	O	O	L	M	M	H
OSO#20	A Human Factors evaluation has been performed and the HMI found appropriate for the mission	O	L	L	M	M	H

[그림 2-15] EASA 특정 범주 :Specific Opertional Risk Assessment Methodology, EUROCAE Standard Practice

〈EASA 특수 조건 라이트-UAS를 위한 준수 수단(MOC) 개발을 지원하기 위한 지침 문서 소개〉

2023년 EuroCAE WG-105, SG-4, DP0002에 참여한 항공 당국과 협력하여 업계가 개발했다. 분야별 SAIL을 소개하고 있다.

본 문서에 반영되지 않거나 다른 접근 방식이 요구되는 설계 및 기술에 대한 준수를 입증하기 위해 이러한 제안된 준수 수단에서 벗어나는 것이 요구될 수 있다.

[표 2-4] Light-UAS.2100 Mass and Center of Gravity

SC LUAS	OSO# (SORA 2.0)	OSO (SORA 2.5)	SAIL III		SAIL IV	
			Level of Integrity	Level of assurance	Level of Integrity	Level of assurance
2100	4	-	L	L	L	L
	-	XII	NR	NR	L	L

[표 2-5] Light-UAS.2102 Approved Flight Envelope and Environmental Conditions

SC LUAs	OSO# (SORA 2.0)	OSO# (SORA 2.5)	SAIL III		SAIL IV	
			Level of Integrity	Level of assurance	Level of Integrity	Level of assurance
2102	4	-	L	L	L	L
	-	XII	NR	NR	L	L

[표 2-6] Light-UAS.2105 Performance Data

SC LUAS	OSO# (SORA 2.0)	OSO# (SORA 2.5)	SAIL III		SAIL IV	
			Level of Integrity	Level of assurance	Level of Integrity	Level of assurance
2105	4	-	L	L	L	L
	-	XII	NR	NR	L	L
	24	-	M	M	H	H
		XVII	M	M	H	H

[표 2-7] Light-UAS.2135 Controllability, manoeuverability and stability

SC LUAS	OSO# (SORA 2.0)	OSO# (SORA 2.5)	SAIL III		SAIL IV	
			Level of Integrity	Level of assurance	Level of Integrity	Level of assurance
2135	4	-	L	L	L	L
	-	XII	NR	NR	L	L

[표 2-8] Light-UAS.2160 Vibration and Buffeting

SC LUAS	OSO# (SORA 2.0)	OSO# (SORA 2.5)	SAIL III		SAIL IV	
			Level of Integrity	Level of assurance	Level of Integrity	Level of assurance
2160	4	–	L	L	L	L
	–	XII	NR	NR	L	L

[표 2-9] Light-UAS.2235 Structural strength and deformation

SC LUAs	OSO# (SORA 2.0)	OSO# (SORA 2.5)	SAIL III		SAIL IV	
			Level of Integrity	Level of assurance	Level of Integrity	Level of assurance
2235	4	–	L	L	L	L
	–	XII	NR	NR	L	L

[표 2-10] Light-UAS.2250 Design and construction principles

SC LUAs	OSO# (SORA 2.0)	OSO# (SORA 2.5)	SAIL III		SAIL IV	
			Level of Integrity	Level of assurance	Level of Integrity	Level of assurance
2250	4	–	L	L	L	L
	–	XII	NR	NR	L	L

[표 2-11] Light-UAS.2300 UA flight control systems

SC LUAs	OSO# (SORA 2.0)	OSO# (SORA 2.5)	SAIL III		SAIL IV	
			Level of Integrity	Level of assurance	Level of Integrity	Level of assurance
2300	4	–	L	L	L	L
	–	XII	NR	NR	L	L

[표 2-12] Light-UAS.2305 Landing gear systems

SC LUAs	OSO# (SORA 2.0)	OSO# (SORA 2.5)	SAIL III		SAIL IV	
			Level of Integrity	Level of assurance	Level of Integrity	Level of assurance
2305	4	–	L	L	L	L
	–	XII	NR	NR	L	L

[표 2-13] Light-UAS.2325 Fire Protection

SC LUAs	OSO# (SORA 2.0)	OSO# (SORA 2.5)	SAIL III		SAIL IV	
			Level of Integrity	Level of assurance	Level of Integrity	Level of assurance
2325	4	-	L	L	L	L
	-	XII	NR	NR	L	L

[표 2-14] Light-UAS.2350 Forced landing or a crash

SC LUAs	OSO# (SORA 2.0)	OSO# (SORA 2.5)	SAIL III		SAIL IV	
			Level of Integrity	Level of assurance	Level of Integrity	Level of assurance
2350	5	-	L	L	L	L
	-	XIII	L	L	M	M

[표 2-15] Light-UAS.2400 Lift/Thrust/Power systems installation

SC LUAs	OSO# (SORA 2.0)	OSO# (SORA 2.5)	SAIL III		SAIL IV	
			Level of Integrity	Level of assurance	Level of Integrity	Level of assurance
2400 a,b	4	-	L	L	L	L
	-	XII	NR	NR	L	L
2400 c	5	-	L	L	L	L
	-	XIII	L	L	M	M
2400 d,e,f	4	-	L	L	L	L
	-	XII	NR	NR	L	L

UAS 운영의 '특정' 범주에서 UA에 대한 내공성 인증서의 필요성은 위험 수준 (SORA[21])에서 SAIL[22])로 정의됨)에 기초한다.

- 고위험 운전 (즉, SAIL V 및 VI)의 경우, UAS가 EASA에 의해 내공성 승인을 받아야 함을 암시하는 높은 수준의 견고성이 요구된다.
- 도시 환경에서 BVLOS[23]) 운영에 사용된다.
- 위험 수준이 낮은 운영의 경우, EASA가 적절하게 인정한 산업 표준 또는 방법론에 맞게 설계된 UAS를 사용해야 할 수 있다. UAS 제조업체는 다음을 선택할 수 있다.

21) Specific Operations Risk Assessment
22) Specific Assurance Integrity Level
23) Beyond Visual Line of Sight

- 승인 과정에서 UAS 운영자에게 상세한 준수 및 시험 데이터를 지원하거나
- 항공기 또는 장비의 형식인증서(TC)에 대해 자발적으로 EASA에 적용(UAS 운영자와 제조업체 사이에 명확한 책임 분리를 제공할 수 있음) 또는
- STS[24]에서 식별된 UAS 클래스 중 하나에 대한 CE[25] 클래스 마크를 획득한다.

위험 평가를 수행한 후 UAS 운영자가 UAS 운영의 위험이 허용 가능한 수준의 안전성으로 운영을 수행할 수 없는 수준으로 유지되는지 검증할 때, UAS 운영은 '인증된' 범주에 속하는 것으로 간주한다. 수직 이착륙(VTOL) 항공기와 같은 새로운 자동화 시스템 기반 항공기(ASBA[26])는 전통적인 유인 항공기 및 지상 차량 운영과 비교하여 새로운 기회 제공이 가능하다. 에어택시 운영은 ASBA 시범 운영이 예상되지만, 이 기기들은 UAS로의 운영 전환을 의도하고 있다. 전환 단계를 지원하고 또한 이 두 가지 유형은 운영의 유사성으로 인해, 유인 ASBA를 이용한 도시 항공 이동 운영개념서(Conops)에서 다룬다.

[표 2-16] 세 가지 운영 유형

개방형	특정형	인증형
'인증' 카테고리에서 수행되는 UAS 운영	'특정' 운영 범주에서 운영하고자 하는 UAS의 인증 과정	도시환경에서의 유인 자동화 시스템 기반항공기(ASBA) 운영(유인화 및 무인화)
Open Category - Low risk No-Pre Approval - Limitations: 25 kg, VLOS, - Height< 120m, System of Zones - 3 Sub-categories: fly over close, far from people - Genenal Public, Model Flying, Photographers	Specific - Increased risk - Authorisation by NAA based on specific operation risk assessment - Declaration in case of standard scenario - BVLOS operations (linear inspection, aerial work) - Transport of goods	Certified - Risk as manned aviation - Certification of UAS, approval of the operator and licenced pilot(unless autonomous flight) - Air Taxi - International IFR cargo, passengers - Package delivery over people
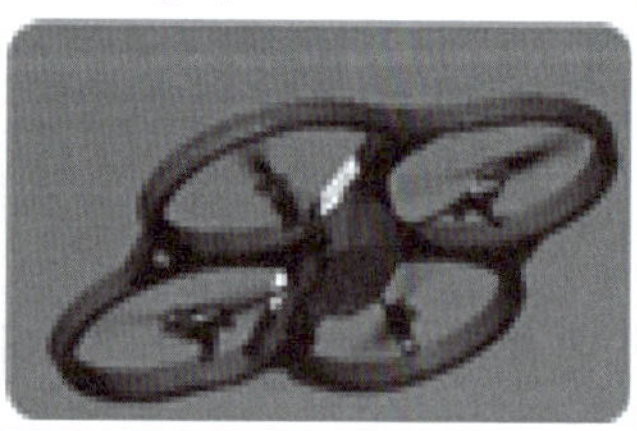		

24) Standard Scenario
25) European Commission
26) Automatic System Based Aircraft

[4] 저위험 무인기의 FAA 형식인증에서 D&R(Durability & Reliability) MoC중 기상 환경하의 안전성 시연 내용 소개

This international standard was developed in accordance with internationally recognized principles on standardization established in the Decision on Principles for the Development of International Standards, Guides and Recommendations issued by the World Trade Organization Technical Barriers to Trade (TBT) Committee.

INTERNATIONAL

Designation: F3478 – 20

Standard Practice for
Development of a Durability and Reliability Flight Demonstration Program for Low-Risk Unmanned Aircraft Systems (UAS) under FAA Oversight[1]

This standard is issued under the fixed designation F3478; the number immediately following the designation indicates the year of original adoption or, in the case of revision, the year of last revision. A number in parentheses indicates the year of last reapproval. A superscript epsilon (ε) indicates an editorial change since the last revision or reapproval.

[그림 2-16] 9.2 Environmental Data Content:

9.2.1 기상 정보의 출처는 미국 국립 기상청 또는 미국 국립 기상청이 승인한 출처여야 한다. 예를 들어, 자동 표면 관측 시스템(ASOS), 자동 기상 관측 시스템(Automated Weather Observating System, AWOS) 또는 국제적 동등한 것들이다. 이러한 보고서를 이용할 수 없는 경우, 해당 조종사의 자체 관측에 기초한 기상 정보를 사용해야 한다

9.2.3 바람—이륙 시 바람의 방향과 속도, 9.2.1에 명시된 허용 가능한 기상원에서 순항하는 동안 위로 올라가는 바람, 착륙 시의 바람을 기록한다. 측정 방법과 값(즉, 실제 Knot 또는 시속 마일)을 설명 필요. 단위는 일관되게 사용하고 명확하게 표시해야 한다.

f) 최대 풍속 한계 및 역풍 방향(중요한 단계 및 비행 모드에서의 돌풍 조건 포함).

Minimum D&R Demonstrations : 최소한 한 번 이상 명시된 한계의 100% 이상의 바람 및 돌풍 조건이 시연에 포함되는지 확인한다.

			Min V	~25%	~50%	~75%	Max V	For highly automated UA with non-selectable airspeeds 3 flights total required.
1e	Airspeed full range possible at each phase of flight Demonstrate speed range with varying WT, CG, DA, Temp, etc. Speed tolerance: 3 percent or 3 knots	Takeoff	3X	X	X	X	3X	
		Climb	3X	X	X	X	3X	
		Cruise	3X	X	X	X	3X	
		Descent	3X	X	X	X	3X	
		Approach/Land	3X	X	X	X	3X	
		Hover	3X	X	X	X	3X	
		Transition	3X	X	X	X	3X	
		Pkg deliver	3X	X	X	X	3X	
1f	Max wind incl. gusts at adverse directions at critical flight phases/modes Min WT, most adverse CG, all phases of flight Wind tolerance" 5knots	Max cross wind, +gusts			3X			
		Max tailwind, +gusts			3X			
		Max headwind, +gusts			3X			

[그림 2-17] Example/Notional Demonstration Condition Matrix
FAA의 D&R UAS 인증 현황 문서 2022년

[5] 정부 차원의 시험·평가·인증 기술개발 지원 증대

우리나라의 미래 블루오션으로 예상되는 무인항공기 제작산업의 성장을 견인하고, 국내 개발 제품의 신뢰성 증가를 통한 수출기반 조성 및 산업 확산을 위해서 정부에서도 성능 검증 및 인증을 위한 종합적 선진 시험인프라 기반 조성을 구축하고자 한다. 그 노력의 일환으로 무인항공산업 기술개발 분야의 막대한 정부 예산 중 상당 부분이 시험평가와 인증 소요 예산으로 파악된다.

자동차, 선박 등에서 경험한 바와 같이 대규모 예산을 필요로 하는 국가 차원의 **종합시험 인프라 구축은 국가 산업발전을 견인하는 원동력이 되며, 국가의 해당 산업 역량을 평가하는 지표가 되고 있다.**

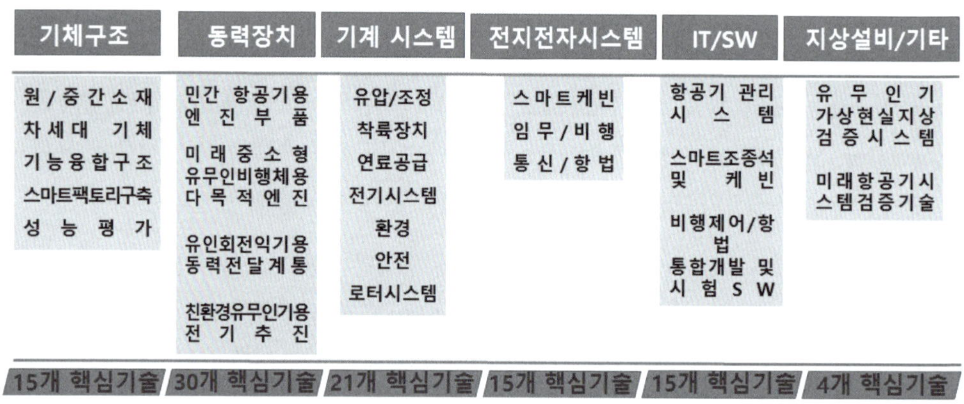

[그림 2-18] 항공핵심기술로드맵(2021~2030)6대분야및100대핵심기술, 국토교통부

지상설비시스템		2021	2022	2023	2024	2025	2025	2027	2028	2029	2030	적용분야	수행주체
지상검증시스템				5인승급eVTOL 조정성 평가용 기술개발								PAV	중소/중견/대
		산업용 무인항공기의 기능성능 및 안전성 시험평가기술										PAV	중소/중견/대
시스템검증기술			3차원 정밀감시정보기반 유무인기비행 안정성, 운용성 시험평가기술									UAV	중소/중견/대
		중소형 유무인항공기 개발비행시험에 적용되는 원격계측기술										PAV	중소/중견/학연

[그림 2-19] 무인항공기 시험 평가 기술: 지상설비시스템(2개 부문, 4개 핵심기술), 국토교통부

[6] 국내 개발 무인 항공기와 장비에 대한 정부 차원의 인증체계 구축 추진

무인항공기 및 부품 등의 안전성 인증과 감항성 보증은 설계 및 운용 국가 책무로 국제수준에 맞는 인증 체계 확립과 지상 및 비행시험평가를 위한 인프라 확보가 필요하다. 국내의 경우, 현재 미국과 항공기급 BASA[27] IPA[28]확대를 위해 소형항공기급(KC-100) 개발로 소형항공기

급에 대한 인증기반은 확보하였으나 인증업무 수행을 위한 민간 전용 시험시설이 취약하고 향후 개발예정인 헬기, 무인항공기, 중대형 항공기 등의 인증업무 수행을 위한 핵심 인증기술 및 인프라 역시 부족한 상태이다.

해외 항공선진국들은 이미 오래전부터 국가 차원의 종합시험장을 보유·운영하여 자국의 민간 항공 인증분야(항공기 개발 및 핵심인증기술 개발 등)를 지원하고 있어, 국내 항공산업이 향후 세계시장에서 이들과 경쟁하기 위해서는 반드시 필요하며, 종합시험 인프라는 대규모 예산을 필요로 하고, 국가 차원의 항공 안전 향상을 위한 각종 연구, 항공산업 육성 및 인증체계 구축 등 전략적 차원의 체계적인 발전이 필요한 시설로서 국내 개발수요 및 항공정책과 연계하여 정부 차원의 단계적인 확충이 요구된다.

[7] 국내 항공산업 환경

□ 전통적 기계 · 전기 부품 산업의 고도화

창원·울산 산업단지는 우리나라 자동차, 조선, 방산 등 기간산업의 기계 · 전기 부품 공급기지로서 국가 산업의 핵심적인 역할을 해왔다. 그러나 산업 환경의 변화로 전통적인 부품 생산기지로서의 역할로는 성장이 한계에 봉착하였으며, 제2의 도약을 위해서는 기존의 부품 개발 · 생산 역량을 고도화하여 산업을 다변화할 필요가 있다.

□ AAM 부품 산업기지로 재도약

- 창원시는 한화에어로스페이스 등 우리나라를 대표하는 항공우주산업체와 미래형 항공기의 핵심인 전기동력장치 등을 연구개발 하는 전기연구원 등의 국가연구기관이 있다. 이러한 창원시의 연구개발 및 산업역량을 기반으로 전통적 기계 · 전기 부품을 항공용으로 확장, 고도화하는 노력이 필요하다. 즉, AAM 기계 · 전기 부품산업 발전에 필수적인 개발 · 인증시험 인프라를 구축하여 창원산업단지를 미래항공산업의 핵심기지로 육성할 필요가 있다.

---

27) Bilateral Aviation Safety Agreement
28) Implementation Procedures for Airworthiness

구분	창원국가산단 UAM 연관 기업
기체	엠지아이티, 현대비앤지스틸, 현대위아, 퍼스텍 , 율곡 등
소재	대호테크, 삼현, 알멕, 우림피티에스
프로펠러	한국NSK, 동산테크
센서	키프코전자항공
배터리	씨티엔에스, 엘티정밀, 고려이노테크, 한국특수전지 등
모터	한화에어로스페이스, 경인테크, 하이젠모터, 합성메데아 등
SW	세기산기, 생각샘터, 대호아이엔티, 한솔스카다, 세영제어 등
부품	덴소코리아, 나산전기산업, 서머텍코리아, 한국티에스케이 등
구분	**기존 기업 UAM 산업 전환(안)**
축소기 개발	엠지아이티
창원형 UAM 개발	현대비앤지스틸, 현대위아, 퍼스텍 등
제어시스템 개발	세기산기, 대호아이엔티, 세영제어 등
모터 개발	한화에어로스페이스, 경인테크, 하이젠모터 등
배터리팩 개발	엘티정밀, 고려이노테크, 한국특수전지 등
계기시스템 개발	지아이시스템, 영풍전자, 씨앤지 등
고전압 부품 개발	덴소코리아, 나산전기산업, 서머텍코리아 등
창원시 주요 UAM 관련 기업	
지엠비코리아, 디엘모터스, 범한메가텍, 엘티정밀, 아스텍, 신성오토모티브, 하이젠모터, 에스앤티에이엠티, 율곡, 케이원텍, 삼우금속공업, 수성기체산업, 동서일렉, 세복, 항남, 에스지솔루션,퍼스텍, 서머텍코리아, 코텍, 앤앤에이, 태진다이텍, 대성파인텍, 지이엠, 한국특수전지, 포렉스, 유한정밀, 씨앤지, 연암테크, 알앤이, 삼명기계공업	

• 울산시의 경우, 전통적 제조 도시로서 소재(화학)에서 부품 장비, 완성차 선박까지 주력 산업 간 탄탄한 Value-Chain을 보유하며, 산업 변화 대응을 위한 미래형 모빌리티 산업, 미래형 소재. 전지. 친환경 연료 등을 연계하여 주력 산업을 확산하고 있기 때문에 AAM 산업 조기선점에 부합하는 최적 역량 보유도시로서 소개되고 있다.

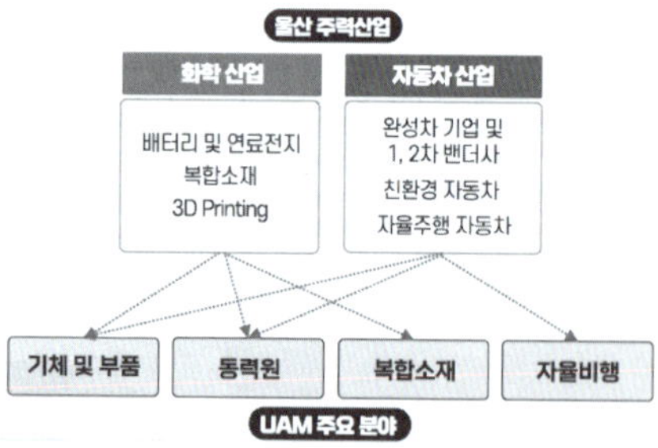

[그림 2-20] 울산시 주력산업분야와 UAM 산업으로 확산 가능 분야

출처: 도심항공교통 산업육성 및 지원을 위한 로드맵 수립 보고서 2022

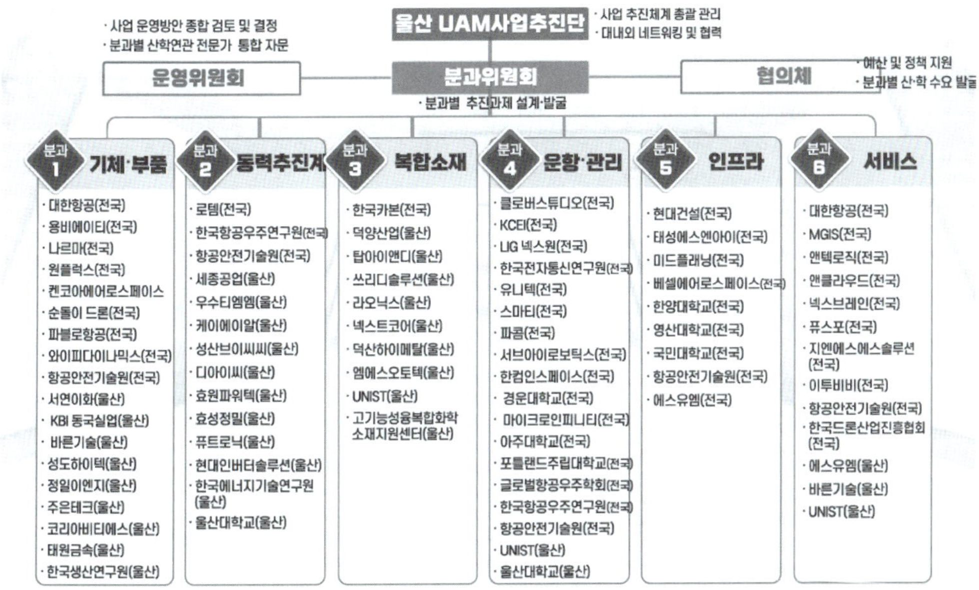

[그림 2-21] 울산시 주력산업분야와 UAM 산업으로 확산 가능 분야

출처: 도심항공교통 산업육성 및 지원을 위한 로드맵 수립 보고서 2022

- 충청남도는 UAM 산업으로의 모빌리티 전환을 위해 안전성, 친환경성을 최우선적으로 고려하며, UAM 산업 생태계 조성을 위한 선제적인 인프라 구축 (UAM 산업 관련 기술개발 지원을 위한 R&D, 비 R&D 지원 인프라 필요)을 위해 노력하고 있다. 충남 UAM 테스트베드 구축 시 비행허가구역, 운영 가능 범위, 비행고도 등을 고려한 적합한 입지 선정을 고려하며, UAM 관련 규제(항공사업법, 항공안전법, 공항시설법, 이착륙장 설치 및 관리기준, 위치정보 보호 및 이용 등에 관한 법률 등)의 범위 내 체계적인 지원체계 구축을 기획하고 있다.
- 그 외 강원, 광주, 인천, 전남, 충북, 충남, 대구, 부산 등 전국 지자체들의 미래 먹거리 산업으로 항공 모빌리티 산업(UAM) 육성을 위하여 기체개발, R&D, 산업단지조성, 클러스터 및 실증특화도시 구축 등 다양한 사업 진행 중이다.

[표 2-17] 국내 지역별 UAM 육성 현황

지역	사업내용
서울시	• 「2040 서울도시기본계획」에 상용화 시범노선* 운영, 대규모 개발지구** 내 버티포트 설치 등 '25년 상용화 시점에 맞춘 UAM 기반 조성을 포함했으며, '서울형 UAM 도입 기본계획('23년 초 수립 예정)'을 통해 세부 사업 계획을 구체화할 전망 * 김포공항~용산국제업무지구 ** 용산·삼성·잠실 등
강원	액화수소 기반의 산악·군부대 등 특수목적용 도심항공교통(UAM) 기체 개발 예정
광주	• 2025년까지 친환경 수소연료전지를 동력원으로 사용하고 자동비행과 원격 조정 비행이 가능한 탑재중량 • 200㎏급 화물 드론 개발 예정
인천	• 영종 하늘도시유보지(인천공항)와 계양테크노벨리를 중심으로 '세계 최초 UAM 실증·특화도시'를 준비중이며 2025년 상용화 목표 • 청라국제도시를 '드론', 옹진군 자월도 'PAV' 중심으로 집중 육성 예정 • 인천 서구 오류동 수도권매립지에 '국가 드론시험·인증단지' 구축 사업 중이며 드론전용 비행시험장과 인증센터 준공 예정
전남	동·서·중부권을 기준으로 권역별 드론 클러스터 종합계획을 수립 중이며 2025년까지 항공정비(MRO) 생산단지 등 3개 분야 11개 사업에 총 7,787억원을 투입해 드론산업 육성 예정
충북	• '충북 드론·UAM 연구센터'를 설립*하고 자체 UAM 기체 설계 형상에 대한 풍동시험을 수행하는 등 UAM 관련 R&D 및 산업 육성 추진 중이며, '23년 축소기 비행시험 예정 * 충북드론 UAM연구센터 설립 및 운영사업('20~'23, 35억원) : 청주대학교, 한국교통대학교가 충북형 UAM 기체설계, 축소기 비행시험, 충돌회피기술 개발, 자동착륙기술 및 버티포트 설계 연구, 분산전기추진시스템 평가 기술개발 수행 중
충남	태안에 무인이동체 랜드 조성
대구	• 기업과 협력*해 UAM 실증('23~'25)-시범사업('26~'28)-상용화('29~'30)에 이르는 단계별 사업을 추진하고, '30년 대구경북통합신공항 개항에 맞춰 도심 간 RAM 서비스로 확대할 전망 * SK텔레콤, 한화시스템, 한국공항공사, 티맵모빌리티와 UAM 상용화를 위한 업무협약 체결
부산	부산시는 2020년 12월에 동아대학교와 한국해양대, 부산테크노파크와 '부산 UAM 기반 조성'을 위한 업무협약식을 개최함

출처 : 미래 먹거리 잡아라…앞다퉈 UAM 띄우는 지자체, 한국경제, 2021.04.26. [기획] UAM 선도도시 인천, 2030년 에어셔틀 여객 수송, 인천투데이. 2021.05.17, 창원시, 'UAM(도심항공교통) 산업' 본격 육성나서, 노컷뉴스,2021.05.27. 광주시, 수소연료전지 200kg급 카고드론 개발... UAM 생태계 조성, 2021.05.19. 동아대, 부산시와 'UAM 기반 조성' 업무협약, news1뉴스, 2020.12.18. 청주대, 미래 UAM 산업 초석 다진다, 동양일보, 2021.03.24., 언론 및 지자체 보도자료 등 종합

1.4 국내 시험 인프라 현황

[1] 국내 유무인 항공기 시험시설

전남 고흥의 국가종합비행시험장(유인항공기)과 경남 고성의 무인기통합시험시설(무인항공기)이 구축 되어 있다. 드론 전용 시험시설로는 개발을 위한 드론 전용비행 시험장 5개소와 인증을 위한 드론인증센터 1개소가 있다.

[표 2-18] 국내 드론 및 유무인 항공기 시험시설 (항공안전기술원)

구분	무인기 통합시험시설 (경남고성)	드론전용비행시험장 (영월,보은,고성, 인천,화성)	드론인증센터 (인천서구)	국가 종합비행시험장 (고흥)
목적	개발단계에서의 지상 비행등 통합시험시설	개발 단계에서의 민간 드론 업체에 비행테스트 제공	인증단계에서의 드론성능 시험을 위한 인증설비 구축	유인항공기급 인증 비행 시험
설치 설비	비행,지상시험장비(통합) 정비고, 착륙장 (고성시험장 연계 활용)	비행통제센터, 정비고, 이착륙장, 지상시험시설 등	국가공인 인증시험시설 종합 운용 센터, 이착륙장	비행장, 비행시험센터 비행자료 계측시스템
규모	건축 연면적 1,000㎡ (활주로 또는 헬리패드)	건축연면적 : 1,800㎡ 수준	건축연면적 : 2,150㎡ (활주로 및 헬리패드)	항공안전기술원 9,800㎡ 항공우주연구원 90,000㎡
대상	드론 개발업체 및 연구기관	드론 개발업체 및 연구기관	드론 인증 신청자	항공기 등 개발업체 및 연구기관
예산	장비비 124억(국비)	300억/개소당 60억(국비)	232억원 (국비)	95.5억원

국가종합비행시험장 (전남 고흥)	무인기 통합시험시설 (경남 고성)

[그림 2-22] 국내 유무인 항공기 시험시설

[2] 국내 무인기 시험장비 보유 현황

국내에는 출연연구원, 시험원, 대학 등에서 대부분의 무인기체 및 부품 시험을 수행할 수 있는 장비들을 보유하고 있다. 기존 시험 장비들은 부품 또는 소형 기체를 대상으로 일반적인 시험은 가능하나 UAM급 실기체나 특수한 계통(예를 들어 전기 파워트레인 등) 시험을 전문적으로 수행할 수 있는 장비는 없다.

[표 2-19] 국내 무인기 시험항목 및 장비 보유 현황 (항공안전기술원)

표준규격명	분류	시험항목	시험 가능 여부	비고
MIL-STD-810G	신뢰성 환경시험	저압(고도)	가능	고도챔버
		고온	가능	환경챔버
		저온	가능	환경챔버
		온도 충격	연계	한국기계전기전자시험연구원
		유체 오염	연계	한국기계연구원
		일사(일광)	연계	한국생산기술연구원(영천)
		강우	가능	환경챔버
		습도	가능	환경챔버
		곰팡이	연계	한국기계연구원
		염무	연계	경남테크노파크(사천)
		모래 및 먼지	연계	한국생산기술연구원(영천)
		폭발성 대기	연계	한국생산기술연구원(영천)
		침수	가능	환경챔버
		가속도	가능	가속도시험기
		진동	가능	복합진동시험기
		소음	연계	한국기계연구원
		충격	가능	충격시험기
		열충격	연계	한국생산기술연구원(영천)
		산성 대기	연계	한국생산기술연구원(영천)
		발포 진동	-	국방과학연구소
		온도, 습도, 진동 및 고도	가능	복합진동시험기
		결빙/ 동격 강우	연계	국방과학연구소
		탄도 충격	-	국방과학연구소
		진동-음향/온도	-	국방과학연구소
KS W 9001	성능시험	시험의 공차	가능	-
		무게중심의 이동범위	-	관성모멘트측정기 도입 필요

표준규격명	분류	시험항목	시험 가능 여부	비고
		중량한계	-	관성모멘트측정기 도입 필요
		프로펠러 회전속도와 피치의 한계	가능	추력시험기
		중량과 평형	-	관성모멘트측정기 도입 필요
		외관 검사	가능	-
		명령제어 링크	연계	스마트드론기술센터
		작동한계	연계	고성드론전용비행시험장
		추진계통	가능	추력시험기, 고도챔버
		방위계	연계	인증센터
		지상활주시험	연계	고성드론전용비행시험장
		표시	연계	인증센터
		비행지침서	연계	인증센터
		일반 비행성능 시험	연계	고성드론전용비행시험장
		실속경고	연계	고성드론전용비행시험장
		이륙거리	연계	고성드론전용비행시험장
		상승률	연계	고성드론전용비행시험장
		착륙거리	연계	고성드론전용비행시험장
		트림	연계	고성드론전용비행시험장
		정적 세로안정성	가능	동하중시험기
		조종성	연계	고성드론전용비행시험장
		최대 수평속도	연계	고성드론전용비행시험장
		최대 체공시간	연계	고성드론전용비행시험장
		수직이착륙 내풍성능	연계	고성드론전용비행시험장
	신뢰성 시험	진동시험	가능	복합진동시험기
		낙하시험	가능	충격시험기
		고온시험	가능	환경챔버
		저온시험	가능	환경챔버
		날림먼지시험	연계	한국생산기술연구원(영천)
		습도시험	가능	환경챔버
		강우시험	가능	환경챔버
		전자파적합성시험	연계	한국산업기술시험원(진주)
		절연저항시험	연계	한국기계전기전자시험연구원
		정전기 방전 시험	연계	한국산업기술시험원(진주)
		전자파 방사 시험	연계	한국산업기술시험원(진주)
		전자파 내성 시험	연계	한국산업기술시험원(진주)
RS-KORAS-KI	종합성능	정지 비행 성능 시험	가능	비행안정성시험기

표준규격명	분류	시험항목	시험 가능 여부	비고
MM-259(2017)	시험	최대 상승 속도시험	가능	Air Data Test System
		최대 추력 시험	가능	추력시험기
		최대 비행속도 시험	가능	Air Data Test System
		최대 비행시간 시험	가능	Air Data Test System
		제한 고도 시험	가능	고도챔버
		RTH 기능 시험	연계	드론전용비행시험장(고성)
		장애물 감지 시험	연계	인증센터
		내풍 시험	연계	드론전용시험장, 경운대학교
		프레임 수직 강도시험	가능	드론용 만능재료시험기
	내환경성 시험	수송 가진 시험	가능	진동시험기
		낙하시험	가능	충격시험기
		저온시험	가능	환경챔버
		고온시험	가능	환경챔버
		옥외 풀로 시험	연계	한국기계연구원
		날림 먼지 시험	연계	한국생산기술연구원(영천)
		습도시험	가능	환경챔버
		강우시험	가능	환경챔버
	안전성 시험	절연 저항시험	연계	한국기계전기전자시험연구원
		내전압 시험	연계	한국기계전기전자시험연구원
		전도성 잡음 시험	연계	한국기계전기전자시험연구원
	수명시험	수명시험	-	동하중시험기 TYPE 3 가능
CAT-I급(2020) AMOS	항공기상 관측시설	기상환경관측		비행시험통제센터(고흥)

[표 2-20] 국내에 기구축된 관련 시험장비의 용도

기관명	센터명 (지역)	용도	
		설계	시험·평가·신뢰성 인증
인천테크노파크(예정)	파브항공산업센터 (인천광역시)		PAV/CAV 비행성능 시험평가 및 실증
한국항공우주연구원	회전익기 시험2동 (대전광역시)	회전익기 동체구조 및 시스템설계연구	회전익기 기체 공력 및 시스템 안정성 성능 평가
(재)경북테크노파크	혁신클러스터지원센터 (김천시)		소형무인기 기체 또는 부품에 대한 추력 및 내풍성능 검증 시험
(재)전남테크노파크	우주항공첨단소재센터(고흥군)		소형무인기 내풍성 시험

2 AAM 안전성 인증 시험센터 및 시험장비 구축 방안

2.1 AAM 안전성 인증 시험센터 구축 방안

AAM의 안전성 확보를 위하여 조직적인 대응이 필요하기 때문에 센터 구축 방안을 제시하게 되었다. 안전성 인증 시험센터는 국내에 활용 가능한 구축 드론시험센터들과 중복되지 않고 상호 보완적으로 운용 되도록 국제적으로 규격화된 안전성 시험 평가 프로토콜 기반 특화된 대형 시험설비들의 구축이 필요하다. 장기적으로 시험센터를 중심으로 AAM 특화산업단지를 조성하여 글로벌 AAM 산업의 중심으로 육성할 필요가 있다.

[1] 시험센터 구축 기본 방향

AAM 안전성 인증 시험센터는 지상시험 시설, 비행시험 시설, 비행통제 및 지원센터로 구성하고, AAM의 개발 및 비행시험 소요를 바탕으로 시험센터를 가장 효율적으로 활용할 수 있는 규모로 시설의 우선순위를 설정하여 구축한다.

[표 2-21] 시험 센터 시설

구분	내용
지상시험 시설	• 지상시험 시설은 국내 타 부처, 연구기관 및 업체 등에서 보유하고 있지 않은 시험시설을 구축하여 서로 중복되지 않게 시험자원을 효율적으로 사용할 수 있도록 추진함 • 상기 여건을 감안하여 구축을 필요로 하는 지상시험 시설로는 핵심 요소기술 파트인 추진체의 파워트레인 성능평가 시험시설 및 AAM 전기체 내풍성평가 시험시설 등이 있으나 상기 시험시설 모두 대규모의 예산을 필요로 하므로 향후 수요와 타분야 사업 등과 연계하여 단계적으로 확보 필요
비행시험 시설	• 활주로는 AAM 시험을 위하여 주변 지형지물과 바람 방향 등 기상요건을 고려하여 건설하도록 설정함 - 비행시험 전 현장점검, 항공기 조립, 시험수행 중 수리, 점검 및 부분 개조 등을 위해 필요한 정비용 격납고를 설치함 - 활주로 건설시 소방시설, 충전시설, 항공등화시설 등 지원시설을 포함하여 구축 • 향후 버티포트로 활용이 가능하도록 탑승객 공간은 가용예산 규모를 감안하여 단계적으로 확보하도록 추진함
비행통제 및 지원센터	• AAM 산업 생태계 기반 조성 및 본격적 생태계 활성화를 위해 외부 기업 유치 활동부터 내부 경영환경 조성, 사업화 본격 지원 등 원스톱 기업 지원체계 마련을 위해 지원시설 우선 구축 • 비행통제실은 향후 AAM 운영이 가시화되는 시점에 단계적으로 시스템 확보

[2] 시험센터 부지 이용 및 구축 기획

사업부지는 용도에 따라 지상시험시설 부지 및 비행시험시설 부지로 구분한다.

[표 2-22] 시설별 면적 및 주요시설 제안 (창원시 기획안 참조)

구 역	부지면적(㎡)	주요시설
지상시험시설 부지	47,512	전기파워트레인 시험장/UAM 내풍성 시험장 비행통제 및 지원센터
비행시험시설 부지	20,312	활주로/격납고/탑승객 공간
계	67,824	

[표 2-23] 단계별 구축 계획(창원시 기획안 참조)

주요시설	건축면적(㎡)		비 고
	1단계	2단계	
전기파워트레인 시험장	4,998		
AAM 내풍성 시험장		1,500	
비행통제 및 지원센터	750		
활주로	2,025		
격납고	1,000		
탑승객 공간		1,000	
계	8,773	2,500	

[3] 구축 필요성

항공기 탄소 배출의 영향력과 전 세계 항공분야의 탄소 상쇄 · 감축 제도인 CORSIA 이행을 고려하면 전기추진 기반의 유무인 비행체(항공기, UAM, AAM, 드론 등)가 미래 항공교통의 주요 수송 수단이 될 것으로 예상된다. 육상의 전기자동차와 해상의 전기 선박에 이어 항공분야에서도 급속도로 추진될 것으로 예상되는 전기추진 항공기에 대한 전기체 안전성 시험평가를 통한 인증 확보로 AAM시장에 대한 선제적 대응이 필요하다. 세계적으로 항공기의 전기추진화 추세로 인해 기체뿐만 아니라 '전기엔진'으로 정의되는 모터와 인버터 등의 전기파워트레인 부품에 대한 인증들도 미국의 FAA와 유럽의 EASA에서 진행되고 있다. 안전에 대한 이유로 진입장벽이 매우 높은 항공산업의 새로운 시장에 진입할 수 있는 현시점에 국내 기업의 적극적인 진출 및 성장을 도모하기 위해서는 제품 개발, 사업화 및 국제 인증을 지원하기 위한 장비 인프라, 기업의 제품 개발단계를 지원하기 위한 기업 기술 지원 인프라 및 기업에서 활용 가능한 전문인력 양성 인프라가 필요하다. 전기체 대상 시험 · 평가 · 인증과 단위부품 레벨의 시험 평가를 동시에 수행할 수 있도록 인프라를 구축하고, 타 시험기관과의 네트워크를 구축하여 인증에 필요한 데이터를 원활히 얻을 수 있도록 지원하고자 한다. 이로서 국내 항공부품산업뿐만 아니라 항공기체사업의 활성화 및 수출증대에 기여할 수 있다.

□ 운영목표

국제 인증을 목표로 감항 안전성 확보를 위한 전문적인 AAM 시제기 비행시험의 수행 및 지원을 하며, 지상/비행시험 및 인증시험 관련 기술 서비스 제공 및 표준규격화 활동을 지원한다. 또한, 비행시험 관련 국내·외 교류협력체계 및 기술지원·교육체계 구축한다.

운영범위	• 국내·외 개발 AAM 항공기 및 부품의 지상·비행시험 수행 및 인증 지원 • 보유 시험시설 및 장비의 운영·관리(관련 운영·관리 절차 수립 포함) • 국내 항공 관련 산·학·연과 비행시험 지원·협력체계 구축 • 비행·지상시험 전문인력 양성을 위한 교육체계 수립 및 실시 • 국제 협력을 통한 시설·인력 교류 및 국내 비행시험 기준의 국제 표준화

□ 운영방안

일반사항	• 시험센터 인프라의 종합적인 운영, 관리, 보안 및 내외 협조 업무는 지자체 유관 부서에서 수행 • 각 시설별 세부관리 및 유지보수는 시설 구축 예산을 투자한 주관기관(지자체, 시험시설 구축기관 등)이 수행 • 당해년도 시험수요 조사 및 실시계획은 전년도 사전 수립을 통해 시험시설 운영 효율성 확보 (전용 Portal Site를 통한 외부기관 이용 접수 및 관리) • 정기 점검 및 유지보수체계 수립을 통한 시설/장비 성능유지 및 안정성 확보
인력	• 인력은 비행시험 수행을 위한 시험전문인력(조종사, 기술사), 시험기술 연구 및 시험결과 분석을 위한 연구인력, 기획/계획/예산/인사 관리를 위한 행정인력 및 시설 유지관리를 위한 지원인력으로 구분 • 시험전문인력의 비행자격 유지를 위한 전문교육, 항공생리, 유지 비행 등을 위한 외부 전문기관 등과 협조체계 유지 • 비행 및 지상시험분야 전문성 향상을 위한 국내·외 전문기관 위탁교육 실시 • 시험비행 및 지상시험분야 국내·외 전문학회 참여 및 정기적인 세미나, 워크샵 등 개최 • 비행시험장 근무인원의 안전의식 고취 및 담당업무 관련 전문성 강화를 위한 주기적인 내·외부 교육 실시
예산	• 정부와 시설을 활용하는 타 정부부처가 출연한 기본운영비를 활용하여 운용하되 수수료 및 용역비 수입을 정산 반영을 통한 독립 채산제 체제 유지

□ 운영조직 및 인력

조직구성 (안)

• 인프라 구축이 완료되고 본격적인 운용이 시작되는 2026년 기준 운용인력은 약 30명 규모의 시험수행 및 기술연구와 인프라 운영을 위한 최소 인원으로 구성하고 조직은 아래와 같이 구성하는 방안을 수립하였음.

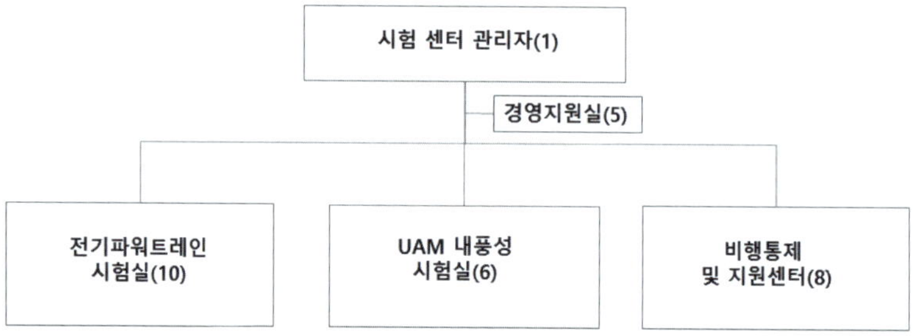

시험센터 인프라 운영조직 구성(안)

조직별 주요업무

- 전기파워트레인 시험실
  • 지상시험 계획수립, 수행 및 관련 시설/장비 기술관리
  • 시험자료 계측/분석 기술 연구
  • 시험기술 연구 및 외부 기술지원
  • 타 부처 주관 시험시설 운영관리 감독
- AAM 내풍성 시험실
  • 지상시험 계획수립, 수행 및 관련 시설/장비 기술관리
  • 인증시험 서비스 제공
  • 시험데이터 계측/분석 기술 연구
  • 시험기술 연구 및 외부 기술지원
  • 타 부처 주관 시험시설 운영관리 감독
- 비행통제 및 지원센터
  • 인증 비행시험 수행 및 개발 비행시험 지원
  • 비행시험기술 연구 및 시험결과 분석 지원
  • 비행시험 수행관련 전문인력 교육 및 자문
  • 비행시험 수행 중 시험비행 조종사 안전조언 및 통신
  • 비행시험 자료 실시간 계측 및 시험결과 분석
  • 비행시험 자료측정 및 기록을 위한 센서 관리 및 보정
  • AAM 핵심 분야 유망 기업 유치 및 정주환경 조성
  • AAM 창업 및 경영 활동 지원
  • 보유기술 활용한 시제작품 지원 및 사업화 연계
  • 이종/동종산업간 융합형 전문인력 양성을 위한 커리큘럼 개발
  • 산학연 연계 기술 교류지원
- 경영지원실
  • 시험센터 인프라 운영을 위한 예산, 인력, 자산 등 관리
  • 시험장 운영 "Portal Site"구축/운영/관리
  • 외부시험 용역 수주 및 계약관리
  • 시험시설 및 시험항공기 정비/유지 관리
  • 시험장 운영, 안전 및 보안관리 등

□ 운영예산 및 확보 방안

시험센터 준공 후 본격적인 운용이 예상되는 연간 운영예산 소요는 아래와 같다. 연간 운영비는 시간이 경과함에 따라, 시험여건 변동, 장비 유지 보수비 증가, 연구 활동 및 인력 증가 등에 따라 점진적으로 증가될 것으로 예상된다. 초도 연도는 지자체비로 반영/2차 년도부터는 운영비 소요 중 전년도 시험용역 수행 수입금을 차감하고 나머지 예산을 운영 지자체가 출연한다.

[표 2-24] 시험 센터 운영예산 항목

구 분	내 용	소요예산 (백만원)
시험연구비	시험센터 연구비/시험센서 및 계측기술 연구비/지상시험 기술연구비	
자산취득비	전산장비 구축비/시험장 포탈 구축비/시험지원차량, 장비 구입비/시험용 장치 구입비	
시설/장비 유지비	활주로 등 토목시설 유지보수비/통제센터 등 건물 유지보수비/장비, 공구, 설비 유지보수비/지원장비 유류비	
조사활동비	국내 출장비/해외 출장비/세미나 개최비/회의비/해외 훈련/교육비	
수용비	사무용품 구입비/인쇄비 및 유인물비/소모성물품구입비/비품수선비	
위탁사업비	시험용 항공기 정비/수리 용역비/시험장 포털 운영/유지 용역비	
인건비	시험센터 인원	
기타운영비	센터장 및 각실 운영비/자체 교육비/강사료	
계		

2.2 안전성 인증 시험센터의 주요 역할

안전성 인증 시험센터는 AAM 개발기관이 국제표준규격에 부합하는 제품을 시장에 진출할 수 있도록 부품과 완제기의 개발 및 안전성 인증 시험에서부터 국제 인증 절차 교육에 이르는 지원 업무를 수행해야 한다. 센터의 주요 역할로 안전성 인증 시험장비 설계 구축, 운영 및 관리, 시험 평가 표준 개발, 인증 절차 서비스 제공, 국제 인증 절차 교육 등이 포함되어 있다.

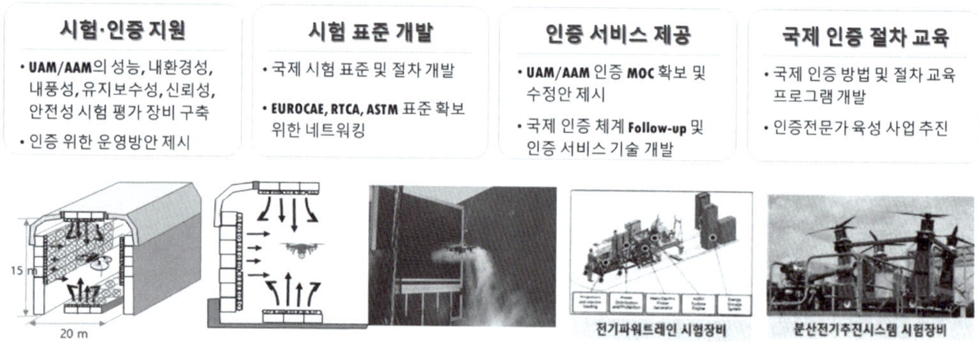

[그림 2-23] 안전성 인증 시험센터의 주요 역할 및 시험 장비 사례

[1] 안전성 인증 시험장비 구축 및 운영관리

안전성 인증 시험센터는 내환경성 · 안전성 · 성능 평가장비의 도입, 유지보수, 관리 및 운영안을 제시할 필요가 있다. AAM 전기체(부품 포함)의 내환경성 평가를 위해 AAM 실운용 기상환경 데이터 확보 및 분석으로 시험평가를 위한 악기상의 정보화 활동이 필요하다.

아래 그림은 드론의 운행설계영역(ODD: Operation Design Domain)에서의 기상 환경을 예시한다. 국내 드론은 지상 고도 150미터까지 환경에서 운용되는 것으로 규정이 되어 있지만, 유럽은 현재 600미터로 정하고 있다. 국내에서도 군용이나 특수 목적의 경우 다른 범위의 규정이 있고, K-UAM의 경우, 지상고도 + 450미터(150m + 450m)로 하는 규정[29]이 제안되었고, 에너지 소비측면, 안전운항 위험요소, 지역별 소음 기준등을 고려하여 차별화 될 가능성이 있지만, 지상근처 환경에서의 운용성도 고려할 필요는 있다.

일상의 환경조건(기상 포함)은 대상물의 안전성(신뢰성)에 영향을 미치는 것으로 알려져 있다. 무인항공기 설계 시 이러한 환경조건을 견딜 수 있는 충분한 여유가 있는지 확인하는 것이

29) 한국형 도심항공교통K-UAM 운용개념서1.0

필요하다. 무인항공기의 실운용 환경조건에는 다음과 같은 것들이 포함된다. [그림 2-24] 도심의 일상 기상 환경 리스트, [그림 2-25] 도심 일상의 기온변화, 표는 내환경 규격(IEC, MIL-STD-810F 2000/MHDBK310)리스트와 eVTOL EMI/EMC 개발 요구사항, 대한항공이 제공하는 하이브리드 엔진드론의 환경 요구 스팩을 보여준다.

Flying through cities	High altitude flight	Windy day	Adverse weather	Extreme Temperatures	Specific winds
• Urban canyon flows • Gust • Temperatures	• High speed wind • Low pressure	• Day to day varying conditions	• Rain • Snow • Dust or fog	• High and low temperatures	• Shear flows • Turbulence

[그림 2-24] 도심의 일상 기상환경 리스트

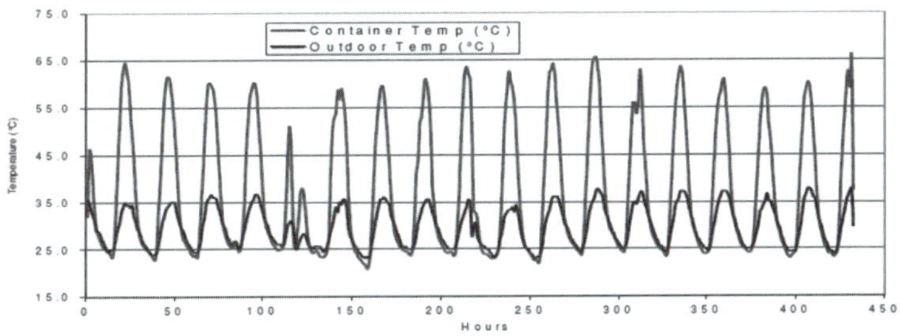

[그림 2-25] 도심 일상의 기온 변화 (측정데이터, 2022.6)

IEC 60068-1	Part1: General and Guidance
IEC 60068-2-1	Part2: Tests, Cold
IEC 60068-2-2	Part2: Test, Dry heat
IEC 60068-2-3	Part2: Test, Damp heat, Steady state
IEC 60068-2-5	Part2: Test, Simulated solar radiation at ground level
IEC 60068-2-6	Part2: Test, Vibration (sinusoidal)
IEC 60068-2-7	Part2: Test, Acceleration, Steady state
IEC 60068-2-9	Part2: Test, Guidance for solar radiation testing
IEC 60068-2-10	Part2: Test, Mold growth
IEC 60068-2-11	Part2: Test, Salt mist
IEC 60068-2-13	Part2: Test, Low air pressure
IEC 60068-2-14	Part2: Test, Change of temperature
IEC 60068-2-17	Part2: Test, Sealing
IEC 60068-2-18	Part2: Test, Water
IEC 60068-2-20	Part2: Test, Soldering

EMI/ EMC	• eVTOL은 고전압 환경(변전설비, 전력선망 근방)에서 전자파의 영향으로 통신 및 운용의 문제 발생 가능성 (Compatiblity) • EMI/EMC에 대한 VTOL 노출은 현재 알려져 있지 않으며 전력선에 너무 가깝게 비행할 경우 미터당 10,000V 이상까지 발생가능 • 고강도 복사장 환경에서의 VTOL 인증가이드 • eVTOL 번개 환경 및 관련 시험 파형 규격 개발 • EMI 제어를 위한 전자파 방출 및 민감도 요구사항 규격 • 외부 전자기장에 대한 eVTOL 전장품 내성측정 규격

[표 2-25] 내환경규격(IEC, MIL-STD-810F 2000/MHDBK310)리스트와 eVTOL EMI/EMC 개발 요구사항

Environments	Detail Conditions
Temperature Cycling	T_{max},T_{min},dwell and ramp times
Sustained Temperature	T and exposure time
Humidity	Controlled, condensation
Corrosion	Salt, corrosive gases (Cl_2,etc.)
Power Cycling	Duty cycles, power dissipation
Electrical Loads	Voltage, current, current density, Static and transient
Mechanical Bending	Board-level strain
Random Vibration	PSD, exposure time, kurtosis
Harmonic Vibration	G and frequency
Mechanical Shock	G, wave form, # of events
Altitude	150m below & over
Crash Safety	Traffic Alert and Collision Avoidance Systems
Explosion Proofness	Explosive atmosphere testings
Fluids Susceptibility	IP, Water Ingress, Water Proofness
Sand & Dust	JIS Z, Class 1, Class2, etc.
Fungus Resistance	Laminated phenolics with high resin content
Salt & Fog	Acetic Acid Salt Spray (Sodium Chloride)
Magnetic Effect	Magnetic Shields
EMI/EMC	Audio Frequency Conducted Susceptibility Induced Signal Susceptibility RF Emission and Susceptibility
Lightning Susceptibility	Lightning Induced Transient Susceptibility
Icing	Icing Rain
ESD & EOS	HBM, MM, CDM
Flammability	V1 Level

[표 2-26] Hybrid Drone Specification (Environments Requirement)

System	5KW Hybrid (30 kg, Payload 3kg, 2 Hour Continuous Operation)	
Subsystem Interested	Hybrid Engine Module	
Reliability Requirement	2000 Hours (MTBF)	
Environments Requirement	Temperature	-12℃~40℃
	Humidity	85 (+/- 5)% RH
	Rain Fall	3mm/hr or higher at return and landing
	Wind Speed	10m/s or higher at return and landing 5m/s at operation
	EMI/EMC	SAE AE-4

제공: KAL

내환경성 기반 무인항공기 설계를 위해 고려하고 참고해야 할 환경 조건은 다음과 같다.

<table>
<tr><th>Environments</th><th>Description of Conditions</th></tr>
<tr><td>Standard
Ambient
IEC 60721-3-3
MIL-HDBK-310</td><td>

• Daily Average Temperature: 25°C +/- 10°C (77°F +/- 18°F)
• Relative Humidity: 20 to 80%
• Atmospheric Pressure: Site pressure

Table Example of Device Environments

<table>
<tr><th colspan="2">Operating environment</th><th colspan="2">Storage environment</th></tr>
<tr><td>Temperature</td><td>0°C to 50°C</td><td>Temperature</td><td>-5° to 55°C</td></tr>
<tr><td>Humidity</td><td>0% to 95% RH noncondensing</td><td>Humidity</td><td>5% to 95% RH noncondensing</td></tr>
<tr><td>Altitude</td><td>To 10,000 ft</td><td>Altitude</td><td>To 10,000 ft</td></tr>
</table>

Table Worst Case Use Environments (IEC 60721-3-3)

<table>
<tr><th>Use Category</th><th>T_{min} °C</th><th>T_{max} °C</th><th>dT°C</th><th>T_0 hrs</th><th>Cycles/year</th><th>Typical Years of Service</th></tr>
<tr><td>Telecom</td><td>-40</td><td>85</td><td>35</td><td>12</td><td>365</td><td>7-20</td></tr>
<tr><td>CommercialAir</td><td>-55</td><td>95</td><td>20</td><td>12</td><td>365</td><td>20</td></tr>
<tr><td>Automotive</td><td>-55</td><td>95</td><td>20
40
60
80</td><td>12
12
12
12</td><td>185
100
60
20</td><td>10</td></tr>
<tr><td>Military Ground & Ship</td><td>-55</td><td>95</td><td>40
60</td><td>12
12</td><td>100
265</td><td>10</td></tr>
<tr><td>Military Avionics</td><td>-55</td><td>95</td><td>40
60
80</td><td>2
2
2</td><td>365
365
365</td><td>10</td></tr>
</table>

그 외의 열복사, 기압 등의 조건은 Table 2에 명시되어 있다.
Classification of Special Climatic Conditions (IEC 60721-3-3)

<table>
<tr><th>Environmental Parameter</th><th>Class</th><th>Unit</th><th>Special condition Z</th></tr>
<tr><td rowspan="2">Low air pressure</td><td>3Z12</td><td rowspan="3">kPa</td><td>84(approx. 1500m above sea level)</td></tr>
<tr><td>3Z13</td><td>62(approx. 4000m above sea level)</td></tr>
<tr><td>High air pressure</td><td>3Z14</td><td>114</td></tr>
<tr><td rowspan="3">Heat radiation</td><td>3Z1</td><td rowspan="3">No</td><td>Negligible</td></tr>
<tr><td>3Z2</td><td>Heat radiation, for example in the vicinity of room heating systems</td></tr>
<tr><td>3Z3</td><td>Heat radiation, for example in the vicinity of room heating systems or commercial ovens or industrial furnaces</td></tr>
<tr><td colspan="4">High air pressure conditions in pressurised rooms, for example clean rooms, operation theatres.</td></tr>
<tr><td colspan="4">Z represents special climatic conditions.</td></tr>
</table>

</td></tr>
</table>

Environments	Description of Conditions
Thermal Cycling MIL-HDBK-310 JESD22-A104-B	열 사이클링 테스트는 매일의 온도 프로파일과 같은 고온 및 저온 극단을 교번하여 유도된 기계적 응력을 견디는 컴포넌트 및 영구 연결부의 내구성을 결정하기 위해 수행된다. 전기 및/또는 물리적 특성의 영구적인 변화는 이러한 기계적 응력으로부터 초래될 수 있다. • Sample temperature(Ts): The temperature of the samples during temperature cycling, as measured by thermocouples. 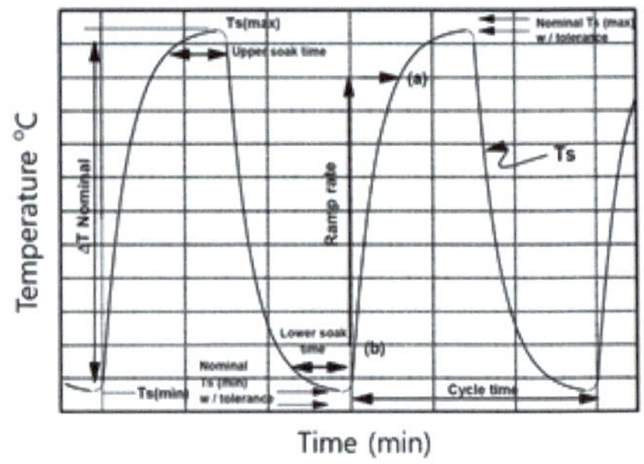 Representative temperature profile for thermal cycle test conditions • Load transfer time: The time it takes to physically transfer the load from one temperature chamber and introduce it into the other. Load transfer applies to dual and triple chamber cycling. • Nominal ⊿T: The difference between nominal Ts(max) and nominal Ts(min) for the thermal cycling test condition. • Soak time: The total time the sample temperature is within a specified range of each nominal Ts(max) and nominal Ts(min). This range is defined as the time Ts is at -5 °C to +10/+15 °C (dependent on the test condition tolerance) of Ts(max) nominal for the upper end of the cycle and the time Ts is +5 °C to -10 °C of Ts(min) nominal for the lower end of the cycle. • Soak temperature: The temperature range that is -5 °C to +10/+15 °C (dependent on the Test Condition tolerance) of Ts(max) nominal and +5 °C to -10 °C of Ts(min) nominal. • Cycle time: Time between one high temperature extreme to the next, or from one low temperature extreme to the next, for a given sample. • Ramp rate: The rate of temperature increase or decrease per unit of time for the sample(s). Ramp rate should be measured for the linear portion of the profile curve, which is generally the range between 10% and 90% of the Test Condition temperature range.
Rain SAE AIR1168/4 MIL-STD 810F 2000 MIL-HDBK-310	• The highest rates of rainfall occur when there is strong convection (rising currents of air) and available moisture. Thunderstorms and tropical cyclones (including hurricanes and typhoons), are systems that most commonly have these ingredients. • Thunderstorms, which are relatively small and localized, produce the heaviest rainfalls over periods of a few hours or less. • Considering rain is to help determine the effectiveness of protective covers, cases, and seals in preventing the penetration of water into the material with respect to rain, water spray, or dripping water. • Rainfall rate – Although various rainfall intensities have been measured in areas of heavy rainfall, recommend a minimum rate of 1.7 mm/min (10 cm/hr) since it is not an uncommon occurrence and would provide a reasonable degree of

Environments	Description of Conditions
	confidence in the material. • The rain amounts for 1, 12, and 24hrs given in table 7 often occur with the passage of a tropical cyclone. • Droplet size – Nominal drop-size spectra exist for instantaneous rainfall rates but for the long-term rainfall rates they are meaningless since rates are made up of many different instantaneous rates possessing different spectra. Droplet sizes predominantly in the range of approximately 0.5mm in diameter to 4.5mm in diameter. • Wind velocity – High rainfall intensities accompanied by winds of 18m/s (40mph) are not uncommon during storms. It is recommended in MIL-STD 810F 2000. • Test item exposure surface – Wind-blown rain will usually have more of an effect on vertical surfaces than on horizontal surfaces, and vice versa for vertical or near-vertical rain. Expose all surfaces onto which the rain could fall or be driven to the test conditions. Rotate the item as required to expose all vulnerable surfaces. • Water pressure – a minimum value of 276kPa (40psig) nozzle pressure is given as a guideline based on past experience. • Preheat temperature – When specified for nominally sealed items, increasing the test item temperature to about 10°C higher than the rain temperature at the beginning of each exposure period to subsequently produce a negative pressure inside the test item will provide a more reliable verification of its water tightness. • Exposure duration – Determine the exposure duration from the life cycle profile, but do not use a duration less than that specified in the individual procedures.
Immersion MIL-STD 810F 2000 STANAG 2805	• The immersion test is performed to determine if material can withstand immersion or partial immersion (e.g., fording) in water and operate as required during or following immersion. • The fording test may also be used to cover the requirements of STANAG 2805 which specifies the depths of shallow fording and deep fording.
Wind MIL-HDBK-310 Wind Tunnel and Hover Performance Test Results for Multicopter UAS Vehicles measuring force, moment,	• Observations of wind speed are one of the least standardized of all meteorological elements. The exposure and height above the ground of wind-measuring equipment is far from uniform. Because wind speeds near the ground can vary significantly with height and exposure, specifying this variability is an important problem. Another problem, the interval over which wind speeds are averaged varies from country to country. The current standard averaging period in the United States, 1 min, is considered representative of the values herein referred to as the "average or steady wind." Gusts associated with steady wind speeds will be also considered. • The recognized worldwide maximum wind speed measured at a surface station

Rainfall Rate

Duration (hrs)	Rainfall Rate (cm/hr)		
	Period(yrs)		
	10	30	60
1	10	12	13
12	2.3	2.8	3.0
24	1.5	1.8	1.8

<table>
<tr><th>Environments</th><th>Description of Conditions</th></tr>
<tr><td>motor power</td><td>is a 5-min speed of 177 knots and a 1-sec gust of 196 knots measured at Mt. Washington Observatory, New Hampshire on 12 April 1934. The Observatory is 1915 m above MSL and the anemometer was mounted at 12m. However, this is an anomalous location and such values should not be considered for this standard.
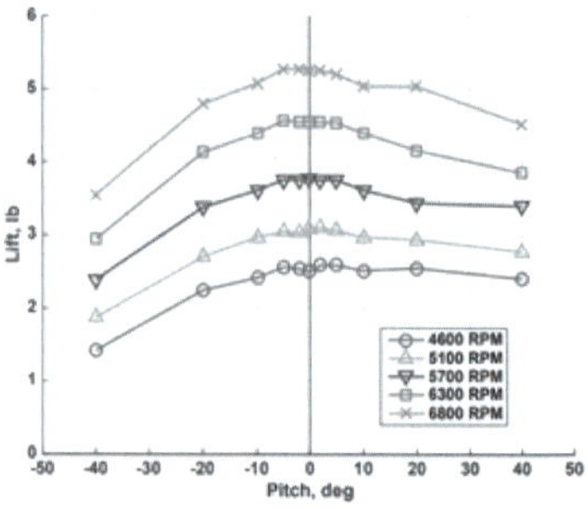

Figure Lift for q = 0.48lb/ft^2, yaw=0°, wind velocity 20ft/sec
https://ntrs.nasa.gov/archive/nasa/casi.ntrs.nasa.gov/2016000799.pdf
• Tornado winds also are excluded from consideration because they are considered to be too localized. No wind measuring device has ever survived the full fury of a tornadic wind. Authorities have suggested that the winds could exceed 350knots.
• The objective of the wind test was to measure forces, moments, and motor power as a function of wind speed. The testing concentrates on the full vehicle configurations at nominal speeds of 20 and 40ft/s, with a limited number of runs at 60 and 80ft/s.</td></tr>
<tr><td>Solar Radiation
JEDEC JESD-89
MIL-STD 810F 2000
NASA TR R-351</td><td>• Measurement and reporting of alpha particles and terrestrial cosmic ray-induced soft errors in semiconductor devices
• Heating effects - The heating effects of solar radiation differ from those of high air temperature alone in that solar radiation generates directional heating and thermal gradients.
Table 12 Spectral energy distribution and permitted tolerance
<table>
<tr><th rowspan="2">Characteristic</th><th colspan="4">Spectral Region</th></tr>
<tr><th colspan="2">Ultraviolet</th><th>Visible</th><th>Infrared</th></tr>
<tr><td>Bandwidth</td><td>0.28mm to 0.32mm</td><td>0.32mm to 0.4mm</td><td>0.4mm to 0.78mm</td><td>0.78mm to 3 mm</td></tr>
<tr><td>Irradiance</td><td>5W/m^2</td><td>63W/m^2</td><td>560W/m^2</td><td>492W/m^2</td></tr>
<tr><td>Tolerance</td><td>+/-35%</td><td>+/-25%</td><td>+/-10%</td><td>+/-20%</td></tr>
</table>
• Actinic effects- certain degradation from solar energy may be attributable to other portions of the spectrum, particularly the ultraviolet.</td></tr>
<tr><td>Sand & Dust
/Water Ingress
MIL-HDBK-310
ASTM Practice B 117
IEC 60529
IEC 721-2-5
MIL-STD-210,</td><td>• Sand and dust are terms used to designate small particles of matter, usually of mineral origin. A distinction is often made between sand and dust on the basis of size (dust particles are smaller), but there are no generally accepted specific size limits for the two kinds of particles.
• However, for most military applications it is important to distinguish between the smaller particles (dust) and the larger particles (sand) because of their primary effects on equipment. Airborne dust is primarily damaging because of its penetration and subsequent possible damage; whereas airborne sand is</td></tr>
</table>

<table>
<tr><th>Environments</th><th>Description of Conditions</th></tr>
<tr><td>MIL-STD 810F 2000
IEC 60721-3-3-2019</td><td>primarily damaging because of its erosion and abrasion effects on equipment. Important characteristics are size, hardness, atmospheric concentrations, and to some extent, shape. Particles vary in diameter from 0.1 to 1,000 micrometers, but most airborne particles are less than 74 micrometers. Hardness also varies widely (from 1 to 9 on the Mohs scale) depending largely on mineral composition.
• Quartz, by far the most common mineral in larger particles, has a hardness of 7. Greatest particle concentrations are found near helicopters hovering over dry loose surfaces. Secondary concentrations are found near ground vehicles operating on unpaved surfaces, including many roads. Lesser concentrations are associated with natural dust storms, although the areal extent of such storms may be substantial. Very few areas are exempt from sand and dust problems, at least during some part of the year.
• Test standard IEC 60529 can be utilized to test the product for resistance to dust and water ingress. In the dust test method 13.4 talcum powder is used as the dust medium. Condition 5, category 2 is recommended (no pressure differential between the enclosure and the chamber). Test duration is 8 hours and a sample size of 3 is recommended.
• Sand & Dust test of MIL-STD-810F 2000 is to evaluate all mechanical, optical, electrical, electronic, electrochemical, and electromechanical devices likely to be exposed to dry, blowing sand, blowing dust-laden atmosphere, or settling dust.
<table>
<tr><th rowspan="2">Environmental parameter</th><th rowspan="2">Unit</th><th colspan="3">Class</th></tr>
<tr><th>3S5</th><th>3S6</th><th>3S7</th></tr>
<tr><td>Setting(sedimentary) dust</td><td>mg/(m^2.d)</td><td>No</td><td>6</td><td>Note</td></tr>
<tr><td>Turbulent(suspended) dust</td><td>mg/(m^2.h)</td><td>No</td><td>No</td><td>600</td></tr>
<tr><td rowspan="2">Windblown dust</td><td>mg/m^3</td><td rowspan="2">No</td><td rowspan="2">No</td><td rowspan="2">No</td></tr>
<tr><td>m/s</td></tr>
<tr><td colspan="5">Note: Encompassed within turbulent (suspended) dust.</td></tr>
</table>
• Dust and sand are classified together, as the effects caused by these environmental conditions are similar. These conditions are specified in table 13.
- 3S5 applies to locations where precautions have been taken to minimize the presence of dust and sand. Ingress of sand is prevented.
- 3S6 applies to locations not situated in proximity to dust or sand sources and with no special precautions to minimize the ingress of dust and sand.
- 3S7 applies to enclosed locations in close proximity to sand or dust sources, including urban areas and with no special precautions to minimize the ingress of dust or sand.</td></tr>
<tr><td>Freeze-Thaw cycles
MIL-HDBK-310</td><td>• A freeze-thaw cycle occurs at a specific site on any day that the temperature crosses the freezing mark. It is possible for more than one freeze-thaw cycle to occur at any site during a 24-hour period; however, because of the normal control of the daily temperature cycle by the solar cycle, this is not a common occurrence. Therefore, freeze-thaw cycles are described by the number of days in which they occur.
• Freeze-thaw is an important consideration in the design of many kinds of</td></tr>
</table>

Environments	Description of Conditions
	military equipment. The effects on material are caused by alternate expansion and contraction of different materials and, especially, the change of state that water experiences during the freezing and thawing processes. • These effects can exert great stress on susceptible components of material. For the above reason, freeze-thaw is of greatest potential concern as a factor affecting material in areas where abundant moisture is present immediately before or during the occurrence of the freeze-thaw cycle. • The maximum number of freeze-thaw days in non-mountainous areas occurs in the mid-latitudes. The mid-latitudes also have great variance in average number of freeze-thaw days. In general, sites that have the most months with mean monthly temperatures at or near 0°C will have the greatest annual number of freeze-thaw days in non-mountainous areas. However, the greatest number of freeze-thaw cycles for the entire Earth occurs at high elevations in the tropics, where a freeze-thaw cycle may be an almost daily occurrence. • For the purposes of this standard, high elevation sites in the tropics are considered anomalous locations and should not be used for the derivation of design criteria unless equipment is specifically intended for use in such areas. • In tropical mountains at high elevations, freeze-thaw cycles 337 days annually and 31 days per month have been recorded. Elsewhere, a maximum of 31 days in one month also has been recorded.
Icing/Freezing Rain MIL-HDBK-310 MIL-STD 810F 2000	• The icing test is conducted to evaluate the effect of icing on the operational capability of material by freezing rain or freezing drizzle. • A buildup of ice occurs in four principal ways: From rain, drizzle, or fog falling on material whose temperature is at or below freezing; From sublimation; From freezing rain or freezing drizzle falling on material at or near freezing, or From sea spray and splash which coats material when the material temperature is below freezing. • The droplet size range may have to be adjusted for different size facilities. A fine spray in the range of 1.0 mm to 1.5 mm diameter nominal droplet size has produced satisfactory icing in some facilities. • Ice thickness: Unless specifically measured data for the anticipated situation are available, the following ice thicknesses are recommended: a. 6mm - represents general conditions, light loading b. 13mm - represents general conditions, medium loading c. 37mm - represents heavy ground loading and marine mast loading d. 75mm - represents extremely heavy ground loading and marine deck loading.
Lightning Susceptibility RTCA DO-160 MIL-STD-464A SAE-ARP-5412	Several lightning tests attempt to emulate lightning's sawtooth discharge behavior. Although the maximum strike intensity can reach 400kA, a 200-kA strike generally is used as the design maximum, and 98% of the occurrences actually are between 3kA and 140kA. The average peak current for the first strike is approximately 20kA with the ongoing strikes at about half that value. The typical interval between strikes is approximately 50ms.

Environments	Description of Conditions
Hail MIL-HDBK310	Hail is capable of causing considerable damage to flying equipment depending on the stone's size, hardness, number density, and impact velocity. It generally occurs during thunderstorms. Despite the prevalence of thunderstorms in the humid tropics, hail is not as frequent in the low latitudes as it is in the mid-latitudes, except possibly in some tropical areas at high elevation. The principal zone of occurrence is between 30-50°N latitude. Incomplete or inaccurate reporting of hail occurrences makes it difficult to state positively which section of this zone has the greatest frequency of hailstorms and the largest hailstone sizes. Some authorities cite north India as the area of most severe hail-storms. However, because of its long-term, high-quality records and its high frequency of very large hailstones, the Western Great Plains of the U.S. is selected as the most severe location for determination of design guidance. For this area, hailstone sizes were estimated from analyses of previous studies on hailstone sizes.

□ AAM 실운용 기상 환경 소개

도심 · 준도심에서, AAM은 지열 및 도로 차량에 의한 난기류뿐만 아니라 돌풍, 급변풍처럼 도시 굴곡에 의한 바람의 움직임을 극복해야만 한다. AAM 운용 고도에서 바람은 전혀 예측할 수 없는 방향으로 움직이기 때문에 이를 위한 내풍성 평가가 필요하다. 또한, AAM은 기존의 항공기보다 훨씬 작기 때문에 기상조건에 훨씬 민감할 수밖에 없다. 따라서, UAM 운항 위험 기상정보 확보는 AAM 신뢰성 설계 · 개발 및 인증업무에 필요한 절차이다. 기상청의 공조하에 AAM 회랑 위치의 기상 환경 데이터 관측, 예측 및 분석으로 기상 위험도를 예측하고 설계개선에 반영될 수 있게 규격화된 정보가 필요하다.

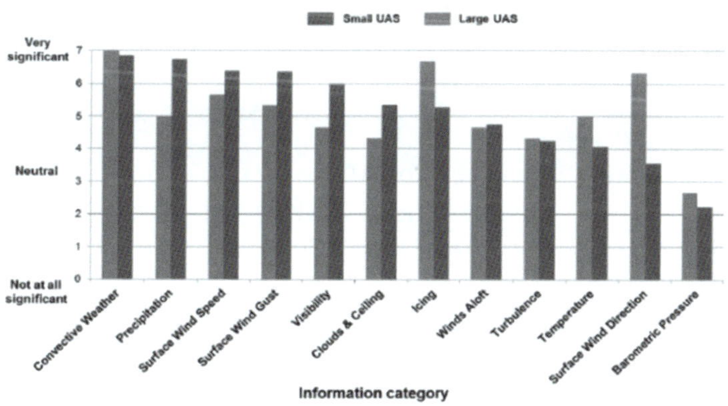

[그림 2-26] 무인기 운항 지원을 위한 위험기상정보의 종류

자료 출처: Weather condition significance as determined by survey feedback. Results are broken out by small UAS and large UAS respondent scores (Campbell et al., 2017).

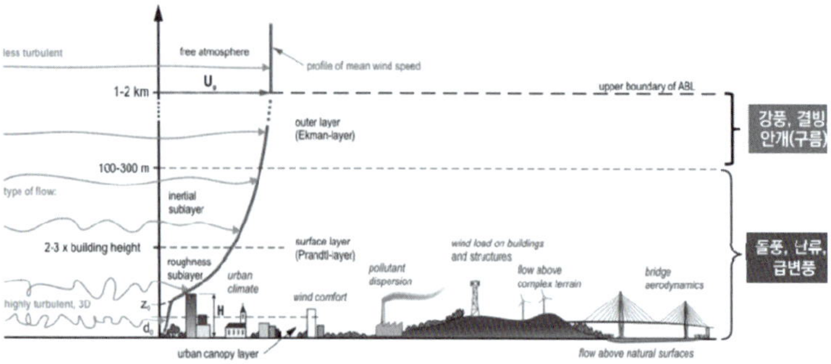

[그림 2-27] UAM 운항고도에 따른 대기특성

[그림 2-26]은 무인기 운항시 위험기상 정보종류 및 리스크 레벨, [그림 2-27]은 운항고도에 따른 대기특성을 보여준다. [그림 2-28]는 한국공항공사가 제공한 윈드시어 현상이며, 차세대 무인기(군용 정찰기)의 급변풍에 의한 파손 뉴스가 [그림 2-29]에, 하강 급변풍 현상의 도식화를 [그림 2-30]에서 볼 수 있다.

[그림 2-28] 윈드시어(급변풍) 현상

출처: 한국공항공사

[그림 2-29] 차세대 무인기(군용 정찰기)의 급변풍에 의한 파손

출처 2023년 MBC 뉴스데스크

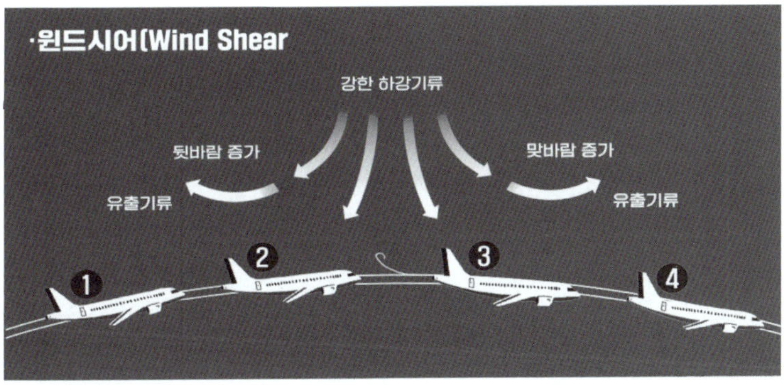

[그림 2-30] 항공기 이착륙에 위협을 줄 수 있는 하강 급변풍(윈드시어) 도식화

출처 : 인천공항

안전성 인증 시험센터는 멀티팬 풍력 설비를 기반으로 한 자율 비행 환경에서 시뮬레이터(SAFE[30])를 이용하여 비행 중인 상태에서 AAM의 내풍성을 평가하고 안전성 인증하는 새로운 방법을 제안할 필요가 있다. 시험 설비는 요구에 따라 다양한 패턴으로 배열될 수 있는 매트릭스 형태의 팬 배열로 구성될 수 있고, AAM 동작만으로 접하는 외관상 바람을 비롯해 실제 상황을 반영한 기상조건하의 AAM 실기체에게 다양한 강도와 프로파일의 바람을 대면하게 할 수 있다. 즉, AAM의 실운용 기상환경을 고려한 시험 평가 프로토콜 개발과 관련 장비를 활용한 인증시험체계 구축이 요구된다. 또한, 시험 장비의 유지보수 및 관리, 운영 계획안의 제시가 필요가 있다.

30) Simulator of Autonomous Flight Environments

[2] 시험·평가 표준 개발

안전성 인증 시험센터는 기상환경기반 시험평가 표준 및 절차서 개발할 필요가 있다. 시험표준 절차서의 주요 목적은 내환경 평가시험에 대한 규격화 된 시험절차를 제공하는 것이며, 이 문서에 포함된 절차를 적용하여 각기 다른 내환경 시험시설에서 얻는 시험 결과(비행 이상 현상)의 신뢰성을 높이는데 기여한다. 절차서의 두 번째 목적은 기존의 내환경 시험 절차를 다루는 참고서 역할을 한다. 절차서는 내환경 시험의 최종 시험표준을 위한 설명서 역할을 위한 것이며, 현재 일반적으로 수행되고 있는 내환경 시험 방법을 기초로 해서 정리할 필요가 있다. 이에 기본적인 사항의 기술과 최저한의 수치를 제시하고, 상세한 기술이나 특수한 방법 적용 등을 가급적 피해야 한다. 향후 경험과 기술 발전에 따라 본 시험절차서는 얼마든지 변경 가능하다. 개발 · 인증 시험센터는 개발되는 국제표준에 맞추어 절차서를 업데이트하고 사용자 편의성을 고려하여 계속 업그레이드 시킬 필요가 있다.

□ 무인기 내풍성 테스트(Wind Gust Test) 절차서 사례

가) 용어와 정의

이 표준의 목적을 위하여 다음의 용어와 정의를 적용한다.

(1) 호버링[Hovering]

외부 제어 지시를 받지 않고 위치 모드에서 항공기의 위치와 높이를 비교적 변화 없이 유지하는 기능

[SOURCE: ISO 24355]

(2) 돌풍 속도(Gust velocity)

긴(1분에서 1시간) 지정된 기간 내에 지정된 기간 동안, 지정된 높이에서 짧은 시간(3초에서 60초) 동안 평균 돌풍 풍속의 최댓값

항목 참고: 실제로 설계 목적을 위해 다양한 기간(예: 3초, 5초, 15초, 60초)에 대한 돌풍 속도는 바람 스펙트럼에서 도출된다.

[SOURCE: ISO 19901-1:2005, 3.8, modified for clarity.]

[ISO 29400:2020(en), 3.66]

(3) 상승풍/하강풍(Updraught/downdraught)

상향 이동하는 기류와 하향 이동하는 기류

[SOURCE: Britannica]

(4) 측풍(Lateral wind)

옆에서 불어오는 바람

[SOURCE: merriam-webster dictionary]

(5) 분기풍(Bifurcating wind)

바람의 방향 위와 아래로 분리되는 경우

[SOURCE: Wikipedia]

(6) 와류[Vortex/eddy]

소용돌이 바람

[SOURCE: Wikipedia]

(7) 역풍/미풍[Headwind/Tailwind]

이동 경로(항공기의 경우)와 반대의 방향을 갖는 바람/이동 경로(항공기의 경우)와 동일한 방향을 갖는 바람

[SOURCE: merriam-webster dictionary]

나) 무인기 내풍 테스트

도심 환경에서 운용되는 무인기는 도심 기상 조건중 바람의 영향을 많이 받기 때문에 무인기는 각 임계 대기 속도에서 바람의 영향을 견딜 수 있도록 설계될 필요가 있다. 특히, 본 내풍 테스트 표준에서의 돌풍 정의는 설계 운용 고도 수준과 순항 속도(설계 사용 스펙트럼과 일치)를 고려하여 무인기의 의도된 운용에 대한 합리적인 분석에 의해 결정될 수 있다. 다른 설득력 있는 근거가 없다면, 9.1m/s (30ft/s)[31]의 수직 돌풍 속도로 인한 하중을 가지는 돌풍으로 고려할 수도 있다. [표 2-27]은 전형적인 무인기 운용 기상 환경을 설명한다.

---

31) DRAFT STANAG 4738

[표 2-27] 무인기 운용 기상 환경

운용환경	도심 비행	고고도비행	바람	악천후	극한 온도	특정 날씨
기상환경 조건	도심 계곡형 바람, 돌풍 온도변화	고속 비행 바람 저기압	다양한 풍향 다양한 상황	비, 눈, 결빙 조건, 먼지 및 안개	고온, 저온	전단 기류 난류

기상 관측에서 보고된 돌풍 속도는 보통 약 2초 평균으로 간주되지만, 다양한 크기의 대상품을 설계하는 경우, 각기 다른 단기 돌풍이 종종 적용되기도 한다. 연구에 따르면 돌풍은 그 크기가 대상물 크기(Dimension)의 약 8배인 지속시간을 가지며, 돌풍 속도에 상응하는 힘을 대상물에 발생시킨다. 예를 들어, 3m의 대상물은 대상물에 대한 완전한 동적 압력을 설정하기 위해 24m 길이의 돌풍이 있어야 한다. 더 작은 구조물들은 더 짧은 기간의 돌풍에 민감하다.

다) 돌풍 정의

돌풍은 바람의 속도가 갑작스럽게 짧은 시간 내에 증가하는 현상이다. METAR[32]에서 돌풍에 대한 국제민간항공기구(ICAO) 표준 규격은 이전의 10분 내 평균 속도보다 5m/s 더 크다고 한다 (또는 눈에 띌 정도의 불연속성 이후 더 짧은 기간으로 정의되기도 함). 실용적인 관점에서, 개별 무인기는 현재 전통적인 항공에서 정의된 돌풍과는 다른 허용 오차를 가질 수 있으며 무인기 운영 목적별 정의가 필요할 수 있다. 돌풍은 풍속이 급격히 상승하여 노출된 무인기를 손상(혹은 비행 기능 마비)시킬 수 있는 현상이기 때문에 운용시 비행 안정성과 신뢰성 있는 무인기 설계를 검토하기 위한 돌풍 시험 방법의 개발을 위해서는 우선 돌풍의 물리적 조건을 정의할 필요가 있다.

본 표준에서 바람 돌풍은 토네이도나 태풍의 자연 돌풍이 아닌 지형적 바람 효과와 같은 국지적 현상으로 인해 층풍이 돌풍이 될 때를 의미한다. 이러한 다양한 유형의 지역 돌풍이 물리적 조건으로 고려되었다. 그리고 지역 또는 도시 규모에서 돌풍과 벌크 기하학적 매개변수 사이의 전체적인 관계보다는 단일 건물 또는 특정 건물 클러스터 주변의 상세하고 국지적인 흐름 구조에 초점을 맞추고 있다. 즉, 건물 벽과 지면의 공기역학적 교란의 영향을 받지 않는 위치에서 작동하는 무인기를 대상으로 고려했다.

임무 중인 무인기는 시간과 공간의 제약에도 불구하고 주어진 역할을 수행할 것으로 기대하기 때문에, 자연 현상뿐만 아니라 도시의 빌딩풍 효과([그림 2-31] 참조)와 같은 지역적 상황도

32) METeorological Aerodrome Report

돌풍을 유발하기 때문에 임무 수행 중 무인기의 전체 운용 공간 조건을 고려하여 발생 가능한 돌풍을 정의할 필요가 있다.

[그림 2-31] 빌딩풍 효과

항공기와 달리, 무인기는 도심의 특이한 공간에서도 임무를 수행하기 위해 이러한 공간에서 직면하는 지역적인 돌풍을 견딜 준비가 되어 있어야 한다. 운용 영역으로 인해 유발된 돌풍은 [표 2-27]에 예시되어 있다.

본 표준은 임무 수행 중인 무인기의 비행 안정에 영향을 미치는 중요한 요소 중 하나인 바람 돌풍 시험 모델을 개발하고 시험법에 도입하기 위한 것이다. 수치적으로 시뮬레이션된 돌풍은 실제 환경에서 발생하는 돌풍과 유사하며 일반적인 무인기에 적용 가능성을 보여준다. 돌풍 시험법은 제조자의 지침에 따라 무인기를 운용할 때 무인기의 바람 돌풍 저항 능력을 평가하는 절차를 다루고자 한다. 예를 들어, 지정된 속도에서 상승 돌풍의 작용으로 인해 호버링중인 무인기에 가해지는 상승력의 저항을 의미한다. 무인기는 비행 제어에 오작동이 없고 돌풍 시험 중 및 후에 기계적/성능적 고장이 발견되지 않을 때 지정된 기본 상승 돌풍 속도에서 내풍성이 있는 것으로 정할 수 있다.

다른 돌풍 종류들이 [표 2-28]에 설명되어 있다.

[표 2-28] 무인기 운용 환경의 돌풍 종류

돌풍종류	환경	Characteristics
하강풍 상승풍	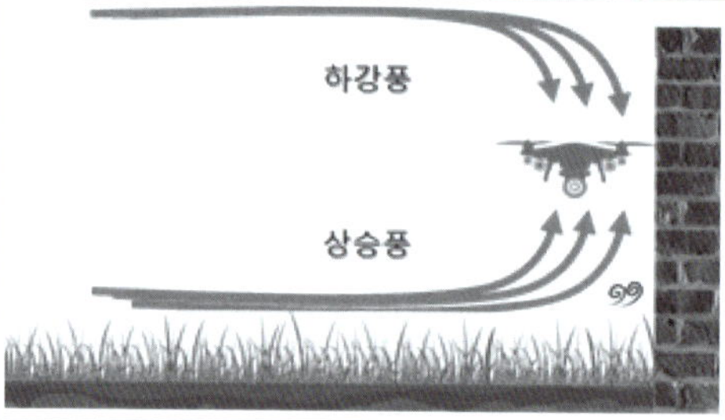	• 풍속 • 풍형상 • 돌풍지속시간 • 풍향
측풍	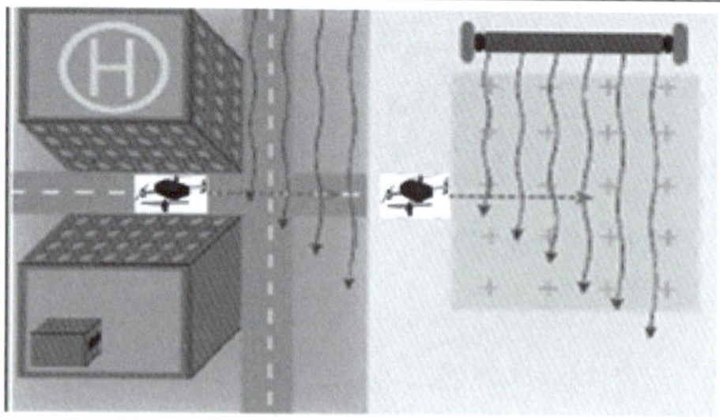	• 도시 협곡 흐름을 경험하는 무인기 (건물 사이의 비행) • 정지 공기에서 강한 횡방향 흐름 또는 윈드 시어로 이동하는 무인기 (난기류/전단 흐름 바람 프로파일)
역풍 미풍		• 이동 경로와 반대 방향을 갖는 바람 • 이동 경로와 동일한 일반 방향을 가진 바람
분기풍	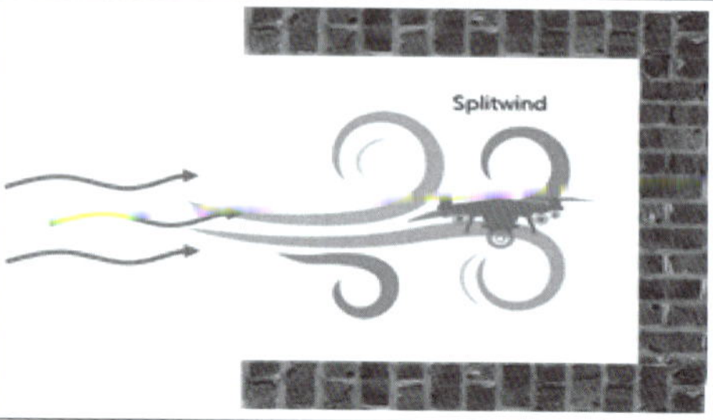	• 두 마천루 사이의 좁은 공간을 지날 때 이 공간의 풍속은 정상기류 풍속보다 훨씬 빠르고, 건물 측면에서는 소용돌이와 분기풍이 발생 • 바람이 구조물 쪽으로 향할 때
와류 (소용돌이)	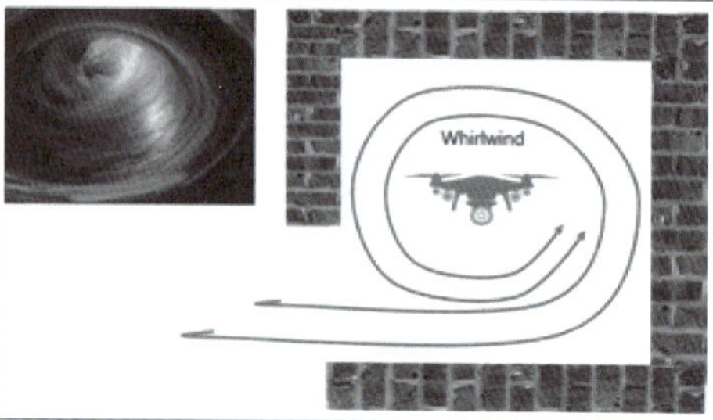	• 난방과 유량 구배에 의해 발생하는 불안정성과 난기류로 인해 바람의 소용돌이(수직방향 회전기둥)가 형성되는 기상 현상. • 지역 현상으로 인해 소용 돌이

[표 2-29]는 3차원 전산유체역학(CFD)분석에 기초한 정보를 활용한 상승 돌풍 시험 사양을 제공한다. 이 시험 절차는 상승기류돌풍 조건에서의 무인기 적용에 대하여 제시되었다. 측풍, 역풍/미풍, 분기풍 및 소용돌이와 같은 다른 돌풍 과제는 추가 연구를 통해 별도의 표준으로 제안 하고자 한다. 돌풍 조건을 고려한 비행 시험에서 얻은 결과를 통해 통합 무인기의 비행 안정성을 확보할 수 있다. 제안된 일련의 시험은 무인기를 운용하는 동안 비행의 기능적 안전성과 비행 안정성을 확인하고자 하는 다양한 유형의 무인기를 평가하는 데 활용될 수 있다. 그러나 이 규격은 운용과 관련된 모든 안전성을 해결하기 위한 것은 아니다. 본 시험 사양의 사용자는 돌풍 하에서 적절한 안전운용관행을 확립하고 사용 전에 규제 제한에 따른 운용 가능성을 결정할 책임이 있다.

[표 2-29] 무인기의 상승풍 시험 표준 절차서 사례

<table>
<tr><th></th><th>상승풍 시험</th></tr>
<tr><td>시험 정의</td><td>
• 바람 형상: 9m/s까지의 일정한 상승풍 속도 프로파일 (20m/s의 돌풍이 건물을 만나 상승풍으로 바뀔 때 최대 9m/s 까지 오름을 수치해석으로 분석)
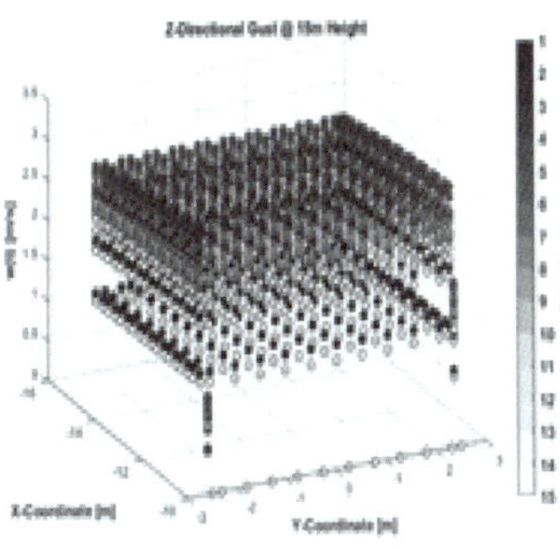 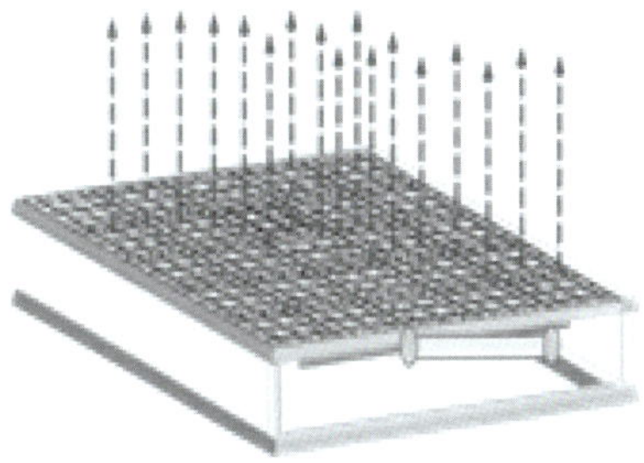
• 주변 환경: 25°C +/- 10°C (77°F +/- 18°F)
• 상대습도: 20 to 80%
• 기압: 현장 기압
<table>
<tr><th colspan="2">실외운용환경</th></tr>
<tr><td>온도</td><td>0°C to 50°C</td></tr>
<tr><td>습도</td><td>0% to 95% RH non-condensing</td></tr>
<tr><th colspan="2">실내운용환경</th></tr>
<tr><td>온도</td><td>-5° to 55°C</td></tr>
<tr><td>습도</td><td>5% to 95% RH non-condensing</td></tr>
</table>
• 풍향: z- direction (중력 반대 방향)
• 시험 대상 위치: 상승 돌풍 프로파일이 재현되는 곳
• 테스트 환경: 야외 개방 공간 또는 제한된 공간에서 공기역학적 장애가 발생하지 않는 공간
</td></tr>
</table>

<table>
<tr><th></th><th>상승풍 시험</th></tr>
<tr><td>판단기준</td><td>

• 무인기는 비행 제어에 오작동이 없고 돌풍 시험 중에 기계적 고장이 발견되지 않을 때
• 무인기가 몇 번의 상승 돌풍/정지 사이클 동안 고도, 자세 및 위치의 지정 공차 내에 유지될 때
- Gust Deflection Level (돌풍에 의한 위치 변경 수준)

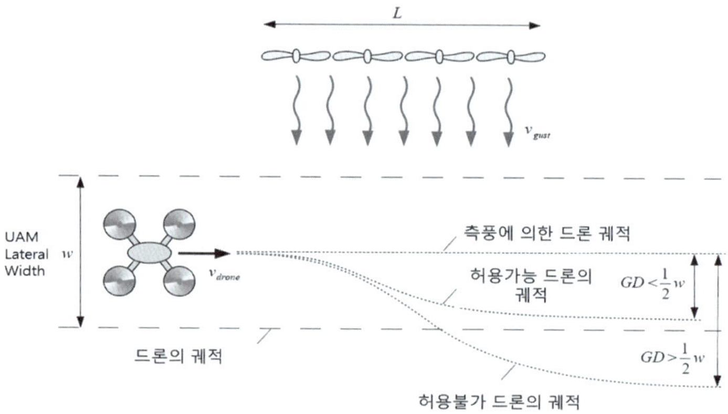

- Obstacle Avoidance Level (장애물 회피 수준)

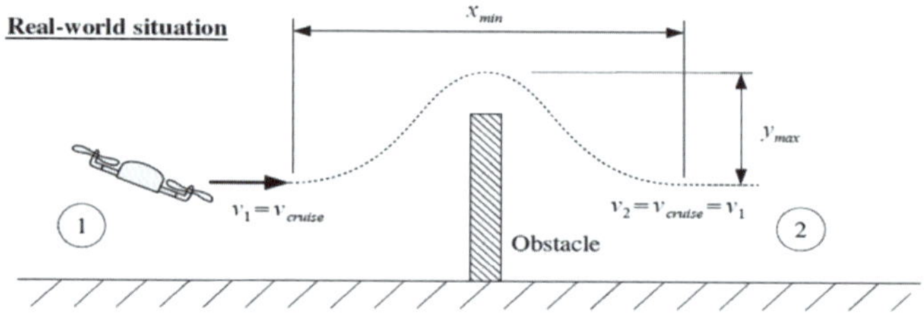

- Hovering Stability Level (정지비행 안정 수준)

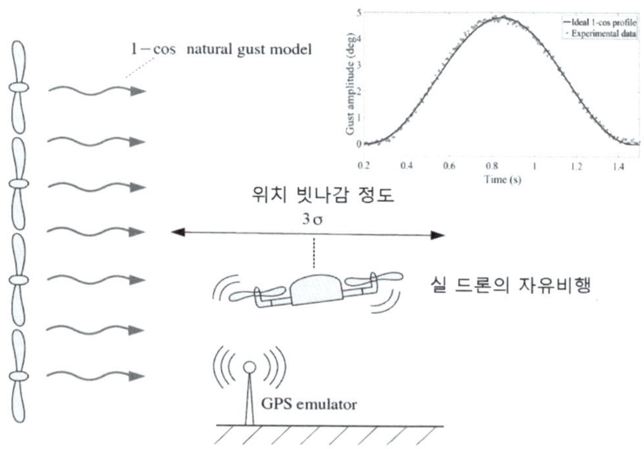

• 지정된 기본 상승 속도와 돌풍에서 내성이 있는 것으로 판단함.
</td></tr>
</table>

	상승풍 시험
샘플 갯수	무인기 2set or 4set (비행 성능 평가 목적에 한함)
시험 시간	약 20초간 6차례 반복 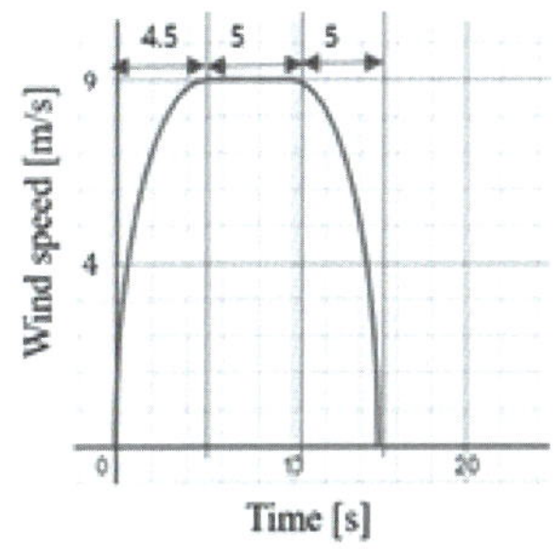
결과 적용 분야	신제품 설계 검증, 비행 성능 평가

라) 상승 돌풍 시험의 적용 사례

① 수직 착륙 단계의 무인기 - 안정된 공기에서 하강([그림 2-32]의 왼쪽 중 첫 번째)

② 안정적인 무인기 주위를 이동하는 공기 - 수직 공기 흐름([그림 2-32]의 왼쪽 두번째)

③ 건물 근처에서 무인기에 미치는 도시 상승/하가 돌풍 효과([그림 2-32]의 오른쪽)

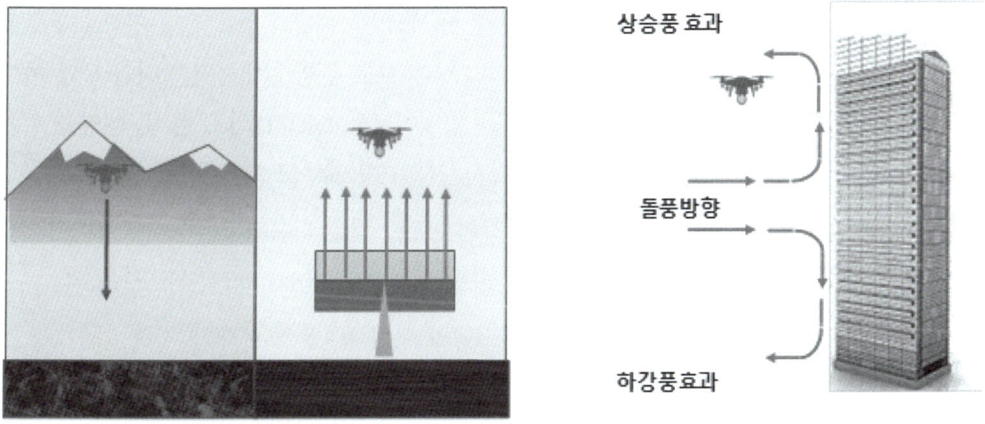

[그림 2-32] 상승 돌풍의 사례

□ EUROCAE 표준화 활동

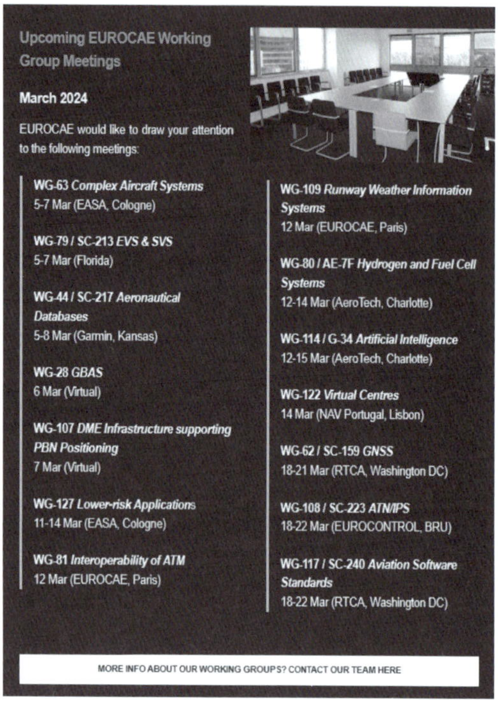

[그림 2-33] EUROCAE WG Meeting

2024년 3월 EUROCAE의 WG-109는 기존의 항공 활주로 기상정보시스템(RWIS) 표준을 업데이트하고 운영을 위한 지침 문서를 개발하기 위해 재소집되고 있다. WG-109는 2018년에 설립되었고 활주로 기상 정보 시스템(RWIS)을 위한 표준 개발하는 임무를 맡았다. 이 작업은 무엇보다도 활주로 기상 특성의 통신 형식과 표준을 통합하는 '글로벌 보고 형식'(GRF)의 ICAO의 계획된 구현과 일치했다. EUROCAE 표준 ED-292 "활주로 기상 정보 시스템을 위한 최소 항공 시스템 성능 표준"은 WG-109가 개발하고 EUROCAE가 2021년 12월에 발표했다. ED-292와 GRF가 2년간 유효하게 적용되면서, 기술 개발과 함께 운영 경험은 활주로 상태 보고 주제에 대한 전반적인 산업 이해를 증가시켰다. 그리고 WG-109는 현재 표준을 업데이트하고 RWIS의 구현 및 운영을 위한 지침 문서를 개발하기 위해 2024년 3월에 다시 전문가를 모우고 있다.

현재 EUROCAE WG-109의 업데이트될 작업 프로그램은 다음과 같다.

- 기술 개발과 함께 사용 중인 운영 경험을 반영하기 위한 ED-292 업데이트.
- 새로운 문서: 활주로 기상 정보 시스템의 구현 및 운영에 대한 지침.

본 표준의 대상은 활주로를 이용하는 기존 항공 시스템이며, 항공기의 이·착륙시 기상환경과 연계된 표준으로서 AAM의 운용공역과도 일치되는 부분으로써 참고 가능하다.

MIL-STD 810 Method 506.4 표준	미국 군사 방어 표준: 이 표준은 비, 폭우, 부슬부슬 내리는 비 및 비와 관련된 바람에 대한 저항성 기준을 충족
민간 항공기의 내수성 원칙은 RTCA DO-160 섹션 10.0 표준	이 표준은 상용 항공기에 적합한 비바람 시험 방법을 설명한다. 정보 인프라를 운영하는 장치는 가혹한 환경 조건을 견딜 수 있어야 하며, 그중에서도 강한 바람과 비에 대한 통신 표준이 고안되었다.
건축자재에 대해서도 TSEN 12179 규격	국제표준기구(ISO)에서 개발(커튼월 – 풍하중에 대한 저항성 – 시험방법).

□ 국제표준화기구(ISO/EUROCAE/RTCA/ASTM)의 시험표준 조기 확보위한 네트워크 구축

표준 분야별 국내외 산 · 학 · 연 전문가와의 네트워크 구성을 통한 조기 국제표준 개발의 우호 환경 구축이 필요하다. 또한, 개발중인 국제 표준, 국제인증기관 Technical Note 및 발표자료, 논문, 특허, 국내외 연구 및 정책동향 조사 분석을 동시 수행함으로 가속화가 가능하다. 따라서, 안전성 인증 시험센터는 인증위한 시험 평가 표준 개발을 위하여 국제표준화 활동을 적극적으로 수행 하고, 관련 워킹그룹 회의 및 심포지엄 참석, 전문가와의 네트워킹 유지가 필요하다. [그림 2-31]는 참석한 온라인 ISO Working Group회의, [그림 2-36] EUROCAE WG(SG-4) 회의를 보여준다.

[그림 2-34] 온라인 ISO WG 회의(TC20SC16 Standard draft Roadmap) 참석

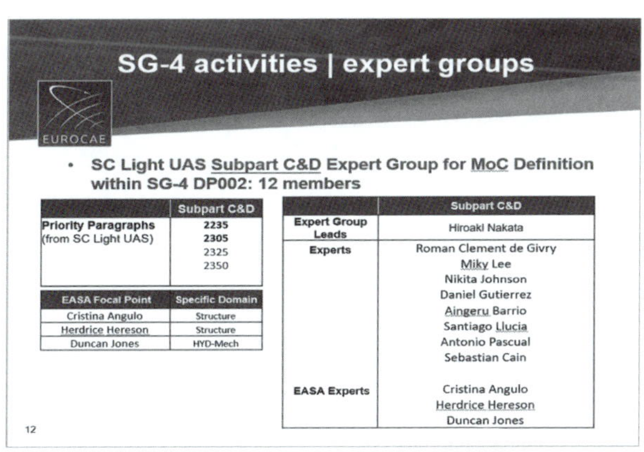

[그림 2-35] EUROCAE WG(SG-4) Meeting (MoC Definition) 참석

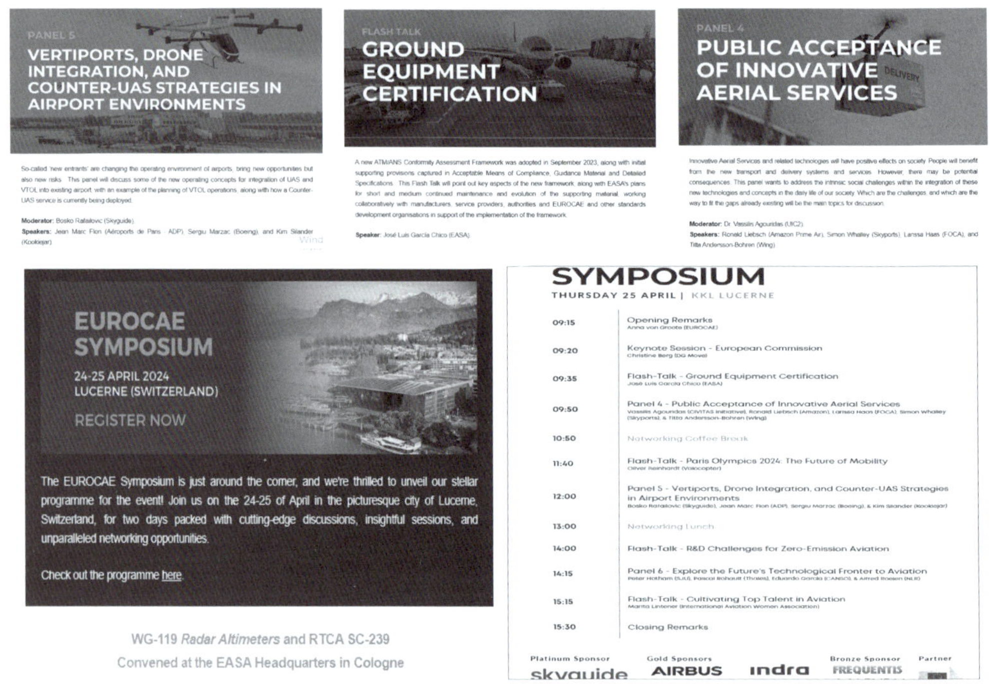

[그림 2-36] 2024년 EUROCAE 심포지엄과 아젠다

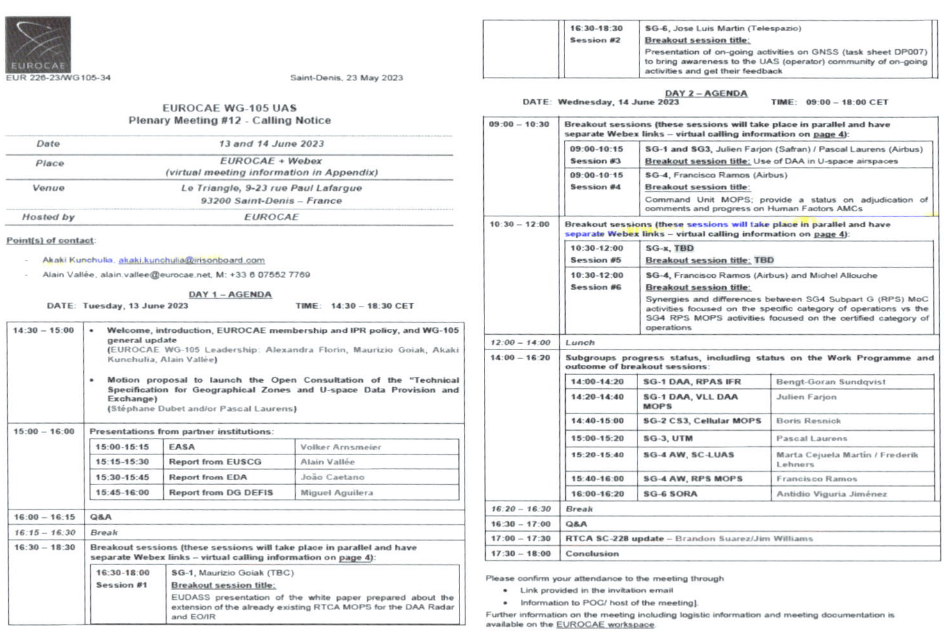

EUROCAE

EUR 226-23/WG105-34 Saint-Denis, 23 May 2023

EUROCAE WG-105 UAS
Plenary Meeting #12 - Calling Notice

Date	*13 and 14 June 2023*
Place	*EUROCAE + Webex (virtual meeting information in Appendix)*
Venue	*Le Triangle, 9-23 rue Paul Lafargue 93200 Saint-Denis – France*
Hosted by	*EUROCAE*

Point(s) of contact:

- Akaki Kunchulia, akaki.kunchulia@irisonboard.com
- Alain Vallée, alain.vallee@eurocae.net, M: +33 6 07552 7769

DAY 1 – AGENDA

DATE: Tuesday, 13 June 2023 TIME: 14:30 – 18:30 CET

14:30 – 15:00	• **Welcome, introduction, EUROCAE membership and IPR policy, and WG-105 general update** (EUROCAE WG-105 Leadership: Alexandra Florin, Maurizio Goiak, Akaki Kunchulia, Alain Vallée) • **Motion proposal to launch the Open Consultation of the "Technical Specification for Geographical Zones and U-space Data Provision and Exchange)** (Stéphane Dubet and/or Pascal Laurens)		
15:00 – 16:00	**Presentations from partner institutions:**		
	15:00-15:15	EASA	Volker Arnsmeier
	15:15-15:30	Report from EUSCG	Alain Vallée
	15:30-15:45	Report from EDA	João Caetano
	15:45-16:00	Report from DG DEFIS	Miguel Aguilera
16:00 – 16:15	Q&A		
16:15 – 16:30	*Break*		
16:30 – 18:30	**Breakout sessions (these sessions will take place in parallel and have separate Webex links – virtual calling information on page 4):**		
	16:30-18:00 Session #1	**SG-1**, Maurizio Goiak (TBC) Breakout session title: EUDASS presentation of the white paper prepared about the extension of the already existing RTCA MOPS for the DAA Radar and EO/IR	
	16:30-18:30 Session #2	**SG-6**, Jose Luis Martin (Telespazio) Breakout session title: Presentation of on-going activities on GNSS (task sheet DP007) to bring awareness to the UAS (operator) community of on-going activities and get their feedback	

WG-105 Plenary Meeting #12, 13-14 June 2023 1/5

DAY 2 – AGENDA

DATE: Wednesday, 14 June 2023 TIME: 09:00 – 18:00 CET

09:00 – 10:30	**Breakout sessions (these sessions will take place in parallel and have separate Webex links – virtual calling information on page 4):**		
	09:00-10:15 Session #3	**SG-1 and SG3**, Julien Farjon (Safran) / Pascal Laurens (Airbus) Breakout session title: Use of DAA in U-space airspaces	
	09:00-10:15 Session #4	**SG-4**, Francisco Ramos (Airbus) Breakout session title: Command Unit MOPS; provide a status on adjudication of comments and progress on Human Factors AMCs	
10:30 – 12:00	**Breakout sessions (these sessions will take place in parallel and have separate Webex links – virtual calling information on page 4):**		
	10:30-12:00 Session #5	**SG-x, TBD** Breakout session title: TBD	
	10:30-12:00 Session #6	**SG-4**, Francisco Ramos (Airbus) and Michel Allouche Breakout session title: Synergies and differences between SG4 Subpart G (RPS) MoC activities focused on the specific category of operations vs the SG4 RPS MOPS activities focused on the certified category of operations	
12:00 – 14:00	*Lunch*		
14:00 – 16:20	**Subgroups progress status, including status on the Work Programme and outcome of breakout sessions:**		
	14:00-14:20	SG-1 DAA, RPAS IFR	Bengt-Goran Sundqvist
	14:20-14:40	SG-1 DAA, VLL DAA MOPS	Julien Farjon
	14:40-15:00	SG-2 CS3, Cellular MOPS	Boris Resnick
	15:00-15:20	SG-3, UTM	Pascal Laurens
	15:20-15:40	SG-4 AW, SC-LUAS	Marta Cejuela Martín / Frederik Lehners
	15:40-16:00	SG-4 AW, RPS MOPS	Francisco Ramos
	16:00-16:20	SG-6 SORA	Antidio Viguria Jiménez
16:20 – 16:30	*Break*		
16:30 – 17:00	Q&A		
17:00 – 17:30	**RTCA SC-228 update** – Brandon Suarez/Jim Williams		
17:30 – 18:00	Conclusion		

Please confirm your attendance to the meeting through

- Link provided in the invitation email
- Information to POC/ host of the meeting].

Further information on the meeting including logistic information and meeting documentation is available on the EUROCAE workspace.

WG-105 Plenary Meeting #12, 13-14 June 2023 2/5

[그림 2-37] 2023 EUROCAE WG 105 Plenary Meeting Agenda

[그림 2-38] 2023년 WG 105 총회의 주요 의제

2023년 6월 EUROCAE WG105 총회에서는 LUAS(Light-UAS, MTOW less than 750kg급 무인기)로 easa인증에 맞는 표준개발 활동의 Wrap-up과 추후일정 및 방향에 대한 의제로 논의 되었고, 특히 SORA Mitigation에 대한 의논이 있었다.

주 관심 분야인 SG 4: AW, SC-LUAS SC Light-UAS Medium Risk MoC guidance -SUBPART C&D에서 Structure and Deformation, Design and Contruction Principle, Flight Control System, Landing Gear System, Fire protection, Forced Landing or Crush 분야의 MOC 개발건에 대하여 전문가 그룹의 의견과 개발 방향에 대한 공청회를 가졌고, EASA 책임자의 제안에 대하여 의논하였다.

[표 2-30] 해외 표준 및 인증 전문가 네트워크

성명 (국명)	소속 /직급	전공 /학위	활용 내용
Flavio Noca(스위스)	HES-SO	항공공학 /박사	운용환경기상조건 분석
Akira Sato(일본)	시즈오카대학	항공기계 /박사	무인기 성능 평가
Jason Hwang (네덜란드)	NLR	항공공학 /석사	기상 조건의 AI 분석
Alain Valee (프랑스)	EUROCAE	항공학 /박사	국제인증 및 표준화
Christian Schleifer (미국)	FAA	항공 관리 /박사	FAA 국제인증체계분석
Alexandra Florin(프랑스)	EASA	무인기운용관리/박사	EASA 국제인증체계분석
Marc Sergiu(벨기에)	Boeing	무인기 인증 /변호사	EASA 국제인증체계분석
Hiroaki Nakata(일본)	AeroVXR	항공공학/석사	국제인증표준화 Eurocae PL
Matt Vyshnevskyy(독일)	ESG(DE)	항공공학/박사	국제표준화
Jan Francke(캐나다)	GroundRadar	환경지리학/박사	국제표준화
Ilknur Baylakoglu(터키)	TÜBİTAK BİLGEM	항공재료학/석사	무인기신뢰성 평가
Arnold Davidson(인도)	CIS	SE/석사	System Eng. SW 개발

[3] 인증 서비스 제공

UAM/AAM 사업화에서 극복해야 할 2가지 과제는 양산성(Mass Production) 확보와 인증(Certification)이다. 신기술의 양산성 확보는 기업 위주로 넘어야 할 산이라면, 인증은 정부, 인증기관, 기업이 함께 협력하여 극복해야 하는 프로세스이다.

□ 항공기 인증 개요

항공기 인증은 항공기의 항행안전성을 확보하기 위해서 설계, 생산, 운용을 포함하는 항공기의 전주기 안전요건에 대한 적합성을 기술적으로 판단하는 과정을 의미한다. 항공기 인증은 설계에 대한 형식증명, 제작에 대한 제작증명, 그리고 운용에 대한 감항증명으로 아래와 같이 구분할 수 있다.

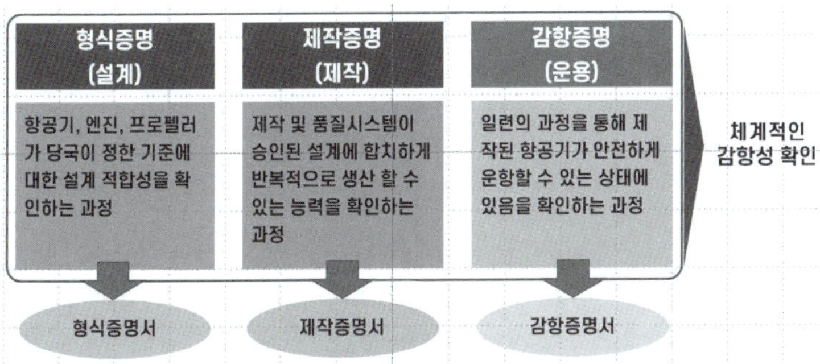

[그림 2-39] 항공기 인증 종류

항공기에 대한 인증에 추가해서 항공기의 안전한 운용을 위해서는 정비조직인증, 조종사 자격과 같은 부가적인 승인과정이 필요하다. 이와 함께 국가별 항공기 인증체계에 따라서 설계조직, 생산조직 및 정비조직에 대한 승인이 필요할 수도 있다.

□ 주요 용어 : Conops

인증 프로세스의 Key Word로 운용개념(Concept of Operation)을 들 수 있는데, 운용자/사용자 관점에서, 새로운 시스템에 관한 정량적/정성적 특성을 이해관계자와 소통하고 합의하기 위한, 통합적 시스템 측면의 정보 문서를 의미한다.

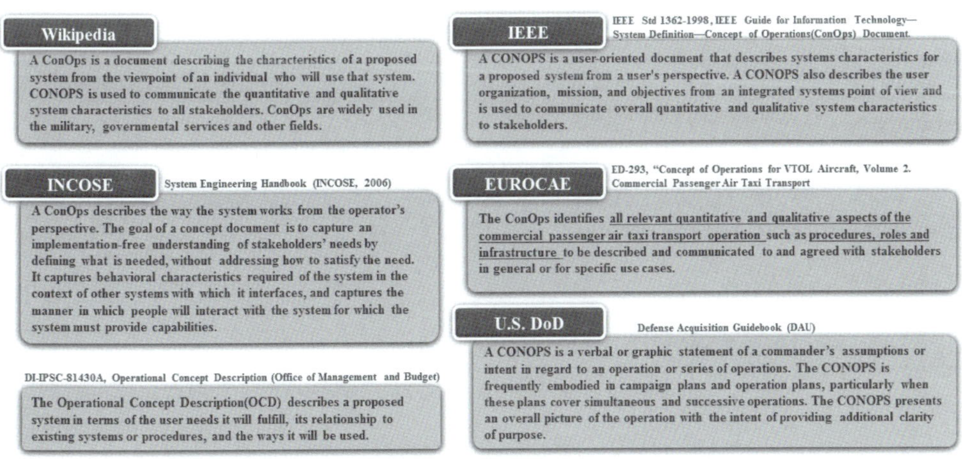

[그림 2 40] 운용개념 (Conops: concept of operation) 정의

□ 인증 현안

기존 항공기의 경우, 탑재 부품 인증은 절차가 복잡하고 비용이 많이 들어 중소/중견 기업들에게는 큰 진입 장벽이 되고 있다. 기술 개발부터 인증 획득까지 최소 5~10년 이상 장기 시간 소요 및 큰 비용으로 인증 획득을 추진하기 어려운 현실이다. 항공기 탑재 부품은 모두 미연방항공청(FAA)이나 유럽항공안전청(EASA)등으로부터 인증을 받아야 상업적 활용이 가능하다. 까다로운 인증 과정을 거쳐야 하고, 지상시험, 비행시험 등을 통한 안전성 입증 등 비용이 많이 들어, 기업에서 국제인증을 단독으로 추진하기에는 큰 부담이 될 수밖에 없다.

□ 국내 인증 역사

대한민국 국토교통부는 미국 FAA와 Part 23급 인증 항공안전협정(BASA: Bilateral Aviation Safety Agreement)를 2008년 2월 19일에 체결하여 유지해오고 있으나 EASA와는 아직 BASA를 체결하지 않은 상태이다. BASA는 양국 간의 민간 항공안전 분야에 있어서 동등한 안전 체제를 갖추었다고 서로 판단하는 경우, 양국간의 신뢰를 바탕으로 상대국의 항공기 관련 제품의 인증(증명) 등의 신청을 수락해 주고, 간소화 하여 실시할 수 있도록 서로 협력하는 것을 말한다. 한미 항공안전협정을 통해 우리나라에서 생산한 제품이 미국의 인증을 받고 수출할 수 있는 제품은 “항공기 기술표준품(TSO: Technical Standard Order)"이다. 항공기 기술표준품에는 항공기 타이어, 비행기록장치(FDR: Flight Data Recorder), 구명정 등 총 150여개 품목이 해당하며, 우리나라는 이들 품목 중에서 개발이 되었거나, 개발이 유망한 68개 품목의 기술기준을 고시하고 있다. 우리나라 업체가 언제라도 특정 품목의 추가 고시를 원할 경우 신속히 고시하여 제품개발과 수출에 지장이 없도록 조치하고 있다.

[표 2-31] 국내 항공기 부품·장비품 인증 획득 내역

부가형식증명(STC)		부품제작자증명(PMA)		기술표준품형식승인(TSO)	
환경제어	2016-11-04	컵홀더	2021-06-01	B737-400 Main Tire	2005-10-17
소화계통	2016-11-15	위어디스크	2022-07-01	B737-400 Nose Tire	2008-01-18
기계세부	2016-11-30	컵홀더	2023-07-01	대기자료 컴퓨터	2008-03-13
전기전자	2016-12-13	창문덮개	2023-05-01	Multi-Functional Display	2010-02-01
착륙장치	2017-01-12			Integrated Flight Display System	2012-08-27
카울링/엔진장착	2017-05-30			Life Preservers	2015-11-26
				ULD TYPE2 팔렛트	2016-11-22
				Type 2 ULD 컨테이너	2020-09-09
				Type 2 ULD 팔레트	2020-07-06

국내인증역량은 공공성을 지니고 있으며, 국내 인증역량의 미흡은 국내 항공산업 내수 및 수출에 제약사항으로 기업의 애로 사항을 위해 정부의 도움이 필요한 사항이다. 항공분야의 설계·제작·정비관련 국내 인증체계(표준규격, 기술, 인력, 담당기관) 부재로 국내 인증 자체를 포기하고, 해외 하청납품 방식을 따르고 있다.

장기간, 많은 사업비, 기술력이 필요한 항공 인증은 성공여부 및 시장 진입에 대한 불확실성으로 민간기업 자체의 기술개발 및 투자가 어려운 분야라서 세계적으로 정부지원이 보편화 되어 있다. WTO체제에서도 원자력·우주·항공기·신재생 분야는 정부의 관여를 용인하고 있다.

□ 인증 절차

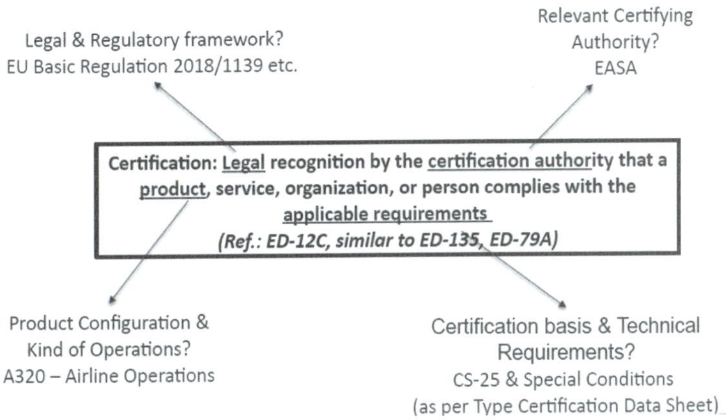

[그림 2-41] Certification 필수 고려 사항

인증에 우선적으로 필요한 사항에는 인증규격 체계(Legal & Regulatory Framework), 인증기관 (Certification Authority), 인증대상(대상부품, 운용분야), 필수요구사항(기술 표준, MoC(준수수단 혹은 적합성인증방법), ED-12C, ED-135, ED-79A, etc.)등이 있다. 그림에는 각 항목의 사례를 보여준다. 인증에는 군용 인증과 민수용 인증으로 분류되며, 각각의 인증규격 체계, 대상, 인증 기관이 있다.

[표 2-32] 민군 인증(Military & Civil Certification)

	군용 인증	민수용 인증
인증규격체계	DoD Law, STANAG, MIL-STD, etc.	EU 규제, FAA 규제, FAR Part 23, 25/CS-23, 25
인증대상	군용 항공기	민수용/상용 항공기, 수송기, 일반 항공, 민수/상용 무인기
인증기관	군 인증 기관	국토부 산하의 민간 항공 인증기관

인증 규제 항목은 3개로 분류될 수 있다.

- 절차상 규제: Procedural Rules (Administrative, Certification Procedures)
- 설계 규격: Design Standards (Airworthiness/ Certification Specifications)
- 운용 규격: Operational Standards (Airspace Integration, Maintenance, Crew Qualification)

인증서의 종류는 다음과 같다.

- TYPE CERTIFICATE (TC) : 대상품으로 엔진, 프로펠러, 전기체등으로 감항 요구사항을 준수해야 한다.
- RESTRICTED TYPE CERTIFICATE (RTC) : 운용상 제한된 인증서
- INDIVIDUAL CERTIFICATE OF AIRWORTHINESS (COA): 개별 제품이 타입 인증서(TC) 에서 승인된 유형 설계 구성 준수 (Production & QA 관련)
- SPECIAL CERTIFICATES : 비행허가, 실험용 감항 인증서[CoA](예: 연구개발)
- 제한된 감항 인증서[CoA](특수목적)

[그림 2-42] Type Certificate

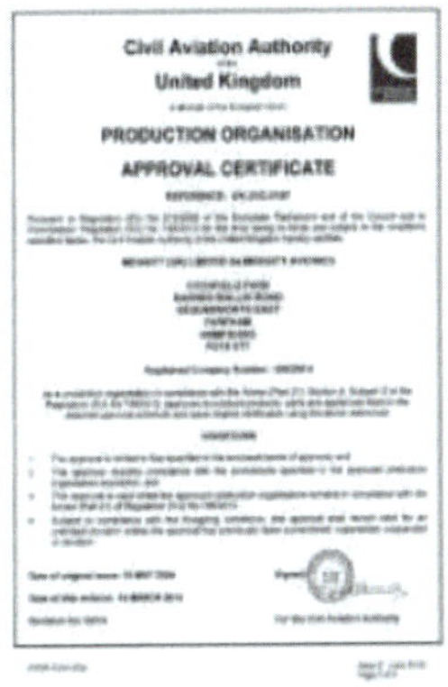

[그림 2-43] Production Certificate

전형적인 설계 및 양산 인증 절차는 다음과 같다.

① 인증기관에 제안서 보내기 (대상품 사양, 운용개념, 인증 목적등 포함)

② 인증기관의 기술적 프로세스, 인증 기준에 익숙해지기

③ 인증 프로그램 set-up

④ 준수사항 데모

⑤ 비행 시험/ 시험 인증

⑥ 인증 기술 완결 -> 비행 승인/타입 인증서 발급

⑦ 개별의 감항인증서 발급

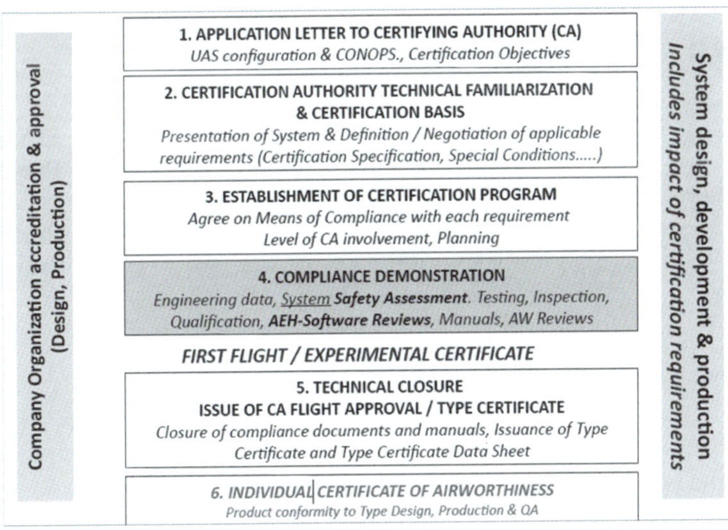

[그림 2-44] Typical Certification Process

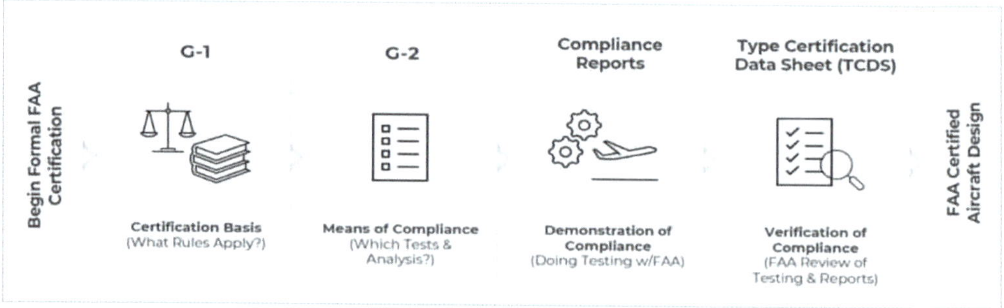

[그림 2-45] 미국 FAA 인증 절차

UAM과 같은 무인 항공기의 경우도 기존 항공기와 유사한 인증 프로세스로 진행될 것이라 예측된다. 다만, 무인 항공기의 경우 인증프로세스에 필요한 준수 수단인 적합성 입증방법(MoC)이나 표준이 개발 중이고, 운용개념이 기존 항공기와 차별화됨으로 그에 따른 프로세스 개선이나 수정이 필요할 것이다.

안전성 인증 시험센터는 항공기 프로세스에 기반한 AAM의 인증 프로세스를 예측하고 현재 진행 중인 MoC나 관련 국제표준 개발에 참여하여 발 빠른 인증 서비스 제공 위한 체계를 구축할 필요가 있다. ICAO, JARUS, ASTM, RTCA, EUROCAE의 항공기 관련 인증· 표준개발기관들과의 폭넓은 관계 유지가 절실히 요구되며 가능하면 국내 AAM 개발기관에게 유리한 표준 개발을 유도할 필요가 있다.

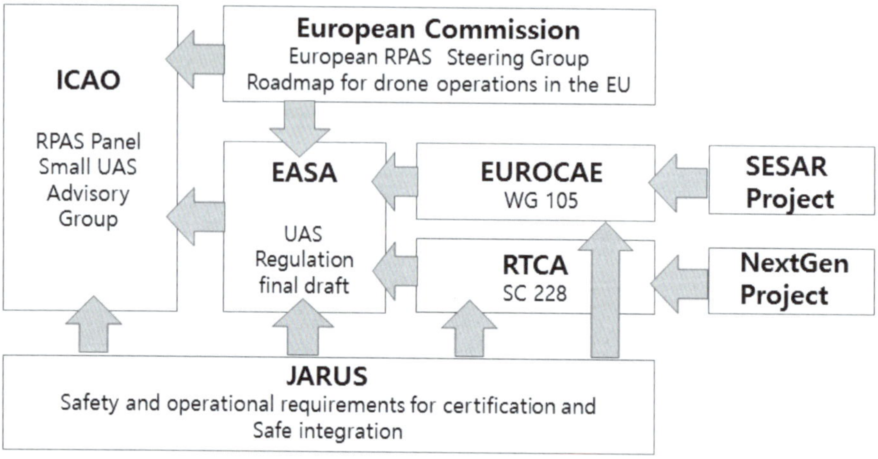

• SESAR(Single European SKY ATM Research)
• NextGen(Next Generation Air Transportation System)

[그림 2-46] 무인항공분야 국제기구 업무 연결도

표준화 기술도 한 국가의 기술 수준을 보여주는 잣대가 될 수 있고, 사업을 하기 위한 인증의 필수사항이기 때문이다. 안전성 인증 시험센터는 표준 기반 인증 서비스를 제공하기 위한 노력을 해야 한다. 천문학적 비용과 5~10년이 걸리는 인증 프로세스를 최소한으로 줄이기 위한 것이 센터의 중요 역할이 될 것이다.

	개발 · 인증 시험센터 업무
인증 준수 방법 연구 및 관련 자료 확보, 필요시 수정 제안	• UAM 인증제도 및 요소 기술 인증 방안 연구 • UAM 항공기 인증을 위한 관련 법령 및 제도 개선 연구 • UAM 항공기 적용 신기술 인증 방안 연구 • UAM 인증 시제기 적합성 입증 연구 • 적합성 입증 위한 인증 시제기 설계 • 적합성 입증 자료 개발
UAM인증 시제기 적합성 확인 및 평가 방안 연구(시범인증)	• UAM 인증 시제기 인증 과제계획 수립 • UAM 인증 시제기 설계 적합성 확인 • UAM 인증 시제기 사후 인증 (Post-Certification)
국제인증체계 Follow-up 및 인증 서비스 (지상/비행) 방법 개발 및 제공	
안전인증 위한 시험 평가 서비스 컨설팅	
BASA Program 제안 가능성 타진	• UAM항공안전 업무 협약 체결 방안 연구 • UAM항공안전 업무 협약을 위한 국제 협력 지원

□ AAM 기체 인증 관련 현황

(미국) FAA 기술기준 Part 23, 25를 기반 형식증명 건에 따라 특수기준(Special conditions)개발 적용, Powered-lift 기반 형식증명 진행 중에 있다.

인증 수행기업	진행 상황
조비 에비에이션	5인승 eVTOL 여객용 항공기(JAS4-1) 형식증명 진행 중 첫번째 시제기로 '20.12월 최초 美공군 감항인증 두번째 시제기로 '21.12월 美공군 감항인증및 美FAA 특별감항인증을획득 '22.5월 FAA 항공운송업자 인증(Part135) 획득 '22.9월 Special Class(21.17(b)) Powered-lift 적용 인증기준(G-1/Stage 4) 합의완료
아처 에비에이션	5인승 eVTOL 항공기(M001) 형식증명 진행 중 '21.9월 美공군 감항인증 '21.12월 美FAA 특별감항인증획득
베타 테크놀로지스	화물용 항공기(ALIA-250) 형식증명 진행 중 '21.5월 최초의 유인전기항공기 美공군 감항인증획득
오버에어	6인승 eVTOL 항공기(Butterfly) 형식증명 진행 중
키티호크	'21.7월 美공군 감항인증획득

(EU) CS-23을 기반으로 SC-VTOL 기준 개발, 적합성입증방법(MOC)에 대한 지침 제시, VTOL-Capable Aircraft (VCA)에 대한 인증 진행중이다.

인증 수행기업	진행 상황
볼로콥터	2인승 멀티콥터형 VoloCity 형식증명 진행 중 FAA와 동시 인증(Concurrent TC) 진행 중 SC-VTOL(Category Enhanced) 적용하여 24년 TC 획득 목표 형식증명과 함께 운용 국가의 운항증명(AOC) 병행 진행 EASA 설계조직인증*('19년, Part21J) 생산조직인증**('21년, Part21G) 획득 * DOA : Design Organization Approval, ** POA : Production Organization Approval
릴리움	7인승 eVTOL(Lilium Jet) 형식증명 진행 중 '17년부터 EASA 설계조직인증(DOA)을 진행 중 '24년까지 형식증명(TypeCertification) 획득 목표로 인증 추진 중
버티컬 에어로스페이스	5인승 eVTOL(VA-X4) 형식증명 진행 중(영국 CAA) '24년까지 英CAA, EASA로부터설계조직인증 동시 획득 예정

(독일) Volocopter사 인증 동향 소개

멀티로터형 eVTOL 항공기를 개발하고 있는 독일 Volocopter사는 자체적인 UAM 서비스 제공을 목표로 설정하고 있다. 이에 따라서 현재 개발중인 VoloCity 모델에 적용되는 형식증명, 생산증명 및 감항증명 외에도 운항사로써 필요한 운항증명, 정비조직승인까지 준비하고 있다.

[표 2-33] Volocopter사 인증관련 주요 일정

일자	종류	비고
2019년 12월	EASA DOA	설계조직승인
2021년	EASA CRI-A01	형식증명을 위한 인증기준 확정
2021년 7월	EASA POA	생산조직승인
2023년 8월	FAA G-1	미연방항공청 인증기준 확정
2024년 2월	SASA POA Extension	VoloCity 모델 생산조직승인 범위에 포함

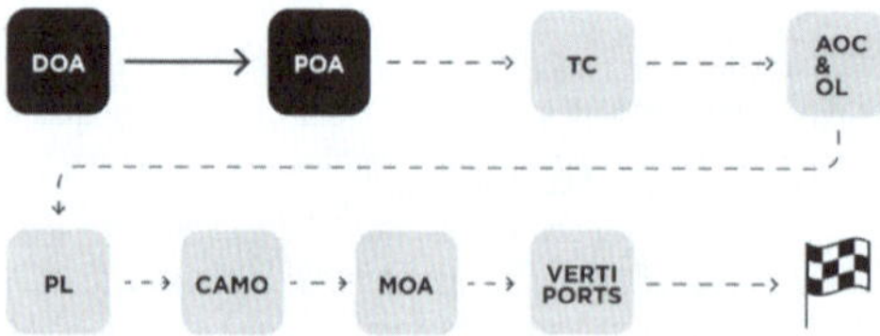

[그림 2-47] Volocopter UAM 서비스 상용화를 위한 인증 로드맵

〈설계조직승인(DOA)〉

설계조직승인(Design Organisation Approval, DOA)은 해당 설계조직이 유럽항공안전청(EASA)의 Part 21 Subpart J의 요구조건을 준수한다는 승인으로써, 항공기 설계에 대한 모든 책임을 갖는 것을 의미한다.

DOA 보유자는 EASA의 설계검증에 대한 승인권한을 위임받아 감항당국의 역할을 수행할 수 있다. 따라서 신청자는 DOA로 수행할 수 있는 위임의 범위를 지정하여 신청할 수 있으며, 승인된 영역에 대한 인증활동을 직접 수행할 수 있는 특권을 갖는다.

Volocopter사는 2019년 12월에 DOA를 획득하였으며, 이를 통해서 eVTOL 항공기의 개발과 함께 해당 항공기의 형식증명(Type Certificate, TC) 발급에 필요한 설계검증 능력을 EASA로부터 위임받고 인정받은 것으로 이해할 수 있다.

〈생산조직승인(POA)〉

설계검증을 통해 형식증명이 발급된 항공기의 생산을 위해서는 해당 조직에 대한 승인이 필요하며 유럽에서는 이를 생산조직인증(Production Organisation Approval, POA)로 부른다. 유럽체제에서 설계조직인증은 유럽항공안전청이 담당하고 있으나 생산조직인증은 해당 생산주체가 속한 회원국의 감항당국(National Aviation Authority, NAA)에서 발급을 담당한다.

Volocopter사의 경우 2021년 7월 DG Flugzeugbau사의 인수합병을 통해서독일 감항당국인 Luftfahrt-Bundesamt(LBA)에서 2021년 최초 POA를 확보하였다. 생사조직인증은 특정 항공기의 생산과 연결되기 때문에 Volocopter사의 인증 모델인 VoloCity에 생산을 위해서 2024년 2월 생산조직인증의 범위가 확장되었다.

Volocopter는 2021년 이후 본사가 위치한 독일 Bruchsal에 양산라인 설비를 마련하기 시작하여 2023년 4월 연간 50대 규모의 최종 조립라인을 갖추었다. 이곳에서는 탄소복합재료 부품제작, 전기추진 장치, 추진 시스템 통합 및 동체를 포함한 최종 조립을 수행할 예정이다. 또한 항공기 인증 및 양산 비행시험까지 수행할 수 있다. 이로써 Volocopter는 VoloCity 모델의 형식증명에 필요한 설계조직인증 및 생산에 필요한 생산조직인증을 모두 확보한 최초의 유럽 eVTOL 제작사가 되었다.

〈형식증명(TC)〉

감항성(airworthiness)는 항공기가 승인된 형식설계에 적합하고 안전한 운용을 위한 상태로 정의되며, 이를 보장하기 위해서는 설계, 제작 및 운용에 대한 적합성이 검증되어야 한다. 이 중에서 설계 적합성에 대한 일련의 요구조건을 항공기 감항기준(Airworthiness standard) 또는 기술기준(Certification specification)이라고 하며, 이를 만족함이 입증되는 경우 형식증명(TypeCertificate, TC)이 발급된다.

Volocopter사에서 개발중인 VoloCity와 같은 새로운 형상의 항공기 인증을 위해서 유럽항공안전청 EASA에서는 SC-VTOL을 개발하였고, VoloCity는 이에 대한 적합성이 입증되어야 형식증명이 발급될 수 있다. EASA에서는 VoloCity의 설계검증을 위한 인증기준으로 SC-VTOL을 적용하기로 합의하였으며, 이는 2021년 CRI-A01로 확정되었다.

항공기가 형식증명을 받은 이후에는 생산조직승인에 따라서 양산될 수 있으며, POA 보유자는 개별 항공기에 대해서 감항증명(Certificate of Airworthiness, CoA)을 발급할 수 있다. 감항증명이 발급된 개별 항공기가 실제로 운항이 가능하며 상업용 승객운송 서비스에 사용될 수 있다.

현재 VoloCity 모델은 원격조종 모드로 비행시험이 진행중인 것으로 알려져있으며, 2024년 내에 인증이 완료될 것으로 예상된다. 설계 요구조건에 대한 입증문서의 EASA 제출과 함께 조종사 탑승으로 수행되는 비행시험이 이어질 예정이다.

또한 VoloCity는 상업용 승객운송을 목적으로 하는 UAM 서비스를 제공할 예정이므로 SC-VTOL의 인증분류 중에서 강화범주(Category Enhanced)로 형식증명이 진행되고 있다. 강화범주의 경우 목표안전수준은 상업용 항공기와 동일한 10^{-9} 비행시간당 1회 고장 발생으로 설정되며, 단일고장(Single failure) 발생 시에도 지속적인 안전한 비행 및 착륙(Continued Safe Flight and Landing, CSFL)이 가능해야 한다.

〈운항증명(AOC) 및 항공운송사업면허(OL)〉

운항증명(Air Operator Certificate, AOC)는 EASA 회원국의 국가별 감항당국에서 발급하며, EASA의 요구조건을 만족하는 경우 모든 EASA 회원국에서 항공기의 상업용 승객 또는 화물운송용 운항이 가능하다.

AOC를 신청하기 위해서는 우선 형식증명된 항공기가 필요하며, EASA 회원국의 경우 항공운송사업면허(Operator License, OL)도 필요하다. 이와 같은 항공기 상업적 운영에 필요한 모든 승인절차가 완료되면 상용 서비스를 제공할 수 있다. eVTOL 항공기를 통한 UAM 서비스 운영에 대한 새로운 규정은 유럽 수준(EASA)에서 합의되어 모든 EASA 회원국에 적용될 예정이다.

LUFTVERKEHRSBETREIBERZEUGNIS
(Genehmigungsverzeichnis für Luftverkehrsbetreiber)
AIR OPERATOR CERTIFICATE
(Approval schedule for air transport operators)

Betriebsarten: Gewerblicher Luftverkehr (CAT)
Types of operation: *Commercial air transport (CAT)*

☒ Fluggäste / *Passengers* ☒ Fracht / *Cargo* ☐ Sonstige: / *Other:*

Luftfahrt-Bundesamt	**BUNDESREPUBLIK DEUTSCHLAND** *Federal Republic of Germany* **Luftfahrt-Bundesamt** *Federal Aviation Office* D-38144 Braunschweig	Telefon +49 531 2355-3108 Fax +49 531 2355-3199 E-Mail aoc@lba.de Internet www.lba.de
AOC Nummer / *Number* **D - 095 AOC**	Name des Betreibers / *Operator Name* **Aerowest GmbH** Adresse / *Operator Address* Nordstraße 18 D-30855 Langenhagen Telefon: +49 511 737 000 Fax: +49 511 721 806 E-Mail: ops@aerowest.net	Betrieblicher Kontakt: Kontaktdaten, unter denen das Betriebsmanagement ohne unnötige Verzögerung zu erreichen ist, sind aufgeführt in Anlage 2 zu diesem Dokument. *Operational Points of Contact:* *Contact details, at which operational management can be contacted without undue delay, are listed in enclosure 2 to this document.*

Hiermit wird bescheinigt, dass Aerowest GmbH berechtigt ist, gewerblichen Flugbetrieb gemäß den beigefügten, im Betriebshandbuch festgelegten Betriebsspezifikationen sowie gemäß Anhang V der Verordnung (EU) 2018/1139 und den dazugehörigen delegierten Rechtsakten und Durchführungsrechtsakten durchzuführen.

This certificate certifies that Aerowest GmbH is authorised to perform commercial air operations, as defined in the attached operations specifications, in accordance with the operations manual, Annex V to Regulation (EU) 2018/1139 and its delegated and implementing acts.

Datum der Ausstellung: 09. Dezember 2021
Date of issue: *December 09, 2021*

Unterschrift / *Signature*
Name / *Name*: Anne Hanuschik
Titel: Genehmigungen Luftfahrtunternehmen
Title: *Licensing of Air Carriers*

Titel / *Title*
EASA Formblatt 138 Ausgabe 2 / EASA Form 138 Issue 2
Ausgabe / *Issue* 5

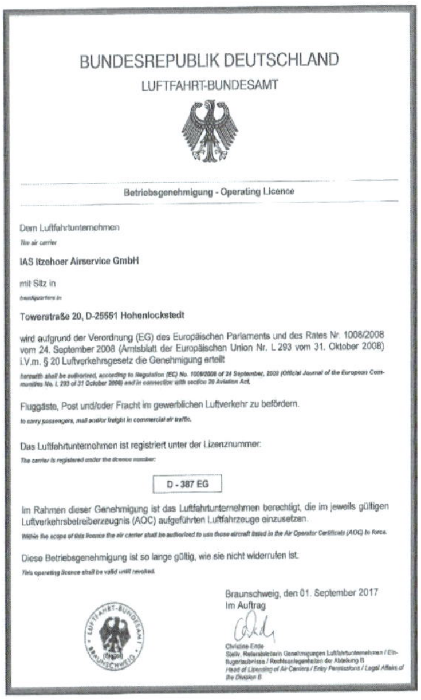

BUNDESREPUBLIK DEUTSCHLAND
LUFTFAHRT-BUNDESAMT

Betriebsgenehmigung - Operating Licence

Dem Luftfahrtunternehmen
The air carrier

IAS Itzehoer Airservice GmbH

mit Sitz in
headquarters in

Towerstraße 20, D-25551 Hohenlockstedt

wird aufgrund der Verordnung (EG) des Europäischen Parlaments und des Rates Nr. 1008/2008 vom 24. September 2008 (Amtsblatt der Europäischen Union Nr. L 293 vom 31. Oktober 2008) i.V.m. § 20 Luftverkehrsgesetz die Genehmigung erteilt

herewith shall be authorized, according to Regulation (EC) No. 1008/2008 of 24 September, 2008 (Official Journal of the European Communities No. L 293 of 31 October 2008) and in connection with section 20 Aviation Act,

Fluggäste, Post und/oder Fracht im gewerblichen Luftverkehr zu befördern.
to carry passengers, mail and/or freight in commercial air traffic.

Das Luftfahrtunternehmen ist registriert unter der Lizenznummer:
The carrier is registered under the licence number:

D - 387 EG

Im Rahmen dieser Genehmigung ist das Luftfahrtunternehmen berechtigt, die im jeweils gültigen Luftverkehrsbetreiberzeugnis (AOC) aufgeführten Luftfahrzeuge einzusetzen.
Within the scope of this licence the air carrier shall be authorized to use those aircraft listed in the Air Operator Certificate (AOC) in force.

Diese Betriebsgenehmigung ist so lange gültig, wie sie nicht widerrufen ist.
This operating licence shall be valid until revoked.

Braunschweig, den 01. September 2017
Im Auftrag

Christine Ende
Stellv. Referatsleiterin Genehmigungen Luftfahrtunternehmen / Einflugerlaubnisse / Rechtsangelegenheiten der Abteilung B
Head of Licensing of Air Carriers / Entry Permissions / Legal Affairs of the Division B

[그림 2-48] 독일 감항당국 LBA 운항증명 및 항공운송사업면허 사례

현재 Volocopter는 형식증명 신청과 함께 AOC와 OL을 동시에 신청할 수 있는 상황이다. VoloCity는 EASA의 새로운 규정을 적용하여 UAM 운용을 시작하는 최초의 항공기가 될 예정으로, 감항당국에서는 상용화 서비스를 도모하기 위해서 2024년 UAM 시장진입을 목표로 하는 Volocopter사의 프로세스를 평가하고 활성화하기로 합의하였다.

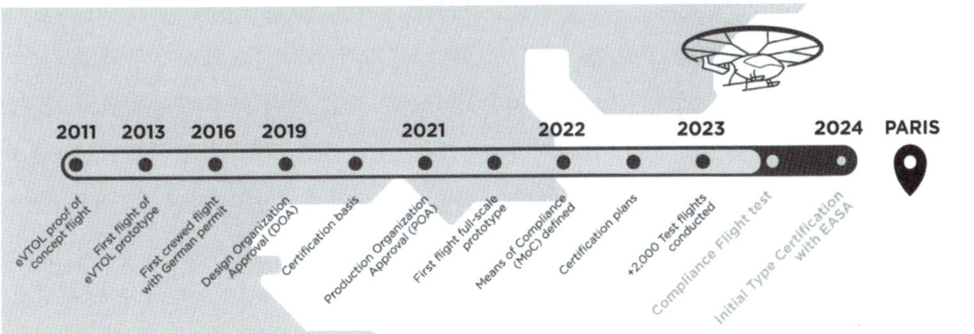

[그림 2-49] Volocopter UAM 상용화 주요 일정

〈정비조직승인(MOA)〉

EASA Part 145는 EASA 회원국에 등록된 항공기 및 부품에 대한 정비관리를 수행하는 조직에 대한 승인을 위한 규정으로, 해당 요구조건을 만족하는 경우, 정비조직승인(Maintenance Organisation Approval, MOA)이 발급된다. 정비 조직승인을 받은 경우, 항공기 및 부품 등의 감항성 유지와 관련된 해당 조직 내 인력의 승인이 가능하다. MOA는 EASA가 아닌 해당 조직이 포함된 회원국 감항당국에서 담당한다.

독일의 경우 EASA 회원국에 등록된 항공기 및 부품에 대한 정비관리 작업을 수행하고 인증할 수 있도록 허용하는 기관은 LBA(Luftfahrt Bundesamt - Federal Aviation Office)이다. MOA 승인을 받기 위해서는 해당 조직에서 EASA Part-66 요구조건을 준수하여 자격을 취득한 인력을 보유해야 한다.

Volocopter는 MOA를 위한 주요 준비작업 및 인력을 배치하여 현재 진행 중인 테스트 항공기에 대한 정비관리 작업을 수행하고 있다. 이를 통해서 후속 MOA 관리팀이 엔지니어링 팀과 경험을 공유할 수 있으며, 결과적으로 항공기가 인증된 후에도 정비관리가 보장될 수 있다. 형식증명과 함께 감항성유지지침(Instruction for Continued Airworthiness, ICA)에 대한 승인이 동시에 이루어져야 새로운 항공기 형식에 대한 정비조직승인을 받을 수 있다.

Volocopter사는 현재 MOA 승인이 진행중인 것으로 알려져 있으며, 스위스의 MOR 소프트웨어 전문업체인 Swiss AviationSoftware의 AMOS 시스템을 적용할 예정이다. VoloCity에 대한 형식증명이 발급된 이후 MOA 수행범위를 나타내는 항공기에 대한 A등급 및 부품과 관련된 등급 C에 대한 최종승인이 진행될 예정이다.

[4] 국제 인증 절차 교육

운용개념서(Conops)에 정의된 실 운용환경의 비행 기반으로 한 AAM 산업의 시스템 및 subsystem 레벨의 인증/실증 프로세스에서 요구되는 평가기술 개발은 개인이나 단일 기관의 단타성 연구로 할 수 있는 과제가 아니고, 지속적인 정부 지원 하에 추후 활용범위의 확대를 위한 체계적인 운영프로그램 및 연구자(인증전문가)가 필요하다. 국내외 무인기(UAM 포함) 산업에서 대상품 개발을 위한 요소기술 개발은 활발히 이루어지고 있는 반면, 대상품의 도심 실 운용환경 하의 인증체계에 대한 연구는 미비하다. 이를 위하여 AAM 인증 체계에서 요구되는 단계별 적합성 입증방법 연구, 인증 프로토콜 개발 및 전문가 육성이 선행되어야 한다. 안전성 인증 센터의 인증 절차 교육프로그램을 표에 정리하였다.

[표 2-34] 안전성 인증 센터의 인증 절차 교육프로그램

<table>
<tr><th>교육 프로그램</th><th>교육 내용</th></tr>
<tr><td>국제인증 방법 (표준개발, 프로세스, 일정, 비용 포함) 및 절차 교육 프로그램 개발</td><td>
- AAM, UAM 운용 환경을 고려한 국제 인증의 체계적인 대응을 위한 기술 교육 프로그램 개발
- 국제 표준화 기구 프로젝트 리더 육성 (EUROCAE, ASTM, RTCA)
- AAM, UAM 운용·인증·관리 전문가 육성(예: 파일럿, 관제사, 관리사, 유지보수, 행정관리등

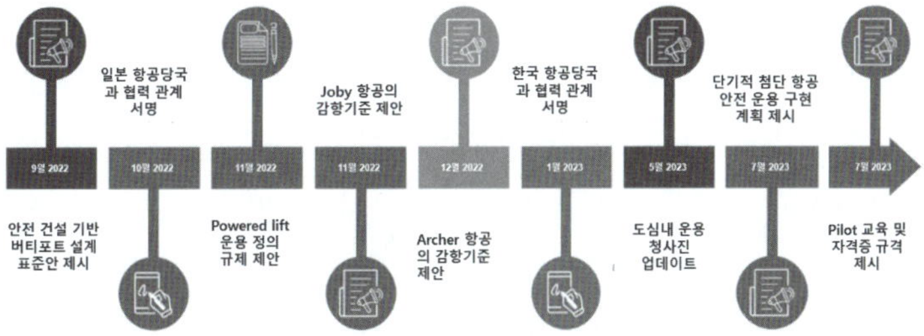

FAA AAM Milestones
(출처: https://www.faa.gov/air-taxis 2023.7)

EUROCAE/EASA Training Programs
</td></tr>
<tr><td>FAA/EASA 마일스톤에 따른 교육 프로그램 개발</td><td>
- AAM 기업대상 감항 기준
- AAM 안전 운용 계획 및 규제
- 버티포트의 안전 설계 표준
- 도심내 Conops 버전 업데이트
- Pilot교육 및 자격 규격
</td></tr>
<tr><td>전문 훈련센터 구축 기획</td><td>
- 국제항공규격를 충족하는 AAM 소요 인력 양성을 위한 지상 및 비행 훈련용 전문 훈련 인프라 구축 기획
- FAA의 조종사, 비행교관, 지상교관 인증 규격(14 CFR Part 61 [up to date as of 7/25/2023] Certification: Pilots, Flight Instructors, and Ground Instructors) 등 관련 규격을 기반으로 AAM 전문인력 양성 인프라 구축 기획
</td></tr>
<tr><td>인증 전문가 육성 사업 추진 (전문 대학원 수업과정이나 공유 대학 프로그램)</td><td>
- 전문가 육성 교재 기획 및 팀 구성
- UAM 기술 분석을 통한 전문 교재 개발
</td></tr>
</table>

2.3 UAM 안전성 인증 시험장비 구축방안

[1] 실운용 기상환경 시뮬레이터(SAFE) 시험장비 구축의 필요성

오늘날, 전통적인 AAM의 내풍성 평가시험 기술은 비현실적이며, 실제 응용 프로그램에서 발생할 수 있는 조건을 충분히 반영하지 않는다. 현재의 AAM 평가 시험 기술로는 기록 할 수 없고, 통제되지 않으며 예측할 수 없는 환경 조건(관측자로부터 상당히 멀리 떨어져 있기 때문)의 야외에서 테스트되거나, 층·난류 및 균일한 바람 흐름이 있는 기존의 풍동 지지대에 단단히 고정되어 테스트한다. 이러한 바람의 흐름은 기존 항공기를 고려해 고안되었으며 AAM의 실운용과 관련된 대기 조건을 충분히 나타내지 못하고 있다. 요약하면, 기존 풍동 테스트는 AAM 기능에 대한 잘못된 결론에 도달할 위험이 높을 뿐만 아니라, 치명적인 상황을 초래할 수 있는 설계로 인한 추가 위험을 초래한다.

[그림 2-50] Conventional Wind Tunnel

무인항공기 실운용환경내 기상조건의 반복성은 환경 조건이 무인기 크기에 비해 매우 빠르고 무작위적으로 변동하기 때문에 충족될 수 없는 요건이 있지만, 제어 및 반복 가능한 조건으로 무인기의 도심·준도심 자연환경 생태계 내에서 수행할 새로운 내풍 신뢰성 및 감항 안전성 시험 평가 방법론 연구 및 기술 표준화를 시도하고 SAFE 시뮬레이터에 Built-in 가능한 운영평가 프로그램으로 개발할 필요가 있다.

SAFE는 임의의 바람과 날씨 조건을 고려하여 자율 비행 중인 자연 상태에서 무인기 동작을 평가하는 전용 평가시스템를 포함하고 있다. 또한, 구성 부품의 평가방법을 포함하여 전기체 무인기를 한 번에 평가할 수 있게 한다. 제안된 평가시스템을 사용하여 무인기의 내풍 신뢰성과 감항 안전성을 평가하기 위한 시험 프로토콜 개발과 기상 시뮬레이터 시스템 구축의 동시개발이 필요하다.

[2] 구축 목적

안전성 인증 시험센터에서는 멀티팬 풍력 설비를 기반으로 한 자율 비행 환경 시뮬레이터(SAFE)를 이용하여 AAM을 시험 평가하고 인증하는 새로운 방법을 찾을 필요가 있다. 시험 설비는 요구에 따라 다양한 패턴으로 배열될 수 있는 매트릭스 형태의 팬 배열로 구성되어 있고, AAM 동작만으로 접하는 외관상 바람을 비롯해 실제 상황을 반영한 기상조건하의 무인기에게 다양한 강도와 프로파일의 바람을 대면하게 할 수 있다. 600m 이하의 AAM 도심운용 기상환경에서 발생하는 임의 형상의 바람 프로파일과 날씨 조건을 생성할 수 있는 픽셀(화소화, 팬)된 풍력 설비 기술에 기초하여, 자유 비행 중인 자연 상태에서 무인기 동작을 측정하는 전용 시스템을 포함하고 있다. 이러한 방법은 구성 요소(Sub-systems or Components)의 성능 테스트를 포함하여 전체 AAM 전기체을 한 번에 테스트할 수 있게 한다. 개발 장비를 사용하여 AAM용 무인기의 신뢰성과 감항 안전성을 평가하기 위한 내풍성 평가 프로토콜 개발과 장비의 Engineering Analysis 통하여 고도화가 가능하다.

SAFE (Simulator of Autonomous Flight Environment, 멀티팬 풍력 설비를 기반으로 한 자율 비행 환경 시뮬레이터)는 세계 최초로 무인기의 도심운용 기상조건의 상공을 가상 비행할 수 있는 기능을 확보하게 되며, 인프라(하드웨어), 플로우 필드(운용 소프트웨어), 평가 테스트 및 인증 절차(프로세스)의 기술 서비스 제공으로 세계적으로 활용 가능하다. 즉, AAM 무인기의 실운용 기상환경을 고려한 비행상태에서의 내풍 시험평가법과 관련 장비를 활용한 인증시험체계 구축을 궁극적 목표로 한다.

[3] 기술의 필요성 및 관련 정부 정책

AAM의 실운용 기상환경에서 충족(안전성, 사회적 수용성 확보 등)되는 무인기 개발에 필요한 기상 안전운용·시험평가 인증 프로토콜 개발 및 실증 평가 체계가 필요하다. 무인기의 활용 확대를 위해 악기상에서도 안전한 무인기 운용이 전제되어야 하며 무인기의 도심내 비행에 대한 기상 환경 운용기준 및 시험평가 방안의 제시가 필요하다.

- 시급성 : 국내외 무인기 산업에서 대상품 설계를 위한 요소기술 개발은 활발히 이루어지고 있는 반면, 대상품의 도심 기상환경하의 운용 안전평가에 필요한 인프라 기술 개발은 미미하다. 이를 위하여 기상환경 고려한 MoC(적합성 입증 방법)를 통한 인증 체계에서 요구되는 단계별 준수조건 확보와 인증프로토콜 개발 및 평가 시스템 구축이 선행되어야 한다.
- 국제 인증절차의 대응 측면 : EASA, FAA는 기상환경조건(난류, 돌풍 및 급변풍)을 포함한 인증절차 개발을 위하여 기술적 요구사항에 따른 평가방법의 연구를 수행 중에 있다.

EASA
RESEARCH
EASA Research Agenda 2022 - 2024

2.1.1 Overview of main changes brought in 2022 and priority topics

New Topics	
WE-09	Climate change and the evolution of severe clear air turbulence
IN-46	UAV in windy urban environment
OP-10	Insertion of eVTOL traffic at airports : impact of wake turbulence

Topics moved to implementation	
OP-07	Reduced Crew and Single Pilot Operations - risk assessment framework
RC-10	Helicopter Underwater Evacuation follow-up research
FIR-03	Complete assessment of PED fire risks in the aircraft cabin
IN-37	New standards for drones and U-Space
IN-30	Machine learning
IN-42	Drone digital twin concept for compliance verification
RC-11	Helicopter vortex ring - Exit manoeuver
LOC-04	Air Data Enhanced Fault Detection & Diagnosis
IN-31	GA collision risk - Interoperability of e-conspicuity systems
OP-04	Implementation of the "triple one" concept at aerodromes (or one runway, one frequency, one language)
OP-09	Practical use and validation of high-resolution surface laser scanners for assessing runway micro texture

Priority topics		
	Title	Rationale
WE-09	Climate change and the evolution of severe clear air turbulence	New strategic domain for EPAS 2023-25
IN-43	Hydrogen fuelling at airports	New safety standards
TRN-05	Training media allocation: Simulator vs. actual flying	Innovation and environmental – economical constraints

[그림 2-51] EASA, UAV IN-46 Windy Urban Environment, WE-09 Climate change and the evolution of severe clear air turbulence

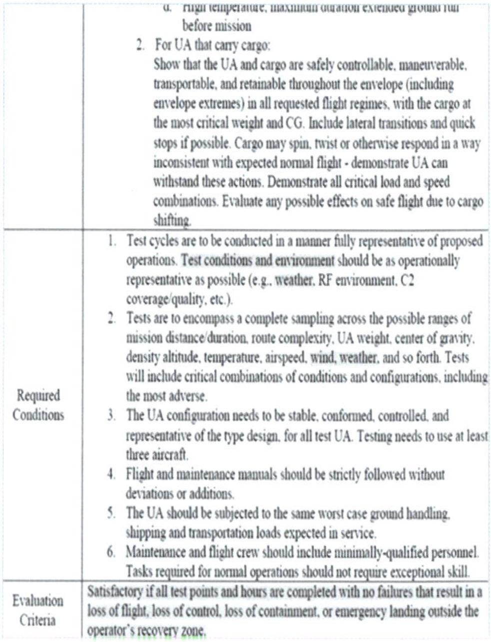

	d. High temperature, maximum duration extended ground run before mission 2. For UA that carry cargo: Show that the UA and cargo are safely controllable, maneuverable, transportable, and retainable throughout the envelope (including envelope extremes) in all requested flight regimes, with the cargo at the most critical weight and CG. Include lateral transitions and quick stops if possible. Cargo may spin, twist or otherwise respond in a way inconsistent with expected normal flight - demonstrate UA can withstand these actions. Demonstrate all critical load and speed combinations. Evaluate any possible effects on safe flight due to cargo shifting.
Required Conditions	1. Test cycles are to be conducted in a manner fully representative of proposed operations. Test conditions and environment should be as operationally representative as possible (e.g., weather, RF environment, C2 coverage/quality, etc.). 2. Tests are to encompass a complete sampling across the possible ranges of mission distance/duration, route complexity, UA weight, center of gravity, density altitude, temperature, airspeed, wind, weather, and so forth. Tests will include critical combinations of conditions and configurations, including the most adverse. 3. The UA configuration needs to be stable, conformed, controlled, and representative of the type design, for all test UA. Testing needs to use at least three aircraft. 4. Flight and maintenance manuals should be strictly followed without deviations or additions. 5. The UA should be subjected to the same worst case ground handling, shipping and transportation loads expected in service. 6. Maintenance and flight crew should include minimally-qualified personnel. Tasks required for normal operations should not require exceptional skill.
Evaluation Criteria	Satisfactory if all test points and hours are completed with no failures that result in a loss of flight, loss of control, loss of containment, or emergency landing outside the operator's recovery zone.

[그림 2-52] FAA CPP-D&R-2.1: Means of Compliance for Unmanned Aircraft Utilizing Durability and Reliability, 2022

[4] 정부지원의 필요성

실운용 기상환경을 기반으로 한 AAM 무인기의 전기체 및 부품(sub-system포함) 레벨의 비행 안전성 및 신뢰성 평가기술 개발과 MoC를 통한 국제 감항인증/실증 프로세스에서 요구되는 평가기술 개발은 개인이나 단일 기관의 단타성 연구로 할 수 있는 과제가 아니고, 지속적인 정부 지원하에 추후 국제인증기관 대응, 활용범위의 확대 및 극대화를 고려한 체계적인 연구가 필요하다.

[5] 국내·외 기술 동향

AAM은 전통적인 항공기 제조업체들뿐만 아니라 많은 신흥 기업들(국내 한화/현대 슈퍼널)의 노력으로 향후 10여 년 동안 지속적인 성장이 예상된다. 무인기든 유인기든 완전히 자율적인 시스템을 지향하는 추세이나, 이러한 자동화는 완화되어야 하는 여러 가지 위험과 과제를 수반하고 있다. 향후 안전 사고, 위험의 발생을 최소화하기 위해 항공기와 유사한 인증 시험 프로토콜이 마련될 것으로 예상된다. 특정 크기 또는 무게 이상에서 무인기는 전통적인 항공기 절차(자율적 측면을 위해 수정이 필요할 것)에 따라 비행할 수 있도록 인증될 것이나, 150kg급 이상의 무인 항공기 경우, 운용 고도와 도심환경으로 인한 난류(turbulence), 돌풍(wind gust), 전단(wind shear)등 악 기상조건에 극도로 취약해 인증 절차의 대폭 수정이 필요하다. 특히 악천후시 비상 및 안전 운영 확보가 매우 중요할 것으로 생각된다.

다양한 국제 규제 및 기술표준 관련 기관(특히 JARUS-Joint Authorities for Rulemaking on United Systems, jarus-rpas.org, 국내 KIAST)은 UAM의 안전한 운영을 위한 규정을 제정하는 과정에 있고, 모든 무인 항공기는 오늘날 전통적인 교통수단의 경우와 같이 공식적인 시험평가와 인증 절차의 통과 필요하다. 사례로 다양한 바람과 기상환경조건에서 일정 수준의 안전성을 보장하기 위해 구체적인 평가 테스트 주기를 거쳐야만 한다.

(국내) 국내에는 드론 시험 비행을 위한 드론 전용 시험비행장 구축 및 실증도시, 드론특별자유화구역 등 실증사업 확대 중이며, 국토부는 무인항공기시스템의 실용화 및 사업화 등을 촉진하기 위해 비행허가, 비행승인 등 각종 규제 면제 또는 간소화하는 특별자유화 구역 운영 및 상용화 패스트트랙 지원 중에 있다. 그러나 무인항공기 운용에 따른 안전성을 평가할 수 있는 위험도 기반 시험평가체계 및 인증 인프라는 전무하다.

(국외) 미국과 유럽은 무인항공기의 국가 공역 내 점진적인 도입 및 안전한 운용을 위한 실증프로그램 추진 중에 있다.

(미국) 드론의 안전성과 보안 우려를 해소할 수 있는 원격식별 장치를 의무 장착하는 규정* 마련 및 23년부터 전면 시행을 위한 실증 프로그램 수행

(유럽) EASA는 '유럽 드론 규칙(European Drone Regulation)[33]' 마련하고 전체 EU 회원국에 '23년 1월부터 전면 시행 예정 중이며 U-Space[34] 등 실증연구수행 중

---

33) 유럽 드론 규칙에는 드론의 크기와 출력, 유형과 성능 등 기술요구사항, 안전 비행에 필요한 운영 요건, 드론 식별, 사전 승인 유무, 파일럿 교육 요구사항 등 포함

34) U-Space 1단계에서 핀란드-에스토니아 간 핀란드 횡단 드론택배 및 볼로콥터 실증 완료('19.8)

(일본) 기체인증제도 창설: 드론 기체인증, 조종 라이센스를 얻어 운항규칙을 준수하고 국토교통부의 허가 승인 없이 비행 가능 ('22.6 공표, '23. 12 시행예정)

[6] 국내외시험 평가인프라 구축 현황

현재 국내 AAM 무인기용 도심기상 실운용 시험 평가 인프라는 전무하다. 미국 Tulsa Oklahoma AAM 연구센터에 기상 시험평가 장비를 구축 예정이다.

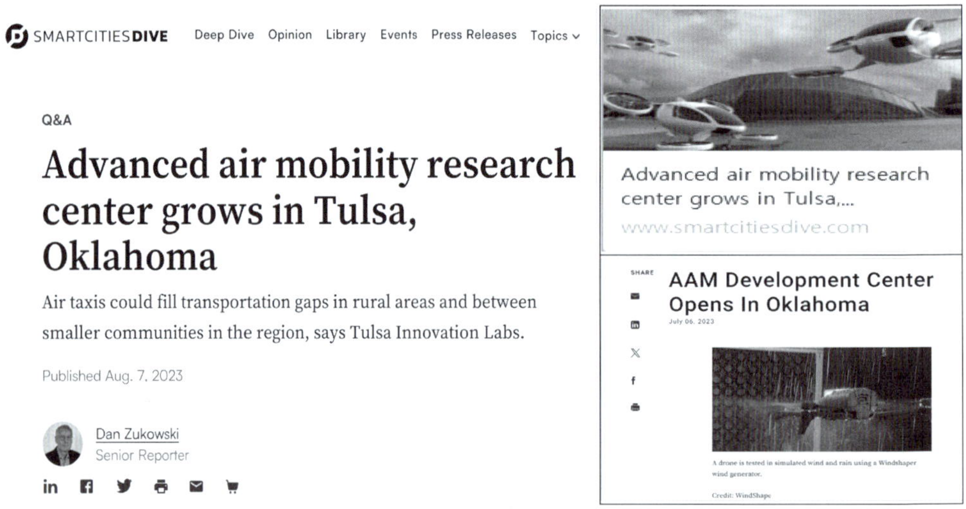

[그림 2-53] AAM Research Center in Tulsa Oklahoma

출처: https://www.smartcitiesdive.com/news/advanced-urban-air-mobility-research-center-tulsa-oklahoma/690091/

[7] 실운용 기상 환경 내풍성 시험장비 구축 추진 기획

국토교통부의 「드론의 도심환경 운용을 위한 위험도기반 안전성 기준 시험평가방안」사업을 통하여 구축 추진(현재 기획연구 중, 25년 예타, 26년 착수 예정)

- 추진 사업 : 국토교통부 「드론의 도심환경 운용을 위한 위험도기반 안전성 기준 시험평가방안」 사업
- 추정 사업기간 : 2026~2028 (3년)
- 추정 총사업비 : 340억원 (국비 290억원/민자 50억원)
- 주요 사업내용 : 무인기 도심 실운용 기상환경 내의 내풍성 확보위한 시험평가기 술 개발

<table>
<tr><th>최종목표</th><th colspan="3">무인기 도심 실운용 기상환경 내의 내풍성 확보를 위한 시험평가기술 개발</th></tr>
<tr><td rowspan="3">연차별 목표</td><td>1단계 사업전략 수립</td><td colspan="2">2단계 기술실증/성과도출</td></tr>
<tr><td>1차년도</td><td>2차년도</td><td>3차년도</td></tr>
<tr><td>무인기 실운용 환경 내의 기상기술 환류 전략 수립</td><td>자연 기상환경 생태계를 고려한 내풍 신뢰성과 감항 안전성 평가 방법 연구 및 장비 시스템 설계</td><td>무인기 도심 기상 안전 운용.인증 프로토콜 개발 및 시험장비 설계안 도출</td></tr>
<tr><td>연구개발내용
(핵심요약)</td><td>• 연구 대상 기상기술 범위 정의 및 확보 방법 조사
• 기상정보 확보 및 분석 방법 및 시행계획 수립
• 기술가치평가서 작성 및 특허 분석·확보 전략 수립</td><td>• 내풍성 평가 운영 프로그램 및 소프트웨어 기획
• 내풍성 평가시스템 하드웨어 개념 설계
• 내풍성 평가프로세스개발
• UAM용 내풍평가시스템 engineering 분석
• 제어 및 반복 가능한 도심 기상 운용환경의 자연 바람 조건 확보 (윈드 프로파일러, 4포인트 핫와이어 방법등 활용)</td><td>• UAM 운용환경의 3차원 상세 기상관측 방법 연구
• 기상 데이터 사업화 모델 개발
• UAM용 도심 기상고려 안전운용평가 프로토콜 개발
바람조건: • 실기상 분석 • 현실적 악기상조건 분석 • 기상 재현 방법 연구
무인기 종류: • 크기별(무게 및 사이즈) • 임무별 • UAM용
시험법 개발: • 시험 절차 • 시험 프로토콜 개발 • 표준화 실시
• 기상 시뮬레이터 재현 프로세스 개발
• UAM용 내풍 인증 프로세스 개발</td></tr>
<tr><td>주요 산출물</td><td>• 1단계 기상정보확보 계획서
- 대상 기술 정의
- 확보 및 분석 계획
- 특허분석 및 확보전략
- 기술 가치평가서 등
• 2단계 사업계획서</td><td>• 실측데이터 확보 및 분석
• 기상 평가 시스템 설계 및 engineering분석
• 설계도면/ BOM/특허</td><td>• AI기반 기상재현프로그램
• 기상 안전운용. 인증 프로토콜 개발
• 국제 표준안 proposal
• 기상 시뮬레이터 설계안</td></tr>
</table>

[8] AAM 실운용 기상환경 시험장비 구축안 목표

1) 안전성 시험·인증 센터 인프라 구축을 위한 센터의 부지 선정, 면적, 구조 및 시험장비 설치방법 제시한다.

[그림 2-54], [그림 2-55]는 각각 창원시와 울산시에서 시험·인증 센터 구축 관련 계획안과 청사진을 보여준다.

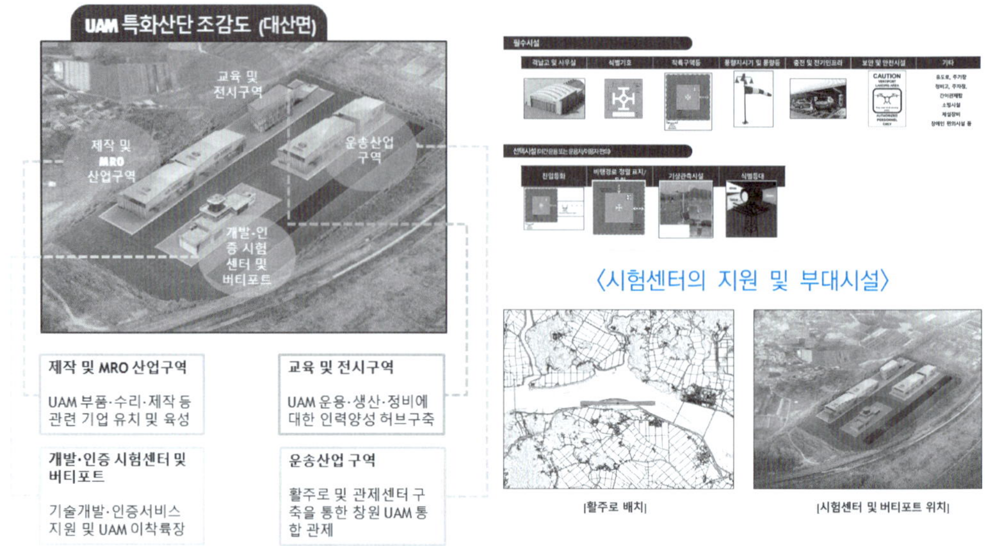

[그림 2-54] 창원시 UAM 개발·인증 시험 센터 후보지 위치와 시험센터 지원 및 부대시설

출처: 창원시 도심항공교통산업육성방안 정책, 2024

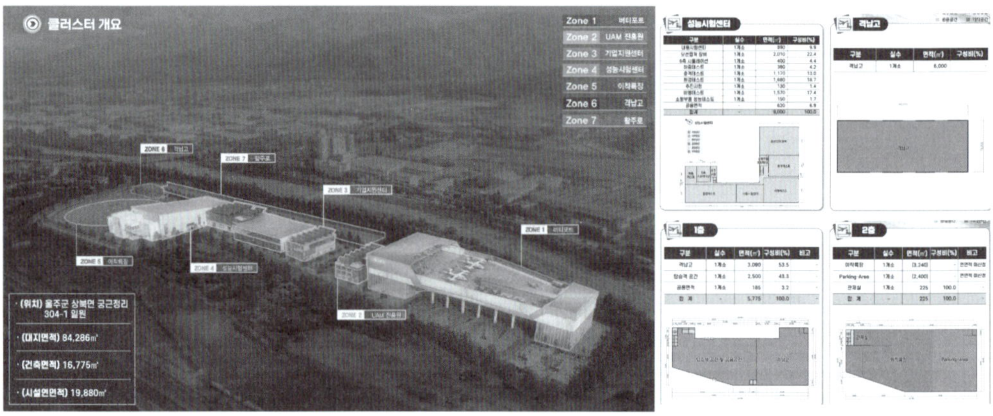

[그림 2-55] 울산시 도심항공교통 산업 인프라 구축 계획

출처: 울산정보진흥원 도심항공교통 산업 육성 및 지원을 위한 로드맵 수립, 2022. 5

2) AAM 실 운용 기상 환경 분석

AAM의 회랑 공역에서의 실 운용도심 기상환경에 대한 기상시나리오 개발 위하여 악기상등 환경 분야 감항 기준 정의, 도심운용환경 모사 및 내풍성 평가를 위한 실기상 데이터 확보, AI를 활용한 실기상 데이터 분석 및 악기상 조건 및 영향인자 확보, Neural Network 기술 기반으로 실제 바람과 기상상태 모사 방안 확보, 기상시뮬레이터(SAFE)장비 활용한 시험법

개발 위한 기상 시나리오 개발, 안전성 평가기준 개발 위한 가상환경의 기상 시나리오 개발 등이 필요하다.

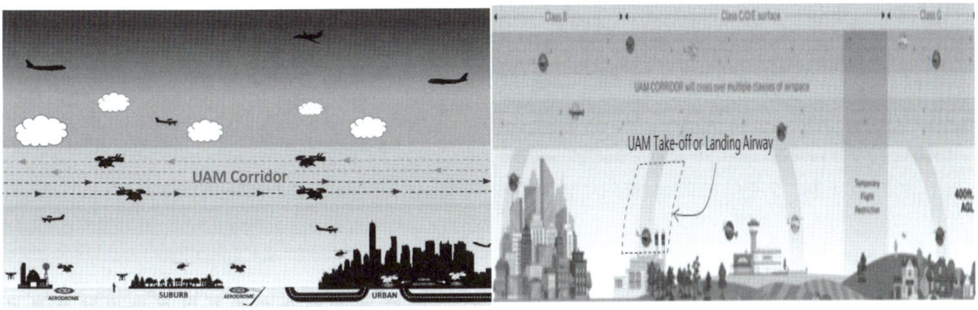

[그림 2-56] UAM 회랑 공역(FAA Conops v2.0, 2023)

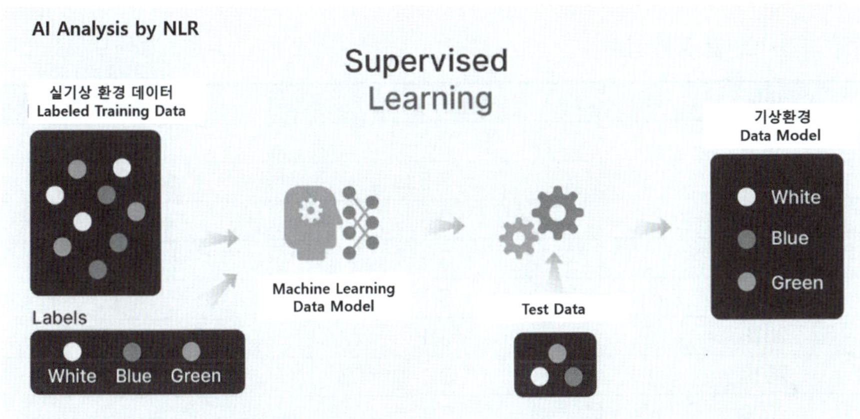

[그림 2-57] AI기반 실기상 데이터 분석을 통화 기상환경 모델개발

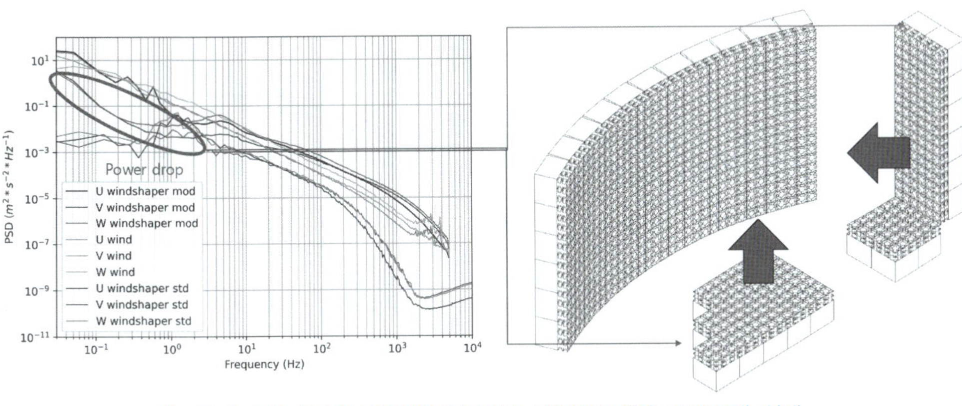

[[그림 2-58] 실 기상환경데이터 기반 시험장비 운용 프로그램 설계

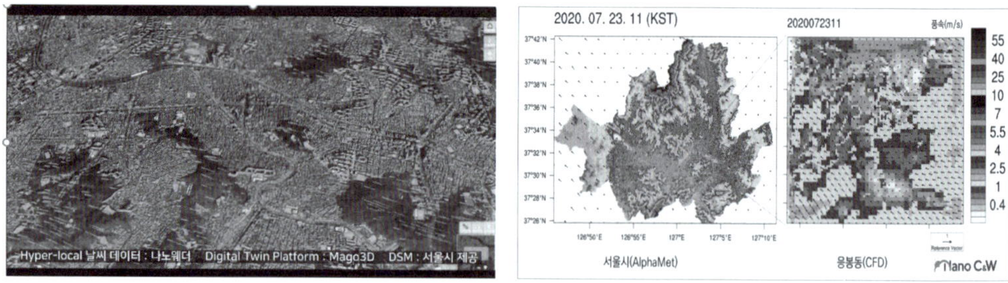

[그림 2-59] 디지털 트윈으로 구현한 서울 시내 가상의 기상(도심풍) 환경

출처: ㈜ 나노 웨더

□ 기상 데이터 확보 및 분석 사례

기상청을 통해 풍향·풍속 자료 확보· 분석하여 시험 적합성·활용성을 평가한다.

[표 2-35] 과거 10년간 풍향·풍속

연도	평균 풍속 (Kt)	최다 풍향 (16방위)
2013	3.7	50
2014	3.5	50
2015	3.3	50
2016	3.1	50
2017	3.1	50
2018	3.1	50
2019	3.1	50
2020	3.1	50
2021	2.7	50
2022	2.9	50

[표 2-36] 최근 1년간 분기별 풍향·풍속 (2022년 10월~12월)

구분	평균 풍속 (Kt)	최대 풍속 (Kt)	최대순간풍속 (Kt)	최대 풍속 풍향 (16방위)	최대순간풍속 풍향 (16방위)	최다 풍향 (16방위)
10월	2.7	13.4	21.6	50	290	50
11월	2.5	12.4	26.0	50	50	50
12월	3.1	14.0	23.1	50	290	50

[표 2-37] 최근 1년간 분기별 풍향·풍속 (2023년 1월~3월)

구분	평균 풍속 (Kt)	최대 풍속 (Kt)	최대순간풍속 (Kt)	최대 풍속 풍향 (16방위)	최대순간풍속 풍향 (16방위)	최다 풍향 (16방위)
1월	2.9	15.0	28.4	50	320	50
2월	2.9	12.8	20.0	50	70	50
3월	2.7	13.2	26.4	50	290	50

[표 2-38] 최근 1년간 분기별 풍향·풍속 (2023년 4월~6월)

구분	평균 풍속 (Kt)	최대 풍속 (Kt)	최대순간풍속 (Kt)	최대 풍속 풍향 (16방위)	최대순간풍속 풍향 (16방위)	최다 풍향 (16방위)
4월	3.1	14.2	29.2	70	70	50
5월	2.7	12.4	28.2	180	200	180
6월	2.7	11.7	23.3	180	160	160

[표 2-39] 최근 1년간 분기별 풍향·풍속 (2023년 7월~9월)

구분	평균 풍속 (Kt)	최대 풍속 (Kt)	최대순간풍속 (Kt)	최대 풍속 풍향 (16방위)	최대순간풍속 풍향 (16방위)	최다 풍향 (16방위)
7월	2.5	13.4	25.7	180	180	160
8월	2.9	13.2	25.1	50	70	50
9월	2.1	13.2	26.0	180	180	50

- 평가 결과 분석 및 제안

① 풍향은 북동풍이 우세하며, 평균 풍속은 3.2kt임

② 최근 1년간 데이터를 보면, 최대 순간풍속이 30kt 이하이므로 항공기 이·착륙시 배풍 제한치를 넘지 않음

③ 최대 풍속이 15kt 이하이므로 항공기 이·착륙시 배풍 제한치를 넘지 않음

④ 따라서 활주로 방향은 50/130 방향으로 설정하는 것이 바람의 영향을 최소화 할 수 있음

⑤ 주 진`입방향은 50도로 설정하되, 봄~여름의 풍향은 160~180도 방향이 우세하므로 130도 진입방향도 설계해야 함

⑥ 이와 같이 기상데이터 정보는 실비행 운용시 위험을 회피할 수 있는 가이드라인으로도 활용가능 하지만, 그에 앞서 항공기 설계 시 내풍성 확보위한 선행적 설계 개선으로 활용효과를 극대화할 수 있음

□ 풍속 측정 방법

기상청에서 풍속 측정으로 사용하는 연직바람 관측장비([그림 2-60] 참조)는 초단파, 극초단파(UHF, 300~3000㎒) 전파빔을 상층대기로 송신하여 바람과 함께 이동하는 난류에서 산란되어 오는 전파신호를 수신해 바람을 관측한다. 관측데이터는 최대빔 송신거리값 차이에 따라 ULC와 UHC로 구분하고, 10분주기로 생성된다. 국내 공항(군공항 포함)에서 주로 사용 중이다. 그 외 풍속 측정으로 Pitot Tube와 Hot Wire 측정방법이 있다.

[그림 2-60] 연직바람 관측장비(Wind Profiler Radar)

출처 : 기상청

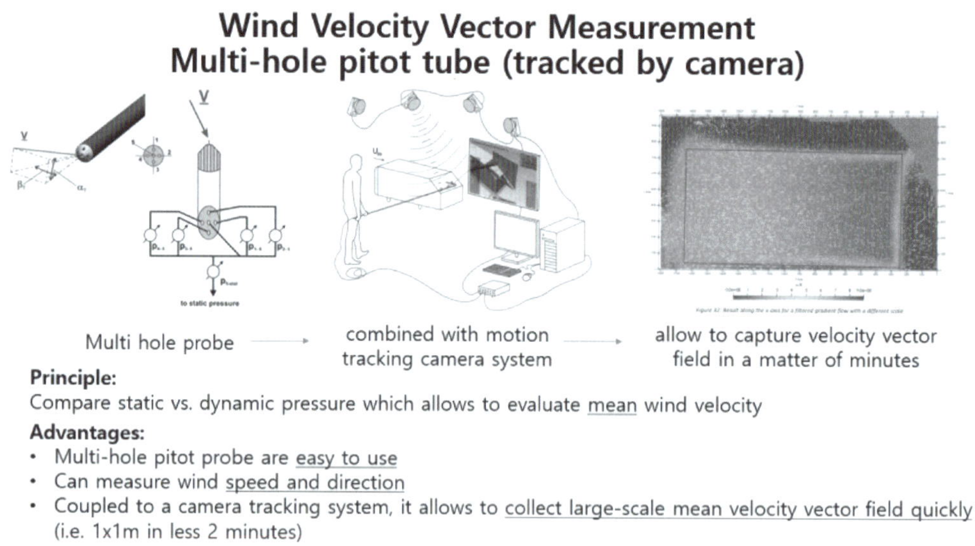

[그림 2-61] 피토튜브 센서 풍속 측정

출처: Flavio, Noca, Ph.D. HES-SO, Geneva

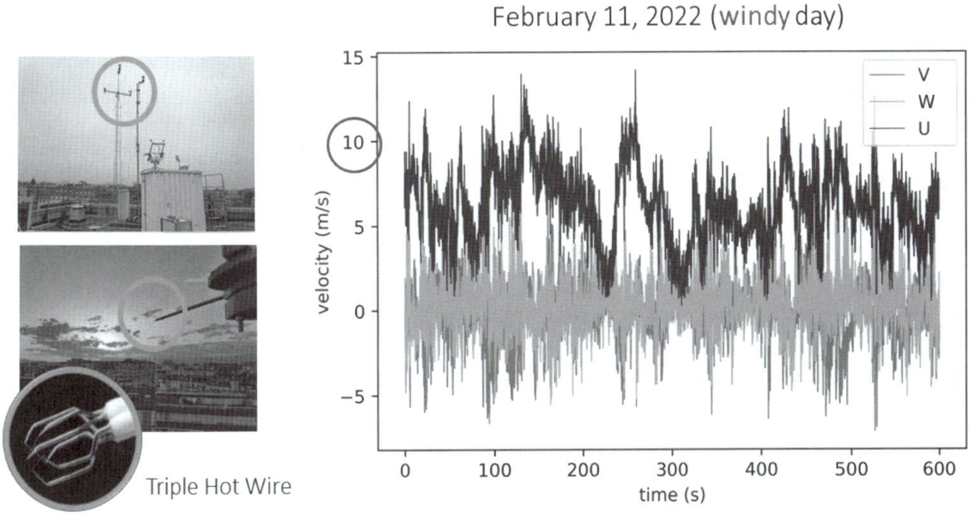

[그림 2-62] Urban Wind Point-Measurement by Hot Wire

출처: Aurelien WALPEN, Master Thesis, 2022

3) 기상 환경정보 획득 사업 소개

2024년도 한국형 도심항공교통(K-UAM) 안전운용체계 핵심기술개발 사업중 UAM 운항지원을 위한 기상관측 및 예측 기반기술 개발사업을 소개한다.

□ 사업목표

- 한국형 도심항공교통(K-UAM) 본격 성장기(`30년~)에 필요한 신뢰성·안전성·사회적 수용성 기반 UAM 교통운용·인증체계 핵심기술 확보로 K-UAM 활성화 진입 기여
  - (기술고도화) 실시간 자동화 新기술 기반 UAM 교통운용체계 핵심기술 고도화
  - (안전성 확보) 미(FAA)·EU(EASA) 국제 상호조화 가능한 UAM 안전인증 기준 마련을 통해 UAM 운항 안전성 확보
  - (사회적 수용성 향상) UAM 핵심기술 검증을 위한 통합실증으로 기술의 신뢰성 확보 및 사회적 수용성 증대

내역사업명	신규과제 추진계획							
	연구 단계	연구 유형	과제명	총 연구개발기간	정부출연금(억 원 이내)			
					'24	'25	'26	계
K-UAM 안전운용체계 핵심기술	응용	지정 공모	UAM 운항 지원을 위한 기상관측 및 예측 기반기술 개발	협약체결일~ 2026. 12. 31. (약 3년)	27.88	80.66	56.04	164.58

1) 국가연구개발혁신법 제11조에 따라 협약기간은 해당 과제 전체 연구개발기간으로 함
2) 연구개발비는 정부출연금 기준이며, 연구개발비 지원규모는 연도별 상황에 따라 변동될 수 있음

□ 다부처 협업 사업(국토교통부, 기상청)

한국형 도심항공교통의 안전운항를 위해 교통운용·인증 등 교통기반을 마련하는 국토교통부 및 도심 기상관측·예측·제공 등을 수행하는 기상청의 고유 업무 범위를 고려하여 핵심기술 개발을 지원

- (국토교통부) 국토·교통분야 과학기술 육성·활용 촉진을 목적으로, UAM 항행·교통관리/버티포트 등 교통운용분야 및 UAM 기체·부품·운용시스템 등 안전 인증 분야 기술개발을 지원하고, 민간분야로의 확산을 통해 UAM 산업에 기여
- (기상청) 기상분야 기술개발 진흥을 목적으로, 도심 기상관측·분석·예측 기술 및 모니터링·기상정보 공유 시스템 개발을 지원하여, UAM 산업의 운항 안전성 제고

□ 한국형 도심항공교통(K-UAM) 안전운용체계 핵심기술개발(R&D) [과제제안요구서(RFP)] (2단계)

- 과제명 : UAM 운항 지원을 위한 기상관측 및 예측 기술 고도화 (27~29)

(1-4) 연구과제명	UAM 운항 지원을 위한 기상관측 및 예측 기술 고도화
1. 연구개발 목표	
○ UAM 버티포트 및 회랑의 최적 기상관측을 통한 위험기상정보 및 기상예측정보 생산 - (구성기술 1) UAM 특화 기상관측을 통한 기상정보 생산 기술개발 ※ UAM 특화 테스트베드 관측망의 고해상도 실시간 기상정보 생산 기술 개발 - (구성기술 2) UAM 회랑의 위험기상 감시를 위한 이동관측 기술개발 ※ 이동관측장비를 활용한 실시간 3차원 기상관측자료 품질관리 · 공유 기술 개발 - (구성기술 3) UAM 운항 지원을 위한 3차원 기상실황정보 생산 기술개발 ※ 가용관측자료를 활용한 3차원 기상실황정보 및 초기장 생산 기술 개발 - (구성기술 4) UAM 특화 초단기·고해상도 기상예측모델 개발 ※ UAM 특화 초단기 · 고해상도 기상예측모델 개선 및 현업 적용 - (구성기술 5) UAM 특화 확률기반 위험기상 예측정보 생산 기술개발 ※ UAM 맞춤형 확률기반 위험기상 예측정보 산출 기술 고도화 - (구성기술 6) UAM 기상 장애물 회피를 위한 의사결정 지원 기술개발 ※ UAM 특화 위험기상 회피를 위한 의사결정 지원 기술개발	

2. 연구개발 내용	

(구성기술 1) UAM 특화 기상관측을 통한 기상정보 생산 기술 개발

□ 지상* · 원격**관측장비를 활용한 고해상도 실시간 기상정보 생산 기술 개발
* 공항기상관측장비(Aerodrome Meteorological Observation System), 난류관측장비등 ** 스캐닝 윈드라이다 등

○ UAM 특화 테스트베드 관측망 보강 구축·운영을 통한 기상관측자료 생산·수집 및 실시간 품질관리 기술 개발

○ UAM 테스트베드 관측자료(지상 · 원격)를 활용한 고해상도 3차원 기상변수(바람, 강수 등) 및 위험기상요소(난류, 시어, 측풍 등) 산출 기술 고도화

(구성기술 2) UAM 회랑의 위험기상 감시를 위한 이동관측 기술 개발

□ 이동*관측장비를 활용한 실시간 기상정보 생산 기술 개발
* 비행체 탑재용 대기정보센서(ADS-B 등), 무인항공기 시스템(UAS) 탑재용 기상센서 등

○ 이동관측장비를 활용한 UAM 테스트베드 정기적 관측 및 자료 수집

○ 이동관측장비 기반 버티포트 · 회랑의 3차원 기상자료 실시간 생산 기술 개발

○ 이동관측장비 기반 기상자료의 품질관리 기술 최적화 및 실시간 공유 기술 개발

(구성기술 3) UAM 운항 지원을 위한 3차원 기상실황정보 생산 기술 개발

□ UAM 테스트베드의 가용 기상관측자료*를 활용한 3차원 기상실황정보 및 초기장 생산 기술 개발
* UAM 테스트베드 관측자료(지상·원격·이동) 및 기존 기상관측자료 등

○ UAM 테스트베드 자료를 활용한 3차원 상세 기상실황장 생산 기술 개발

○ 실시간 생산된 3차원 기상변수 및 위험기상요소를 활용한 UAM 지원 및 표출시스템 개발

○ 3차원 상세 기상실황장 및 자료동화를 통한 수치모델 초기장 생산 기술 개발 [구성기술 4 연계]

(구성기술 4) UAM 특화 초단기·고해상도 기상예측모델 개발

□ UAM 운항 지원을 위한 초단기 · 고해상도 기상예측모델 개선 및 현업 적용

○ 도시 난류를 고려한 초단기·고해상도 기상예측모델 개선

- 자료동화를 통해 생산된 초기장을 활용한 기상예측모델 개발

○ 초단기·고해상도 기상예측모델의 현업 시험적용 및 검증

□ 초고해상도(10m 이하 빌딩규모)의 도시 모델링 기술 고도화

○ UAM 특화 도시 내 초고해상도 모델링 기술 고도화(최적 병렬화)
※ 도시 내 빌딩 규모의 'Building-resolving scale' 모델링 기술 등

○ 초고해상도 모델링 기술과 초단기 기상예측모델 접합 기술(너징; Nudging 등)을 활용한 고도화

○ 초고해상도 모델링 기술의 현업적용 방안 연구

(구성기술 5) UAM 특화 확률기반 위험기상 예측정보 생산 기술 개발

□ UAM 맞춤형 확률기반 위험기상 예측정보 산출 기술 고도화

○ UAM 특화 기상예측모델 및 기상청의 현업 수치예측자료*를 활용한 위험기상 요소별 확률 예측정보** 산출 기술 검증 및 고도화

* UM, KIM, LENS, 전지구·다중모델 앙상블 등

** UAM 운항에 필요한 기상요소 및 위험기상(급변풍, 마이크로버스트, 저시정, 천둥번개, 난류, 착빙, 대류영역 등)의 발생확률, 강도, 신뢰도)

- UAM 특성을 고려한 앙상블 기법 및 난류 진단지수를 활용한 위험기상 요소별 확률 예측정보 산출 기술 고도화
- 확률 예측정보 기술의 현업 적용을 위한 기술 개발

(구성기술 6) UAM 기상 장애물 회피를 위한 의사결정 지원 기술 개발

□ UAM 특화 위험기상 회피를 위한 의사결정 지원 기술개발

○ UAM 테스트베드 실증을 위한 항로 기반 3차원 기상 관측 및 예측정보 제공

○ UAM 위험기상 회피 항로 후보 제공 기술 요구사항 분석

○ UAM 운항에 영향을 주는 위험기상 현상의 동적 장애물 인식 기술 설계 및 알고리즘 개발

3. 최종 연구개발 성과물

○ UAM 특화 기상 관측자료 및 실시간 전송 체계

○ 지상·원격·이동관측장비 기반 기상관측 기술 및 실시간 기상정보 생산 기술 고도화

○ UAM 특화 3차원 상세 기상실황정보 및 수치모델 초기장 생산 기술

○ UAM 특화 초고해상도 기상예측모델 및 현업 적용

○ UAM 특화 위험기상 요소별 확률 예측정보 생산 기술 및 현업 적용

○ UAM 기상 장애물 회피를 위한 의사결정 지원 기술

4. 연구기간 및 소요예산

◉ 참고자료 : 2단계 사업 연구개발 (안)

※ 연구개발비 및 연구기간은 후속사업 확보 결과 또는 정부의 예산사정 등에 따라 조정될 수 있으며, 1단계 연구개발계획 및 2단계 연구와 연계성 제시에 참고 자료로만 활용

□ **총 연구개발기간 : ' 27.1. ~ ' 28.12. (2년)**

[2단계] 연구개발기간 : ' 27.1. ~ ' 28.12. (2년)

◦4차년도 연구개발기간 : ' 27.1. ~ ' 27.12. (12개월)

◦5차년도 연구개발기간 : ' 28.1. ~ ' 28.12. (12개월)

□ **총정부지원연구개발비(안) : 32,542백만원이내**

[2단계] 정부지원연구개발비(안):32,542백만원이내

◦4차년도 정부지원연구개발비(안) : 17,271백만원 이내

◦5차년도 정부지원연구개발비(안) : 15,271백만원 이내

4) 시험 장비 설계(하드웨어)

내환경 시험평가 위해 AAM 무인기 실운용 기상환경 재현장비(SAFE) 하드웨어 설계 개념은 그림과 같다. 실기상 데이터 확보 후 악기상 시나리오를 개발하고 기상 재현장비로 기상현상을 재현하고자 한다. 이때 멀티팬 제어 알고리즘을 개발한다. 도심 실기상 운용환경 재현 위한 멀티팬 제어는 멀티 팬 제어 알고리즘 검증 시험을 통하여 목표 위치주변의 5개의 팬을 이용하여 ±4% 내의 풍속 정확도를 확보할 수 있다. Real Fan Training(기상 정보(풍속)를 시뮬레이터에서 재현하기 위한 프로세스)으로 목표 수준까지 올리기 위하여 반복(Iteration) 수행할 필요가 있다.

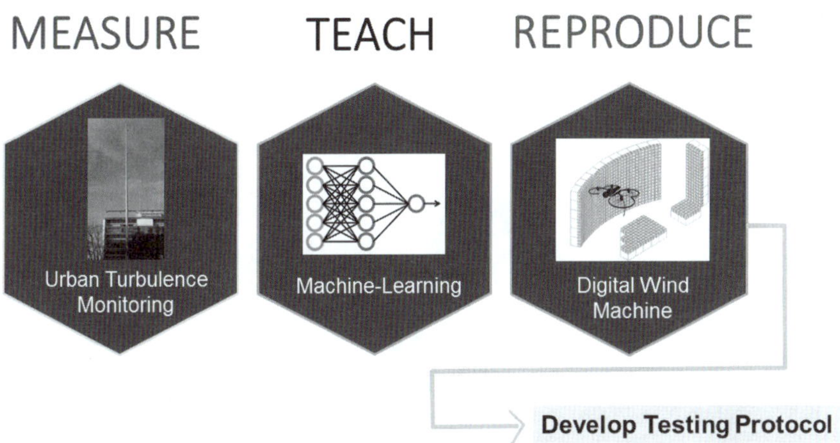

[그림 2-63] 도심 실기상 운용환경 시뮬레이터 SAFE의 설계 개념도

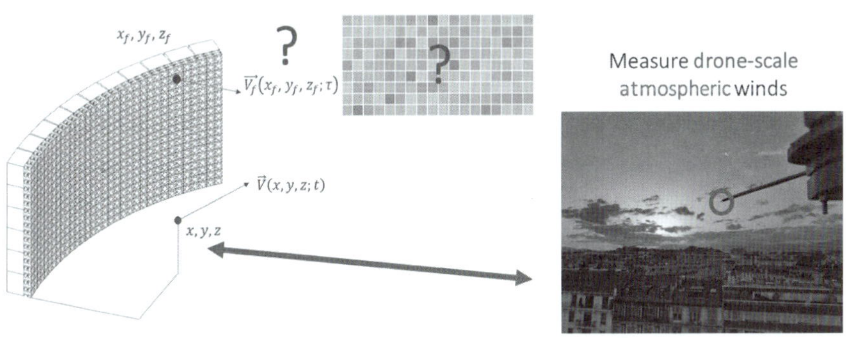

[그림 2-64] 도심 실기상 운용환경 재현 위한 멀티팬 제어

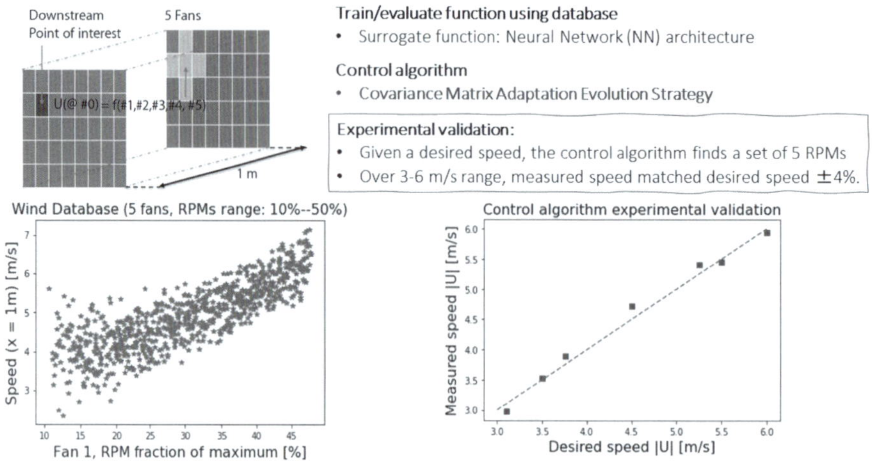

[그림 2-65] 멀티 팬 제어 알고리즘 검증 시험

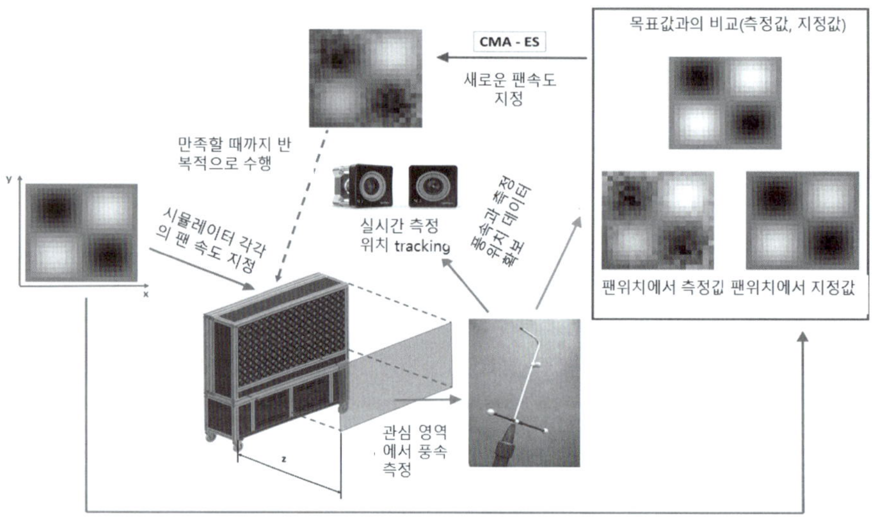

[그림 2-66] Real Fan Training : 기상 정보(풍속)를 시뮬레이터에서 재현하기 위한 프로세스 요구 수준까지 올리기 위한 반복(Iteration) 수행

출처: Dr Matteo DI LUCA, Dr Sergey Litvinov (2021)

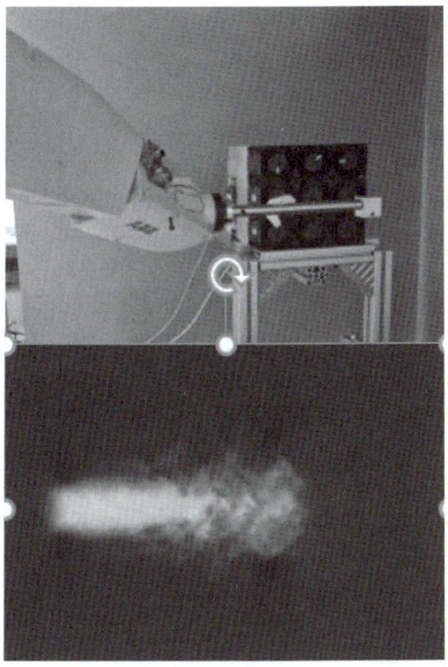

Single fan pair trained with experimental data

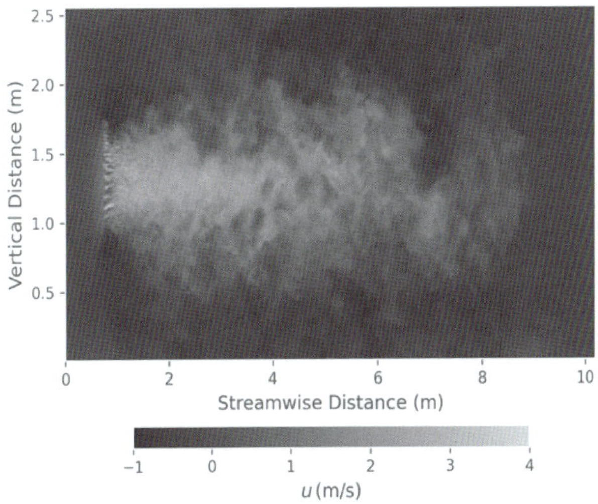

Extrapolation to Multiple Fans

[그림 2-67] Large Eddy Simulation (LES) Actuators trained with experimental data

출처: Dr Matteo DI LUCA, Prof Marco GIOMETTO (Columbia University, NY), Danny Kolano, Weiyi Li (2022)

[그림 2-68] SAFE 적용사례: 소형 드론의 기상 내풍성 평가 시험

출처: HES-SO, Geneva 2023

[그림 2-68]은 AAM무인기용 기상 재현장비 설계안으로 버티포트, 건물옥상 설치용 돔형타입(왼쪽)과 터널형(오른쪽) 타입을 보여준다. [그림 2-69]은 기상 시뮬레이터의 필수 부품인 팬설계, 팬모델, 요소 기술, 전력사양, [표 2-40]은 기상재현 장비의 설계 특성을 설명한다.

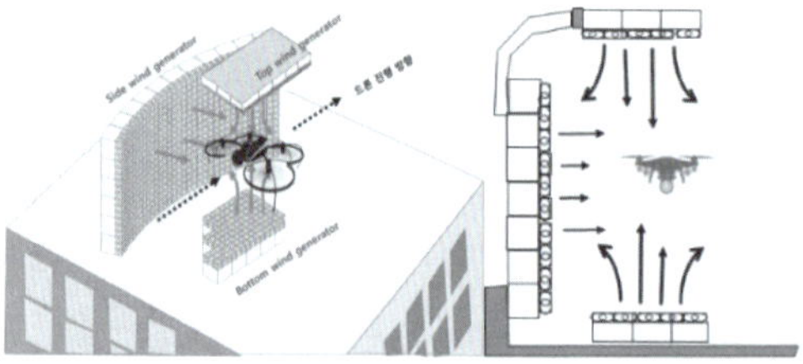

AAM무인기용 돔형 기상 재현 장비 설계 포터블 오픈 스페이스 설비
(사례: 버티포트 설치 위치/건물 옥상)

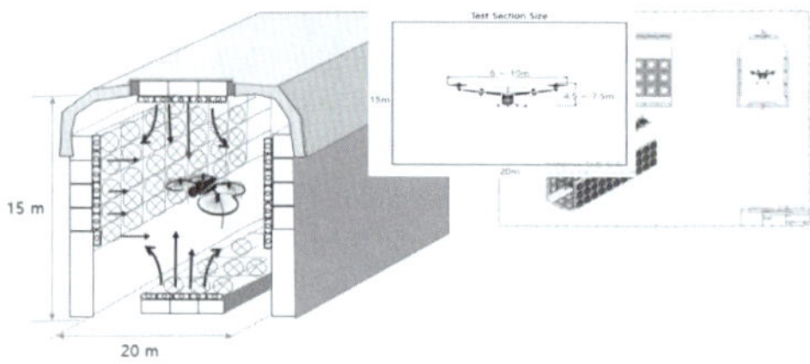

AAM무인기용 돔형 기상 재현 장비 설계 터널 오픈 스페이스 설비
(사례: 버티포트 설치 위치 /오픈스페이스)

[그림 2-69] AAM 무인기용 실운용 기상 재현 장비(SAFE) 개념

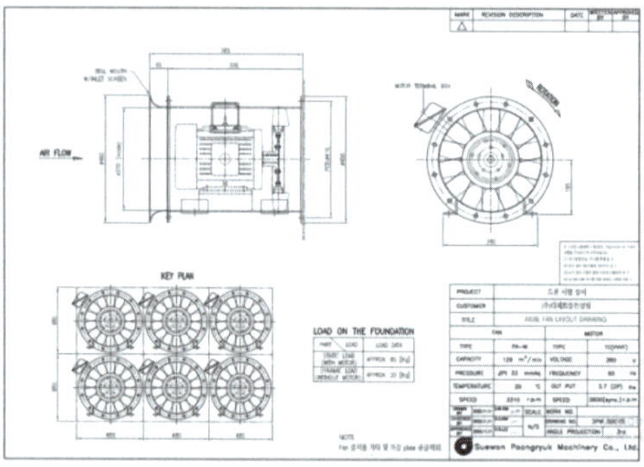

기상 시뮬레이터 팬설계 도면

팬모델링

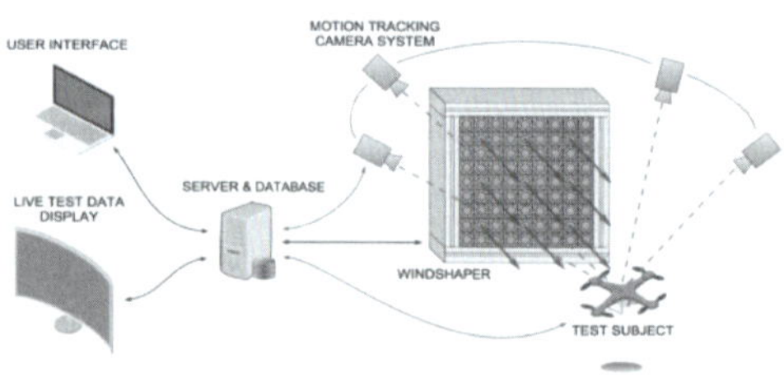

3D Rendering of the Test Scene

장비 요소 기술

T & D	전력 공급 시스템 설계
팬 전력	3.3KW, 600개 팬모듈 2,000KW 각팬별 별도 인버터 필요
변압기	1,500KW급 2대 필요
차단기	2,000KW급 GIS
배급 위한 전력선	고전력 케이블
제어기	Spring Operating Mechanism
배전반운용	상주인력

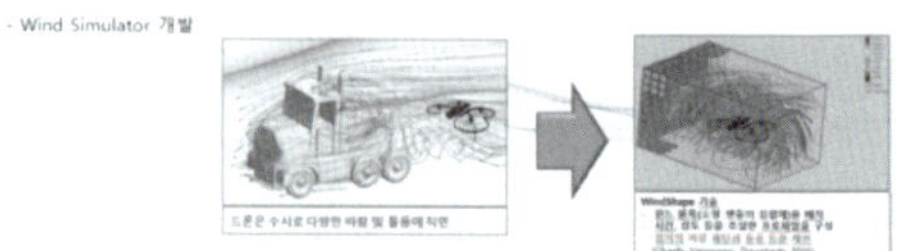

시뮬레이터 공급 전력 사양

[그림 2-70] 기상 시뮬레이터의 필수 부품 : 팬설계, 팬모델, 요소 기술, 전력사양

[표 2-40] 기상재현장비(SAFE) 설계 특성

SAFE 장비	Characteristics	
Modular and Scalable	팬 픽셀로 구성된 다중 팬이 윈드스크린(팬의 벽)을 형성하도록 배열	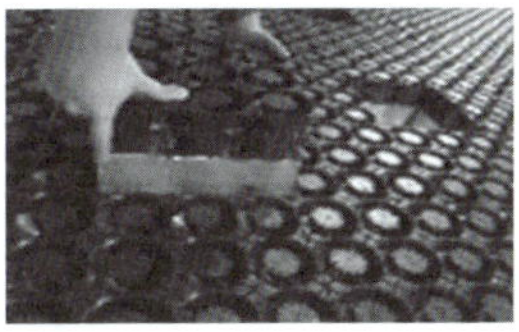
Controllable	멀티팬 장비시스템은 자연 환경에서 무인기가 충족하는 비행 조건 재현 • Sinus function은 팬에서 30초에 걸쳐 구현. • Gradient function은 팬의 각 열에서 서로 다른 PWM[35]으로 설정 • 최저 PWM은 10%이며 각 팬 열에서 2% 증가. 팬의 마지막 열의 PWM은 46% • 상시 기능은 모든 실외 멀티 팬에 동일한 PWM을 설정. • PWM은 멀티 팬 운용자에 의해 설정. • 팬 정지 기능은 모든 팬에 대해 PWM을 0으로 설정	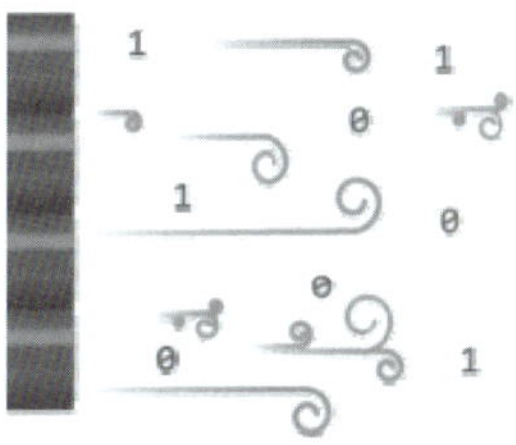 팬픽셀은 제어가능. 소프트웨어와 결합되어, 무한한 다양한 바람 프로파일이 가능함.
Directional	멀티 팬 테스트는 모든 무인기 기상환경 재현 요구 사항을 충족하고 악기상의 동적인 기동을 재현하도록 배치	
Intelligent Testing	• 테스트 모니터링을 통해 무인기 개발자가 제품을 설계하고 최적화하는 데 필요한 모든 데이터를 수집 가능 • 직관적인 그래픽 인터페이스	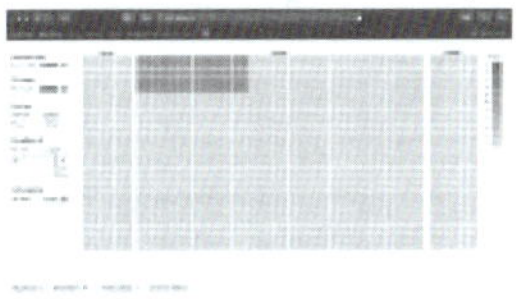

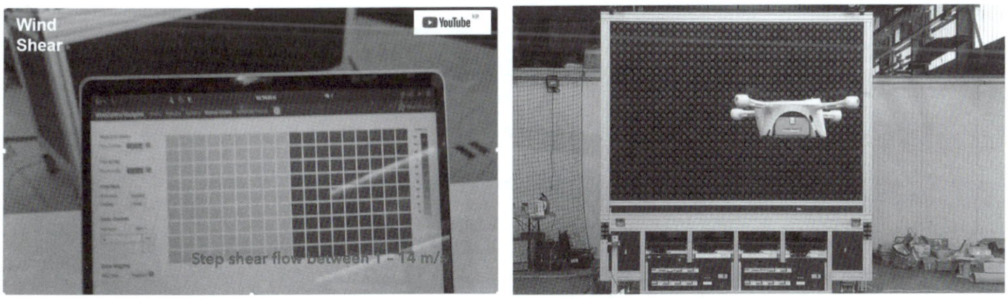

[그림 2-71] Step wind shear flow test(1~14m/s)

35) Pulse with modulation

5) 시험 장비 운용 프로그램 설계

□ 다양한 실운용 기상환경 조건하에 무인기 비행 실증이 가능한 운용프로그램 개발

① 도심 기상운용환경에서 발생 가능한 상승풍, 하강풍, 측풍, 돌풍, 전단풍, 조합풍등의 구현 가능

② 멜티 팬을 활용하여 팬별 바람의 속도, 방향, 바람 유지 시간 등을 제어함으로 기상운용환경에서 발생하는 바람 재현할 수 있음

③ 실측한 바람 정보를 분석(그래프 실측값)하여 팬모듈을 아래와 같이 설치함으로 x, y, z 방향의 바람 속도를 만들어 냄으로 실기상운용 환경을 재현할 수 있음(왼쪽)

④ 고정익의 경우, 활주로에서 이착륙할 때 내풍성 평가를 위한 활주로내의 바람풍속 및 풍향 측정(오른쪽)

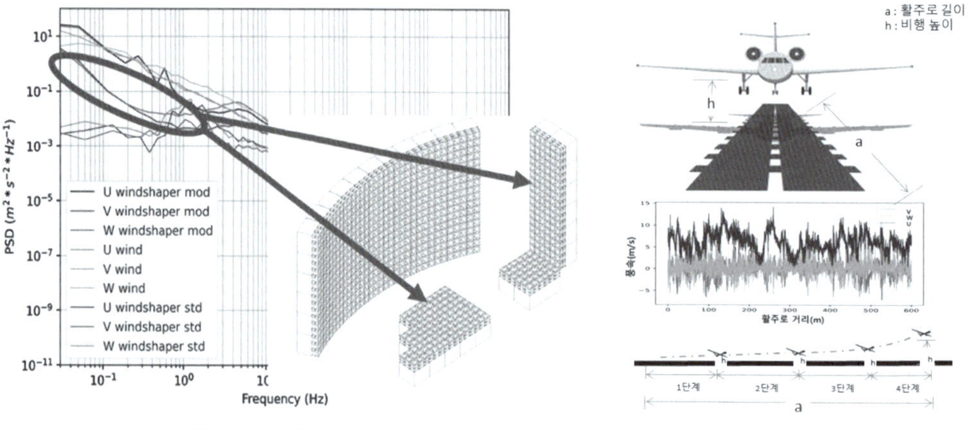

[그림 2-72] 풍속측정후 속도 벡터값의 팬제어 프로그램 입력

⑤ 단계별 측정(예: 100 m 간격)

⑥ 단계별 시험평가 바람형상 구현 (현실적 최악, 다빈도)

⑦ 시뮬레이터로 다단계 연속 시험 (반복시험)

6) 시뮬레이터 평가 항목, 방법, 성능요구 스팩

□ 시뮬레이터 성능요구 스팩

① 무인기가 실비행중 내풍 테스트 가능

② 도심풍·빌딩풍(상승풍, 하강풍, 회오리, 돌풍, 전단풍, 측풍) 재현

③ 수직 회오리, 수평 회오리, 혼합 회오리

④ 수직 돌풍, 수평 돌풍, 혼합 돌풍

⑤ 수직 전단, 수평 전단, 혼합 전단

⑥ 정지상태시, 직진 비행시 (이륙시연, 상승시연, 착륙시연, 조작시연, 고도유지시연)

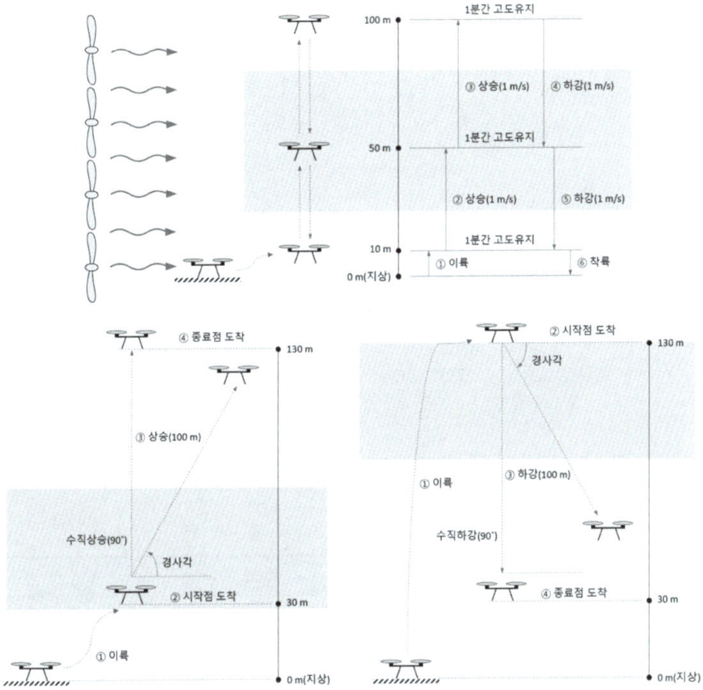

[그림 2-73] 실운용기상 환경하의 비행성능(고도유지(위), 상승(아래 좌)/하강(아래 우)) 시험

⑦ 다운워시 고려 비행 높이/ 팬설치 높이 설정

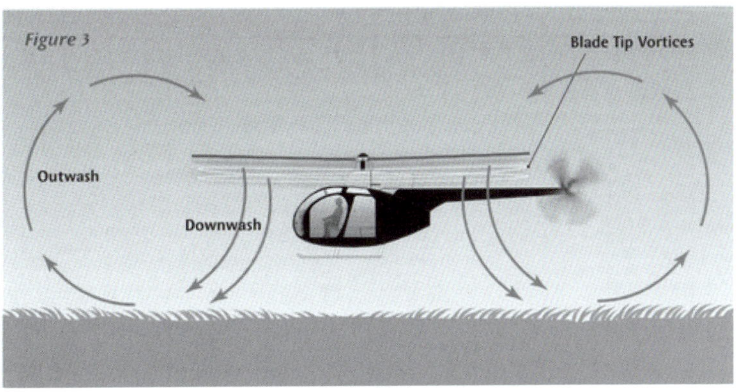

[그림 2-74] Ground Effect를 보여주는 로터의 Downwash

⑧ 팬사이즈(대상 무인기 크기 대비 최대 20%)

⑨ 팬성능(초당 4~5 m/s)

⑩ 원형 비행, racetrack 비행, 8자 비행

□ 평가 항목

① Vibration 레벨

② Movement 밀림 현상

③ Recovery

□ 평가 방법

① 시험 장비내에 3 모션 추적 카메라 설치

② 무인기내 6축 진동센서

③ HMI[36] 평가 방법(usability test /eye tracking 궤적 평가/ 뇌파 측정등)

7) 시험장비의 환류 및 파급효과

[표 2-41] 환류 효과

구분	분석
수출지원	AAM 안전표준의 선점과 국제인증체계에 발빠른 대응으로 국내에 빠른 기술보급을 통해 국산제품의 품질향상 및 신뢰성 확보, 이를 통해 국내 활용기술 확산과 제품의 수출 기여 및 대외 신뢰도 상승
무인기활용 시장확대	국내 기술의 안전평가시험표준반영을 통해 First- Mover로서 세계시장 선점 기회 창출, 표준화를 통해 AAM 신뢰성을 확보함으로써 신생 기술에 대한 대중 불안 감소 및 활용 시장 확대와 산업 발달 촉진에 기여
품질향상	시스템 개발단계에서부터 시험평가 기준을 적용함으로써 향후 발생할 수 있는 불확실한 고장 및 사고의 감소 및 사전 예방
파생산업 발생	시험 표준 개발을 통해 활용분야가 점차 확대됨에 따라 소재, 부품, 장비 등 연관 기술 관련 파생 산업 발생 감항 안전성 시험 인증 체계 마련 및 산업계 활용

36) Human Machine Interface

[표 2-42] 파급 효과

구분	분석
기술적 파급효과	• 운용기상환경 안전성 시험기술 개발로 시험 장비의 양산 가능성 확보 • 안전·성능시험 표준 지원을 통한 시스템 설계의 원천기술 확보 • 표준·인증시험 매뉴얼개발로 드론 제작 가이드라인을 제시함으로써 기술 활성화 • 표준화·국제인증을 통한 드론의 세계시장 선점 기반 마련
경제적 산업적 파급효과	• 부족 기술인 실운용 기상환경하의 내풍성 시험 평가 표준을 개발함으로써 시험 표준 전문 기술 인력 양성을 통한 국내외 신규 일자리 창출 • 연구 단계인 AAM시장에서 안전 및 보안 관련 생태계 활성화 및 육성 • 시험평가 표준 지원을 통한 국산화로 해외제품 대체 및 수출기반 마련 • 국제인증을 위한 시험 평가 표준개발로 세계 시장 진입 장벽을 낮춤으로 타 업종기업들의 직접적인 시장 진입 확대 기대 • AAM의 내환경성/내풍성 평가 기술 개발로 적기 양산 가능 • AAM 시스템/섭시스템/부품 레벨의 안전성 및 신뢰성 향상 • 전기체 초도품 단계에서 안전성 확보로 AAM 설계 및 개발 lead time 단축 (90%이상)
우주항공기술의 발전	2021년 미 항공우주국(NASA)이 화성탐사 로버 'Perseverance, 퍼시비어런스'로 촬영한 화성에서도 바람이 부는 것을 볼 수 있었다. 2022년 9월 22일 Mars Helicopter'Ingenuity'가 NASA-JPL Mars Test Chamber에 있는 900 Pixel Wind Generator로 32회 내풍성 평가 테스트 후 임무를 위해 화성으로 파견되었다. 개발하는 기상재현시뮬레이터를 활용하여 우주항공산업 발전을 도모할 수 있을 것이다.  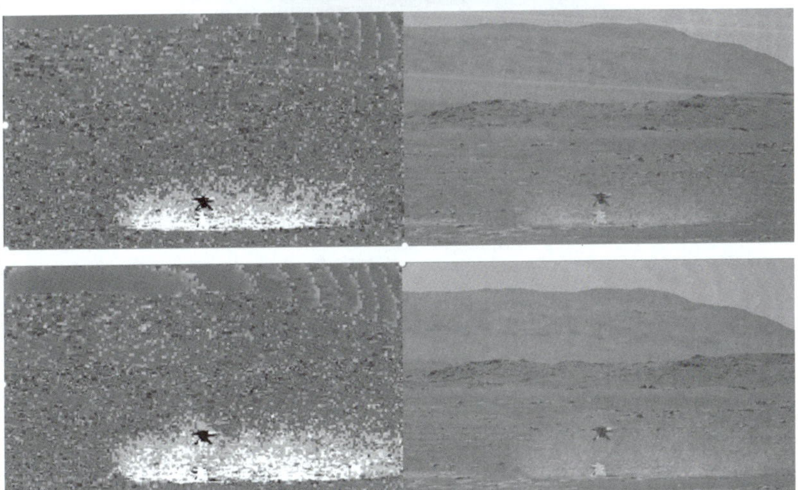

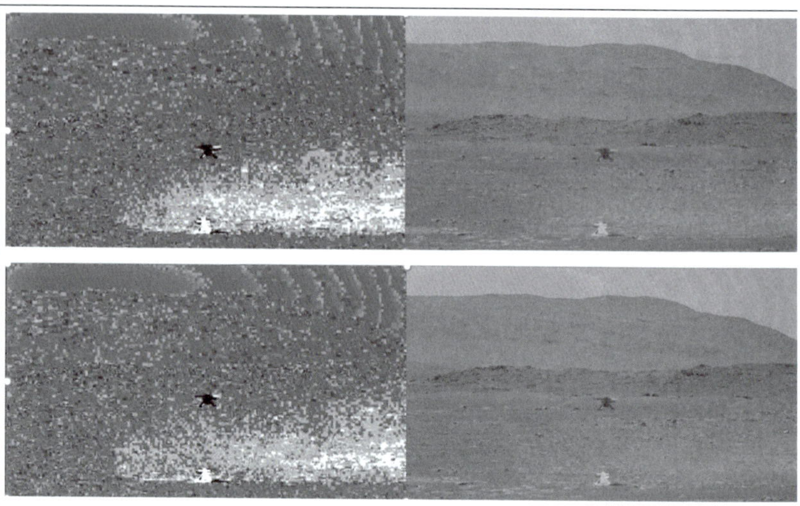

[그림 2-75] 화성 표면의 기상 환경

출처: NASA

8) 무인기 비행안전 시험평가 입증 항목리스트 (EUROCAE, ASTM 자료 정리)

	성능 목표	성능 요구조건
운용기상에서 안전비행 유지	돌풍 반응 (deviation)	밀림 정도
	상승 /하강 /측풍 반응	수직 /수평 밀림 정도
	강우량에 따른 반응	반응 정도
이착륙 /정지 비행시 안정성	정지비행중 위치 유지	
	이착륙시 안정성	목표위치에 안착율
No fall kinetic energy	추락 가능 KE 보장	안전 비행위한 KE 레벨 유지
Durability/Reliability	운용환경에서 보장	10^{-9}
악기상의 비행안정성	악기상에서 비행 가능성	비행안정성 유지
	안전 보장이 어려울때 안전한 비행 정지	안전하게 운용 정지
고장 모드 대응	GPS 고장시	최소한의 안전도 유지
	통신 실패시	최소한의 안전도 유지
	모터 고장시	최소한의 안전도 유지

[9] 기상 재현 장비(SAFE) 관련 선행특허 분석

검색된 국내외 특허문헌 중 무인기 내풍 시험과 관련한 선행특허를 도출하였으며 리스트는 아래와 같다.

국가	등록번호	등록일자	출원인	발명의 명칭
스위스	EP3 258 236 A1	2017.12.20	NOCCA, Flavio, 1142 Pampigny (CH) CATRY, Guillaume, 1233 Bernex (CH)	WIND GENERATION MEANS AND WIND TEST FACILITY COMPRISING THE SAME
한국	10-2021-0125059	2021.10.15	터링, 앤드류, 미국, 13066 뉴욕, 페이엣빌 레이스 서클 5106	완전 자율 동작 모드에서 UAS를 테스팅 하는 풍동을 위한 시스템 및 방법 (SYSTEM AND METHOD FOR WIND TUNNEL TESTING A UAS IN A FULLY AUTONOMOUS OPERATING MODE)
한국		2024. 3	이미경 경기도 안산시 단원구 원포공원2로 21, 419호	도심운용기상환경하에서 드론의 비행안전성 평가를 위한 테스트 장치 (A TEST DEVICE FOR EVALUATING THE FLIGHT SAFETY OF DRONES UNDER THE URBAN OPERATING SYSTEM)

문헌번호	EP 3 258 236 A1	관련도	Y
출원일자	14.06.2016	등록일자	20.12.2017
출원인	NOCCA, Flavio, 1142 Pampigny (CH) CATRY, Guillaume, 1233 Bernex (CH)		
명칭	WIND GENERATION MEANS AND WIND TEST FACILITY COMPRISING THE SAME		

(19) Europäisches Patentamt / European Patent Office / Office européen des brevets

(11) **EP 3 258 236 A1**

(12) **EUROPEAN PATENT APPLICATION**

(43) Date of publication:
20.12.2017 Bulletin 2017/51

(51) Int Cl.:
G01M 9/04 *(2006.01)*

(21) Application number: **16174482.6**

(22) Date of filing: **14.06.2016**

(84) Designated Contracting States:
AL AT BE BG CH CY CZ DE DK EE ES FI FR GB GR HR HU IE IS IT LI LT LU LV MC MK MT NL NO PL PT RO RS SE SI SK SM TR
Designated Extension States:
BA ME
Designated Validation States:
MA MD

(71) Applicant: **Haute ecole du paysage, d'ingenierie et d'architecture de geneve
1202 Geneve (CH)**

(72) Inventors:
- **NOCCA, Flavio
1142 Pampigny (CH)**
- **CATRY, Guillaume
1233 Bernex (CH)**

(74) Representative: **Kügele, Bernhard
c/o KIP Consulting and Services Sàrl
20 Rue Adrien Lachenal
1207 Genève (CH)**

본발명

Fig. 1

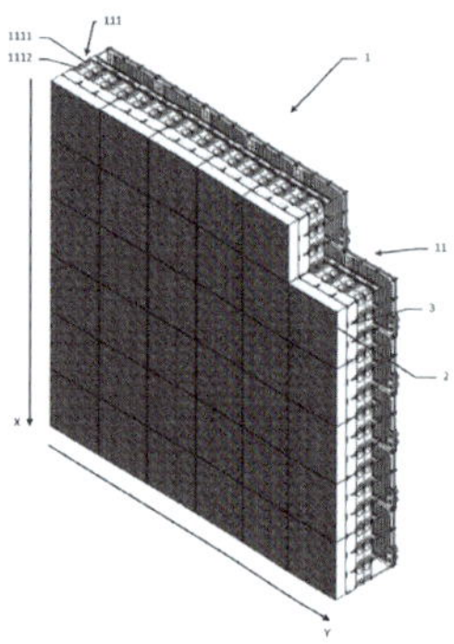

Fig. 2

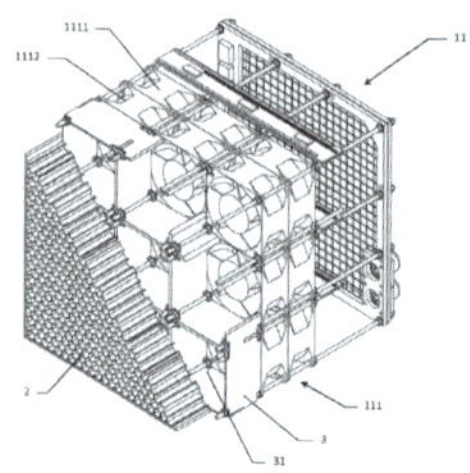

Fig. 3A

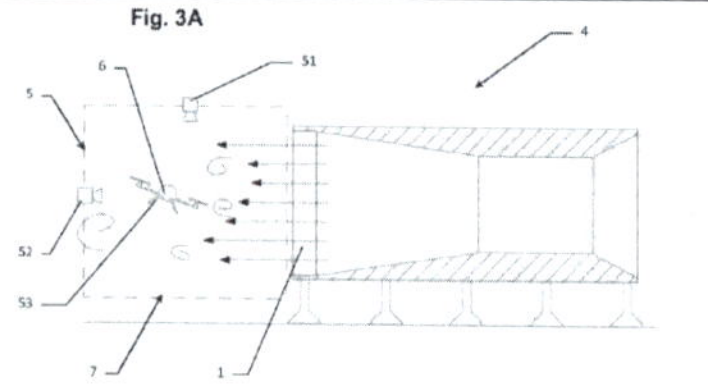

Fig. 3B

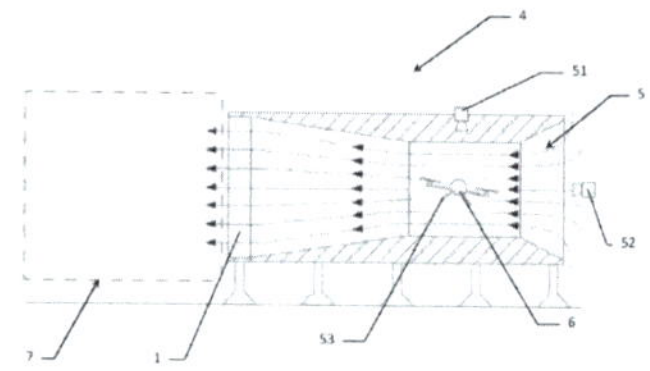

Fig. 3C

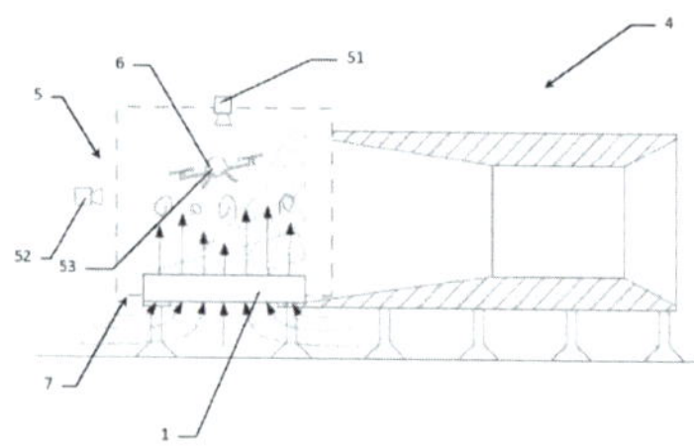

[Claims]

1. 적어도 제1 및 제2 방향을 따라 서로 이웃하여 설치된 복수의 풍력 발전 유닛(11)과, 상기 풍력 발전 유닛을 제어하여 공기 유로에서 특정한 풍력 프로파일을 생성하도록 구성된 적어도 하나의 제어 유닛을 포함하는 것을 특징으로 하는 풍력 발전 수단(1)상기 적어도 하나의 제어부는 상기 복수의 풍력발전부의 각각의 풍력발전부를 개별적으로 제어하여 상기 제1 및 제2방향을 따라 상기 각 풍력발전부의 발생 물리적 특성을 변화시키도록 구성되는 것을 특징으로 한다.

2. 제1항에 있어서, 상기 복수 개의 풍력 발전부의 각각의 풍력 발전부(11)는 적어도 하나의 환기부(111)를 포함하는 풍력 발전 수단.

3. 제2항에 있어서, 상기 복수 개의 풍력 발전 유닛들의 각각의 풍력 발전 유닛들(11)은 적어도 2개의 환기 유닛들(111)을 포함하고, 상기 풍력 발전 유닛들 내의 각각의 환기 유닛들은 개별적으로 제어되는 것을 특징으로 하는 풍력 발전 수단

4. 제2항 또는 제3항에 있어서, 각각의 환기 유닛(111)은 직렬로 장착된 2개의 반회전형 환기 팬(1111, 1112)으로 구성되는 것을 특징으로 하는 풍력 발생 수단.

5. 제1항 내지 제4항 중 어느 한 항에 있어서, 상기 복수의 풍력발전유닛(11)은 상기 풍력발전벽(1)의 크기 및 형상이 가변적으로 되도록 서로 탈착가능하게 부착되는 것을 특

징으로 하는 풍력발전수단.
6. 제1항 내지 제5항 중 어느 한 항에 있어서, 상기 적어도 하나의 제어부는 공간적 및 시간적으로 특정 바람 프로파일을 수정하도록 각 바람 발생부(11)를 제어하도록 구성되는 것을 특징으로 하는 풍력 발생 수단.
7. 제1항 내지 제6항 중 어느 한 항에 있어서, 상기 공기 유로에 있어서, 상기 풍력 발전 유닛(11)에 장착되는 복수의 균질화 챔버(31)를 구비하는 제1 프레임(2) 및 제2 프레임(3)을 더 포함하는 풍력 발전 수단.
8. 제7항에 있어서, 상기 각 환기 유닛(111)은 그 고유의 균질화 챔버(31)를 구비하는 것을 특징으로 하는 풍력 발전 수단.
9. 앞선 청구항 중 어느 하나에 따른 풍력 발전 수단 (1)을 포함하는 소형 공기 차량 (6)을 위한 풍력 시험 시설 (4).
10. 제9항에 있어서, 상기 바람 시험 시설(4)과 관련하여 상기 소형 항공 차량의 위치를 검출하도록 조정된 소형 항공 차량(6)을 위한 위치 감지 수단(5)을 더 포함하는, 풍력 시험 시설.
11. 제10항에 있어서, 상기 위치 감지 수단(5)은 비전 카메라 시스템(51, 52) 및 공기 차량 내장 센서(53) 중 적어도 하나를 포함하는 것을 특징으로 하는 바람테스트시설.
12. 제10항 또는 제11항 중 어느 한 항에 있어서, 상기 소형 항공 차량에 대한 상기 위치 감지 수단(5)의 신호에 기초하여 상기 소형 항공 차량(6)에 작용하는 공기 역학적 힘을 계산하기 위한 계산 수단을 더 포함하는, 풍력 시험 시설.
13. 제9항 내지 제12항 중 어느 한 항에 있어서, 공기 유로 내에 기상 조건을 도입하도록 적응된 특정 기상 조건 생성 수단을 더 포함하는, 풍력 시험 시설.
14. 제9항 내지 제13항 중 어느 한 항에 있어서, 상기 공기 유로는 개방 덕트 풍동(7)인 것을 특징으로 하는 풍력 시험 시설.
15. 제9항 내지 제14항 중 어느 한 항에 있어서, 상기 풍력 발생 수단(1)은 선회 수단을 포함하는 것을 특징으로 하는 풍력 시험 설비.

문헌번호	10-2021-0125059	관련도	Y
출원일자	2020년 2월 5일	등록일자	2021년10월15일
출원인	터링, 앤드류, 미국, 13066 뉴욕, 페이엣빌 레이스 서클 5106		
명칭	완전 자율 동작 모드에서 UAS를 테스팅하는 풍동을 위한 시스템 및 방법(SYSTEM AND METHOD FOR WIND TUNNEL TESTING A UAS IN A FULLY AUTONOMOUS OPERATING MODE)		

공개특허 10-2021-0125059

(19) 대한민국특허청(KR)
(12) 공개특허공보(A)

(11) 공개번호 10-2021-0125059
(43) 공개일자 2021년10월15일

(51) 국제특허분류(Int. Cl.)
B64F 5/60 (2017.01) *B64C 39/02* (2006.01)
G01M 9/04 (2006.01) *G01S 19/14* (2010.01)
G01S 19/40 (2010.01) *G05D 1/10* (2006.01)

(52) CPC특허분류
B64F 5/60 (2017.01)
B64C 39/024 (2013.01)

(21) 출원번호 10-2021-7028604
(22) 출원일자(국제) 2020년02월05일
심사청구일자 없음
(85) 번역문제출일자 2021년09월06일
(86) 국제출원번호 PCT/US2020/016723
(87) 국제공개번호 WO 2020/163432
국제공개일자 2020년08월13일
(30) 우선권주장
62/801,302 2019년02월05일 미국(US)
16/781,153 2020년02월04일 미국(US)

(71) 출원인
뉴에어 얼라이언스
미국 13202 뉴욕 시러큐스 스위트 201 해리슨 스트리트 250

(72) 발명자
터링, 앤드류
미국, 13066 뉴욕, 페이엣빌 레이스 서클 5106

(74) 대리인
이대호, 박건홍

전체 청구항 수 : 총 15 항

(54) 발명의 명칭 **완전 자율 동작 모드에서 UAS를 테스팅하는 풍동을 위한 시스템 및 방법**(SYSTEM AND METHOD FOR WIND TUNNEL TESTING A UAS IN A FULLY AUTONOMOUS OPERATING MODE)

본발명

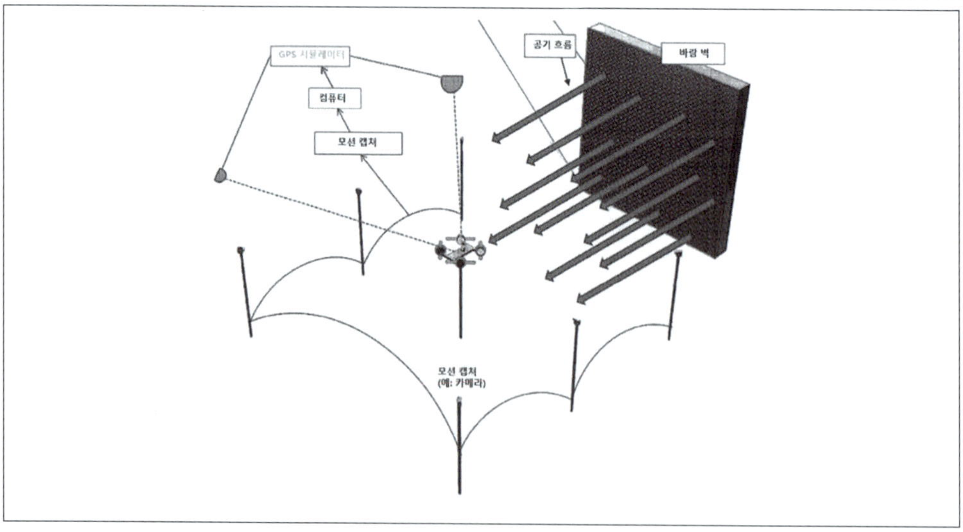

[요약]
완전 자율 동작 모드에서 UAS를 테스트하기 위한 방법에 있어서, 상기 방법은: 무인 항공 시스템(UAS)를 제공하는 단계 - 상기 UAS는 풍동(wind tunnel) 내에 비행 가능한 공역(airspace)에서 비행 운동 범위를 가짐, 상기풍동의 상기 비행 가능한 공역의 임의의 물리적 범위 보다 긴 경로에 걸쳐 시뮬레이션되는 비행을 달성하도록 상기 풍동 내에 공간에서 상기 UAS를 비행시키는 단계, 상기 GPS 시뮬레이터에 의해 전송되는 시뮬레이션되는 위치를 전진(advancing)시키는 단계, 상기 UAS의 실제 위치를 측정하는 단계, 상기 UAS의 상기 실제 위치를 반영하도록 상기 시뮬레이션되는 위치를 전진시키는 단계를 조정하는 단계 및 상기 시뮬레이션되는 비행의 지속시간 동안 상기 비행시키는 단계부터 상기 조정하는 단계까지 반복하는 단계를 포함한다. 완전 자율 동작 모드에서 UAS를 테스트하기 위한 시스템이 또한 기술된다.

[Claims]
1. 완전 자율 동작 모드에서 UAS를 테스트하기 위한 방법에 있어서, 상기 방법은:
적어도 하나의 프로세서에 동작 가능하게 결합되는 GPS 시뮬레이터, 상기 GPS 시뮬레이터에 동작 가능하게 결합되는 UAS 위치 탐지 장치, 및 온보드 GPS 네비게이션 시스템을 가지는 무인 항공 시스템(UAS)을 제공하는 단계- 상기 UAS는 풍동(wind tunnel) 내에 비행 가능한 공역(airspace)에서 비행 운동 범위를 가짐 -상기 풍동의 상기 비행 가능한 공역의 물리적 범위 보다 긴 경로에 걸쳐 시뮬레이션되는 비행을 달성하도록 상기 풍동 내에 공간에서 상기 UAS를 비행시키는 단계;
상기 시뮬레이션되는 비행 중에 상기 GPS 시뮬레이터에 의해 전송되는 시뮬레이션되는 위치를 상기 적어도 하나의 프로세서에 의해 전진(advancing)시키는 단계; 실시간으로 상기 UAS의 실제 위치를 상기 UAS 위치 탐지 장치에 의해 측정하는 단계; 상기 풍동의 상기 비행 가능한 공역에서 상기 UAS의 상기 실제 위치를 반영하도록 상기 시뮬레이션되는 위치를 전진시키는 단계를 실시간으로 조정하는 단계; 상기 시뮬레이션되는 비행의 지속시간 동안 상기 비행시키는 단계부터 상기 조정하는 단계까지 반복하는 단계를 포함하는 방법.
2. 제 1 항에 있어서, 상기 비행시키는 단계는 상기 UAS의 상기 실제 위치가 비행 시간에 기초하여 시뮬레이션되는 위치로부터 벗어나게 하는 상기 풍동의 비행 가능한 공역 내의 섭동(perturbation)을 포함하는 방법.
3. 제 2 항에 있어서, 상기 섭동은 상기 풍동 내의 기류에 대한 의도적인 역전(upset)에 의해 야기 되는 방법.
4. 제 3 항에 있어서, 상기 풍동 내의 상기 기류에 대한 상기 의도적인 역전은 시뮬레이션되는 돌풍(wind gust)을 포함하는 방법.
5. 제 4 항에 있어서, 상기 시뮬레이션되는 돌풍은 상승기류(updraft) 또는 하강기류

(downdraft)를 포함하는 방법.
6. 제 4 항에 있어서, 상기 시뮬레이션되는 돌풍은 마이크로버스트(microburst)를 포함하는 방법.
7. 제 4 항에 있어서, 상기 시뮬레이션되는 돌풍은 소용돌이(vorticity)를 포함하는 방법.
8. 제 2 항에 있어서, 상기 섭동은 상기 UAS의 비행 제어에 대한 의도적인 역전 명령에 의해 야기 되는 방법.
9. 제 8 항에 있어서, 상기 섭동은 상기 UAS의 피치(pitch) 또는 롤(roll)에서의 역전을 포함하는 방법.
10. 제 8 항에 있어서, 상기 섭동은 상기 UAS의 요(yaw)에서의 역전을 포함하는 방법.
11. 제 2 항에 있어서, 상기 섭동은 적어도 하나의 발전 모터 또는 엔진에서의 역전을 포함하는 방법.
12. 제 2 항에 있어서, 상기 섭동은 적어도 하나의 프로펠러 또는 팬에서의 역전을 포함하는, 방법.
13. 완전 자율 동작 모드에서 UAS를 테스트하기 위한 시스템에 있어서, 온보드 GPS 네비게이션 시스템을 가지는 무인 항공 시스템(UAS)의 비행을 위해 내부에 배치되는 비행 가능한 공역을 가지는 풍동 - 상기 UAS는 상기 풍동 내에 상기 비행 가능한 공역에서 비행 운동 범위를 가짐 -; 적어도 하나의 프로세서에 동작 가능하게 결합되는 GPS 시뮬레이터; 및 상기 GPS 시뮬레이터에 동작 가능하게 결합되는 상기 비행 가능한 공역에서 상기 UAS의 실제 위치를 결정하기 위한 UAS 위치 탐지 장치
14. 완전 자율 동작 모드에서 UAS를 테스트하기 위한 방법에 있어서, 적어도 하나의 프로세서에 동작 가능하게 결합되는 네비게이션 시뮬레이터, 상기 네비게이션 시뮬레이터에 동작 가능하게 결합되는 UAS 위치 탐지 장치, 및 온보드 네비게이션 시스템을 가지는 무인 항공 시스템(UAS)을 제공 하는 단계 - 상기 UAS는 풍동(wind tunnel) 내에 비행 가능한 공역(airspace)에서 비행 운동 범위를 가짐 - 상기 풍동의 상기 비행 가능한 공역의 물리적 범위 보다 긴 경로에 걸쳐 시뮬레이션되는 비행을 달성하도록 상기 풍동 내에 공간에서 상기 UAS를 비행시키는 단계; 상기 시뮬레이션되는 비행 중에 상기 네비게이션 시뮬레이터에 의해 전송되는 시뮬레이션되는 위치를 상기 적어도 하나의 프로세서에 의해 전진(advancing)시키는 단계; 실시간으로 상기 UAS의 실제 위치를 상기 UAS 위치 탐지 장치에 의해 측정하는 단계; 상기 풍동의 상기 비행 가능한 공역에서 상기 UAS의 상기 실제 위치를 반영하도록 상기 시뮬레이션되는 위치를 전진시키는 단계를 실시간으로 조정하는 단계; 및 상기 시뮬레이션되는 비행의 지속시간 동안 상기 비행시키는 단계부터 상기 조정하는 단계까지 반복하는 단계를 포함하는 방법.
15. 제 14 항에 있어서, 상기 네비게이션 시스템은 GPS 네비게이션 시스템을 포함하고 그리고 상기 네비게이션 시뮬레이터는 GPS 시뮬레이터를 포함하는 방법.

제3장

국제표준화 동향분석

1. 국제표준화 동향
2. 국제표준화 추진체계 및 단계 조사
3. eVTOL 관련 표준 최신 동향

1 국제표준화 동향

1.1 국제표준화 기구/단체 현황조사

표준은 추진주체에 따라 크게 공식적인 표준화기구에서 제정되어 법적표준에 준하는 공적 표준(De Jure Standard)과, 산업계에서 통용되는 사실적/범용적 기술 기준인 사실표준 (De Facto Standard)으로 분류되며, 적용범위에 따라 공통의 이익을 갖는 다수의 국가가 협력하여 표준을 제정, 사용하는 국제표준과, 특정 지역 국가들이 협력하는 표준인 지역표준, 그리고, 한 국가 영토내에 적용되는 공적 표준인 국가표준과, 특정 정부기관, 사업자단체(조합), 학회 등 구성원 내부에서만 적용하는 표준인 단체표준으로 분류할 수 있다.

국제적인 표준화기구는 국제표준화기구(ISO, International Organization for Standardization), 국제전기기술 위원회(IEC, International Electrotechnical Commission), 그리고 국제전기통신연합(ITU, International Telecommunication Union)을 3대 표준화기구라고 부른다.

[표 3-1] 국제표준화기구 소개

표준화기구	소개
ISO	1947년에 설립되었으며, IT를 포함하여 지적, 과학, 기술, 경제 등 전분야의 국제표준화의 제정 및 보급을 다루고 있으며, 1국 1회원제(1표)를 취하고 있다. 전세계 165개국이 참여하고 있으며, 정회원 124국, 준회원 37국 및 구독회원 4개국으로 이루어지고 있다. 24,049개의 국제표준을 제정하였다.
IEC	1906년에 설립되었으며, 주로 전기분야 중심의 표준의 제정 및 보급을 다루고 있으며, 전자분야로도 확대되고 있다. 1국 1회원제를 취하고 있으며, 88개국이 참여하여 정회원국 62개, 준회원국 26개로 이루어져있고, 만여개 이상의 국제표준을 제정하였다.
ITU	UN산하기구인 반면에 ISO, IEC는 비정부기구(NGO)인데, NGO로서의 한계를 풀어내기 위해, 그 나라의 표준을 관리하는 정부기관을 회원으로 받아들이고 있다. ITU는 1865년에 설립되었으며, 193개국이 회원으로 존재하며, 유무선통신, 전파, 방송, 위성주파수에 대한 기술기준 및 표준의 개발, 보급과 국제협력을 수행하고 있다.

또한 표준화기구은 이들 이외에도 사실상의 표준화기구가 존재하며, 기술분야에 따라 각종 다양한 기구가 존재한다.

주요 지역표준화기구의 현황은 다음과 같다.

- **PASC(태평양지역 표준회의)**

설립 : 1973년
역할 : ISO/IEC와의 협력, 태평양 지역 국가간 협력 및 상호이익 증진
회원 : 24개국(2017년 기준, 웹사이트)
링크 : http://pascnet.org

- **APEC/SCSC(아시아태평양경제협력체/표준적합성소위원회)**

설립 : APEC은 1989년 설립된 세계 최대 규모의 정부간 지역협력체, SCSC는 1994년 설립
역할 : 무역투자자유화와 경제기술협력에 기반한 회원국들의 공동번영 도모, 무역투자 활성화를 위해 산하에 SCSC(표준적합소위원회)를 두어 표준 및 적합성평가 협력
회원 : 21개국(2017년 기준, 웹사이트)
링크 : http://apec.org/Groups/Committee-on-Trade-and-Investment/Sub-Committee-on-Standards-and-Conformance

- **CEN(유럽표준화위원회)**

설립 : 1975년
역할 : ISO와의 협력, 전기 및 통신 분야를 제외한 모든 분야의 유럽표준 개발
회원 : 34개국(2017년 기준, 웹사이트)
링크 : http://www.cen.eu

- **CENELEC(유럽전기표준화위원회)**

설립 : 1973년
역할 : IEC와의 협력, 전기 분야의 유럽표준 개발
회원 : 34개국(2017년 기준, 웹사이트)
링크 : http://www.cenelec.eu

주요 사실상표준화기구의 현황은 다음과 같다.

- **ETSI(유럽전기통신표준협회)**

설립 : 1988년
역할 : ITU와의 협력, 통신 분야의 유럽표준 개발
회원 : 68개국 800개 단체(2017년 기준, 웹사이트)
링크 : http://www.etsi.org

- **ASME(미국기계학회)**

설립 : 1880년
역할 : 기계 공학 및 각종 공학 분야의 기술, 교육, 연구, 표준 개발에 중점을 둔 전문가 기관
링크 : http://www.asme.org

- **ASTM(미국재료시험학회)**

설립 : 1898년

역할 : 원재료, 제품, 시스템, 서비스 등 산업 전반에 대한 기술 표준을 개발, 철강, 금속, 화학, 건자재 분야의 표준을 발행

링크 : http://www.astm.org

- **IEEE(국제전기전자기술자협회)**

설립 : 1884년

역할 : 전기 전자 기술 분야의 전문가 협회, 컴퓨터 통신, 전력, 에너지 기술 등의 표준 개발

링크 : http://www.ieee.org

- **SAE(미국자동차공학회)**

설립 : 1905년

역할 : 자동차 분야의 전문가 모임, 일반 승용차, 항공 우주, 상용 차량에 대한 표준 개발

링크 : http://www.sae.org

국제표준화기구는 다음과 같다.

ITU	ITU (International Telecommunication Union)
ISO	ISO (International Organization for Standardization)
IEC	IEC (International Electrotechnical Commission)
ISO JTC 1 IEC INFORMATION TECHNOLOGY STANDARDS	ISO/IEC JTC1 (ISO/IEC Joint Technical Committee 1)

지역표준화기구는 다음과 같다.

ETSI	ETSI - Europe (European Telecommunications Standards Institute)
APT	APT - Asia-Pacific (Asia-Pacific Telecommunity)

주요 국가의 IT 표준화기구는 다음과 같다.

	ATIS- America (Alliance for Telecommunications Industry Solutions)
	TIA - America (Telecommunication Industry Association)
	TTC - Japan (Telecommunication Technology Committee)
	ARIB - Japan (Association of Radio Industries and Businesses)
	CCSA - China (China Communications Standards Association)
	ISACC - Canada (Information and Communications Technology Standards Advisory Council of Canada)
	Communications Alliance - Australia (Communications Alliance)

주요 IT 표준화 포럼/컨소시엄은 다음과 같다.

	IETF (The Internet Engineering Task Force)
	W3C (World Wide Web Consortium)
	OMA (Open Mobile Alliance)
	IEEE (Institute of Electrical and Electronic Engineers)
	WiMax Forum (Worldwide Microwave Interoperability Forum)
	ZigBee (The ZigBee Alliance)
	OASIS (Organization for the Advancement of Structured Information Standards)
	OMG (Object Management Group)
	EPCglobal (Electronic Product Code Global)
	World DMB Forum (World Digital Multimedia Broadcast Forum)

1.2 국제 표준화 기구 소개

현재 전 세계적으로 UAM/AAM의 표준과 관련된 공식적인 활동은 미미한 상황이나, 가장 유사성이 높은 드론과 무인항공기 관련 표준 현황을 분석해볼 때, 드론 분야의 인증 표준개발 기구로는 국제표준화기구, 국제민간항공기구 ICAO(International Civil Aviation Organization), 유럽민간항공 장비기구, EUROCAE(European Organization for Civil Aviation Equipment), ASTM(American Society for Testing and Materials), SAE (Society for Automotive Engineers)로 대별할 수 있다.

[1] 국제민간항공기구 International Civil Aviation Organization (ICAO)

·조직형태 : 전문 기구

·수장의장 : 버나드 알리우

·사무총장 : 팡 리우

·설 립 : 1947년

·본부위치 : 캐나다 몬트리올

□ 개요

유엔 산하의 전문기구로 국제 항공 운송에 필요한 원칙과 기술 및 안전에 대해 연구하며, 국제 항공 운항의 원칙과 기술을 체계화하며 안전하고 질서 있는 성장을 보장하기 위해 국제 항공 운송의 계획과 개발 촉진을 목적으로 하며, 총회, 이사회, 사무국과 보조기관이 되는 복수의 위원회로 부터 구성된다. 위원회에서는 항공 운항, 기반 시설, 비행 점검, 불법 간섭 방지 및 국제 민간 항공의 국경 횡단 절차 촉진에 관한 표준과 권고안을 채택하고 있다. 항공기와 항공기 전자 시스템 관련 기술과 관련 규정은 RTCA(Radio Technical Commission for Aeronautics)와의 긴밀한 협조 하에 결정하고 있다.

국제민간항공기구(ICAO)에서는 UASSG(Unmanned Aircraft System Steering Group)를 결성하여 민간 무인항공기 인증과 운항에 관한 국제표준 및 권고사항(SARPs : Standard and Recommended Practices)을 개발하고 있다. UASSG에서는 현재의 지식을 집대성하여 무인항공기 매뉴얼을 개발하여 보급하고 있으나 아직 정규적인 인증과 운항 제도 구축에 관한 지침을 제시하고 있지는 못하고 있으나, 무인항공기 운용에 관한 규제 작업은 ICAO(국제민간

항공기구) 중심으로 표준화 작업을 진행 중에 있으며 미국, 영국, 호주 등은 개별 법규를 마련하여 운용 중에 있다.

국제민간항공기구 ICAO는 전 세계 미래 항공교통 시스템 환경 구축을 위한 가이드라인으로 새로운 형태의 Aviation System Block Upgrades(ASBU) 작업을 진행하고 있으며, 미국과 유럽은 각각 NextGen 프로젝트와 SESAR 프로젝트를 통해 ICAO 가이드라인을 주도하고 있으며 이러한 프로젝트를 바탕으로 무인항공기 운항체계를 위한 기술 개발은 RTCA, EUROCAE에서 표준화 협력을 통해 개발하고 있으며 RTCA와 EUROCAE에서 개발한 기술표준은 ICAO에서 무인항공기 시스템 기술표준 단일화를 모색 중이며, 전 세계 무인항공기의 상호 운용성 확보를 추진 중에 있다.

NATO STANAG (북대서양조약기구)에서는 고정익/회전익 군용 무인항공기 감항인증 기술 및 표준화 기구로 무인항공기 중량 150kg을 기준으로 4개의 표준기술 카테고리를 구축하고 있다. 중량에 따른 충돌에너지 기준 적용 및 최대 이륙중량(MTOW)에 따른 가변형 위험기준체계(Harzard Reference System)를 적용하고 있다.

□ ICAO RPAS 패널

- UASSG(UAS Study Group)를 RPAS(Remotely Piloted Aircraft Systems) 패널로 격상 (ANC RPASP 구성 승인 '14.5.6.)
- Manual on Remotely Piloted Aircraft Systems(RPAS), ICAO Doc 10019, 2015년 3월 발행
- 'Guidance Materials', 2017년 발행

□ ICAO RPAS(무인기) SARPs(표준권고안) 개발 동향

- SARPs(Standards and Recommended Practices) : 국제항공항행의 안전과 규칙을 위하여 제정된 ICAO의 국제 표준 및 권고 사항
- 무인기 관련 국제민간항공협약(Article 8, Pilotless aircraft)
- 무인기 비행은 특별허가 제한조건 범위에서 비행, 회원국은 민간공역서 무인기 운용이 유인기에 위험이 되지 않도록 관리

□ 무인기 관련 인증 표준화 일정 : 7년 소요 예정

- 2013년 RTCA 연구시작
- 2014년 ICAO PRAS 패널 승인
- 2018년 ICAO RPAS 패널 작업 완료
- 2020년부터 회원국 도입예정이었으나 2021년으로 순연

[2] 유럽민간항공 장비기구 (EUROCAE)

□ 개요

- 400+ Members (+10% p.a.)146 in 2013
- 48 active working groups 26 in 2010
- 4000+ experts
- over 300 standard development

□ 설립 배경 및 목적

- 독립 비영리 단체(Independent non-profit organisation)
- 1963년 ECAC가 루체른(Lucerne)에서 설립
- 100% 항공 전용
- 오랫동안 성공적인 표준화 기록
- 회원과 글로벌 항공 커뮤니티를 위해 헌신하는 거버넌스 및 팀

□ 주요역할

- 항공분야의 표준 개발
- 세계 표준을 선도
  - 전 세계적으로 적용되는 표준을 개발하기 위해 전 세계적인 상호운용성을 고려하며 모든 이해 당사자에 의해 개발됨
  - 글로벌 항공 목표 지원 및 글로벌 항공 과제 해결
    - ○ GANP, ASBU, GASP
    - ○ 규정(Regulations)
    - ○ 지역현대화 프로그램 & 글로벌 표준 형성(Regional Modernisation Programmes)

□ 회원사 현황

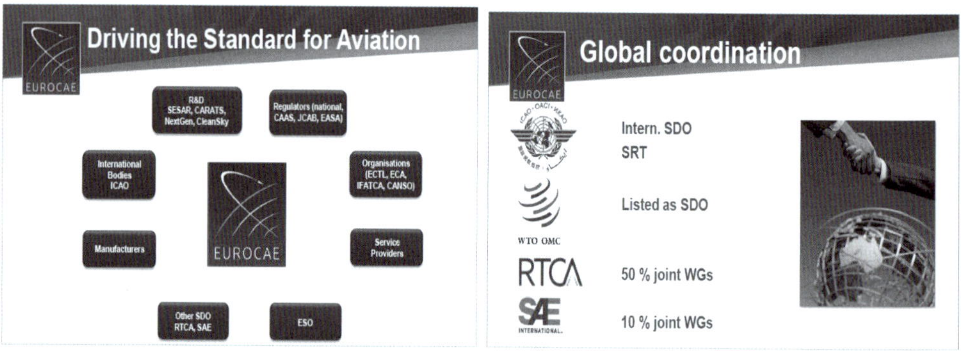

[그림 3-1] 유럽민간항공 장비기구의 주요 업무 및 글로벌 회원사

□ 참가 자격 및 현황

- 참가자격: 항공 분야의 관심 있는, 산·학·연 전문가로서 국제 표준 개발 참여자로 회사, 개인 등(Company or individual, independent on geographical location, interested in aviation standardisation and willing to contribute to standards development for aviation).
- 회원현황 : 48개 실행 그룹(active working groups), 3500명 이상의 전문가
- 회원구분 : Full member, Associate member, Limited member, University member CAAs, Airports, ANSPs, Manufacturers, Suppliers, Operators, Airlines, Associations, International/Regional organisations, Universities, R&D programs
- 회원사 현황(기관) : 400+ Members (+10% p.a.) 이상으로 주요 회원사는 ASD-STAN, CANSO, AIDA, RCTA, IATA, Global UTM, ECA, EASA, SAE, 등

□ 기고서 제출 및 반영실적

- 국내 산업체의 국제 표준화 역량 : 국내에서는 주로 ISO 표준화 기구를 통한 표준 개발에 주력하고 있으나, 드론 기술 분야는 EUROCAE의 경우 먼저 WG을 구성하였고, 표준 제안과 출판된 표준의 수도 우위에 있고, 유럽의 항공 안전 인증기관인 EASA가 멤버로 표준 개발을 주도하고 있기 때문에 EUROCAE와 표준 개발을 통한 드론 안전성 인증 체계 구축에 일조하고 BASA 운영 가능성을 높일 필요가 있다.

[그림 3-2] 유럽민간항공 장비기구 (EUROCAE) 주요 파트너 현황

- 국내 참여 현황 : 항우연, 항공안전원, ETRI
- 의장단 진출 현황 (2024년 기준)

	총 의장단(SG,WG레벨)	한국 의장단	점유율
의장단 현황	7 SG	없음	%

※ 의장단 현황은 포럼별 하위 WG, PG 레벨의 의장, 부의장, 에디터, 간사 포함

□ 소재지 및 URL

- 사무국 소재지 : 9-23 Rue Paul Lafargue, 4th Floor, 93200Saint-Denis, France
- URL : www.eurocae.net
- 사무국 주요멤버 업데이트

  Christian Schleifer, Director General

  Anna von Groote, Director Technical Programme

  Sergiu Marzac, Technical Programme Manager

  Abinaya Kannan, Technical Programme Manager

□ 관련 표준화 기구(공식, 포럼/컨소시엄, 오픈소스 진영)과의 협력활동

- 공식표준화기구 : 유럽연합의 국제 표준화 기구

[그림 3-3] 유럽민간항공 장비기구 (EUROCAE) 협력기구

[표 3-2] 활동분야 및 상세항목

활동 분야	상세 항목
Avionics	Sensors, FCS, BMS(Battery Management Systems)
Navigation	Navigation Databases
Surveillance	Minimum Operational Performance Standards (MOPS) Broadcast (ADS-B)
ATM Systems	UTM, U-Space
Airport	CU, Vertiport
SWIM	System-Wide Information Management
Electric	Lightning protection, High voltage
Security	Airworthiness Security Process Specification
AIS/MET	Datalink
RPAS, VTOL &GA	RPAV, eVTOL
Miscellaneous	Fuel cells, Hybrid propulsion, Space, Ice detection, C-UAS, NGAP, Covid response, AI

[표 3-3] 타기관 협력 및 내용

타기관과 협력	협력 내용
ICAO-GANP, GASP	Safety Reports
EASA, other regulators	Regulatory activities, reports, studies
Investigation Authorities	Accident/Incident reports
Eurocae members and partners	Based on their needs

[표 3-4] EUROCAE WORKSPACE 구성 및 역할

EUROCAE Workspace	역할	참고
WG Leader SG Leader DP Editor	표준 자료 개발 및 업데이트	Workspace 내에서만 활동가능 IP, 권리, 비밀 유지는 규정 따름 외적인 활동이나 자료 배분지양 작업 그룹(WG)은 EUROCAE의 사무총장이 승인한 후보자 명단에서 위원장을 선출한다. 후보자는 일반적으로 EUROCAE 정회원의 대표자여야 한다. 필요한 경우 공동 의장(총 2명)을 임명할 수 있다.
이사회	• 총회는 EUROCAE의 최고 수준의 권한이며 협회와 관련된 모든 기본 결정을 책임진다. • 이사회는 협회의 전략적 방향을 개발하고, 연간 사업 계획, 예산 및 기술 작업 프로그램의 승인을 통해 EUROCAE의 목표와 일반적인 행동 틀을 정의하는 협회의 관리 기관이다.	
회장	회장은 총회, 의회, 국장의 권한에 속하거나 특정 위임의 대상이 되는 것으로 헌법에 명시적으로 지정되지 않은 민사 문제에서 협회를 대표한다.	
작업 그룹	작업 그룹은 EURCAE가 목표와 목표를 달성하는 주요 수단이다. 작업 그룹의 제품은 일반적으로 하나 이상의 발행된 EUROCAE 문서(ED) 및 기타 지침 자료이다. WG 수준에는 투표 절차가 없다. 모든 결정은 합의 기반 접근법에 따라 이루어진다.작업 그룹(WG)은 유럽 연합의 사무총장이 승인한 후보자 명단에서 위원장을 선출한다. 후보자는 일반적으로 EUROCAE 정회원의 대표자여야 한다. 필요한 경우 공동 의장(총 2명)을 임명할 수 있다.	
TAC	기술 자문 위원회(TAC)는 기술, 운영 및 요청 정책 문제에 대해 의회에 자문한다	
Secretariat (사무국)	• WG/SG 미팅 구성과 notice/ minutes/agenda 업로드 • 신입 멤버 가이드 • Open consultation • Workshop 개최 • Secretariat's main role: 사무국은 협회의 일상적인 운영과 총회, 회장, 의회, 기술자문위원회 및 워킹그룹의 업무를 지원할 책임이 있다. 사무국은 총무가 이끌고 있다.	
사무총장	기준서(ToR)에 따라 작업 프로그램 및 작업 시트(TS)의 실행 관리 작업 프로그램에 필요한 변경 사항에 대해 기술 프로그램 관리자(TPM)에게 통보 • TPM과 함께 필요에 따라 ToR/TS 업데이트 초안 작성 • 필요에 따라 기술자문위원회 회의에서 WG를 대표 • 다른 SDO와의 공동 활동: 파트너 위원회 지도부와 협력 • WG 회의 주도 • WG와 관련된 모든 문제를 TPM과 조정	
Participants	표준안 제시 및 리뷰	

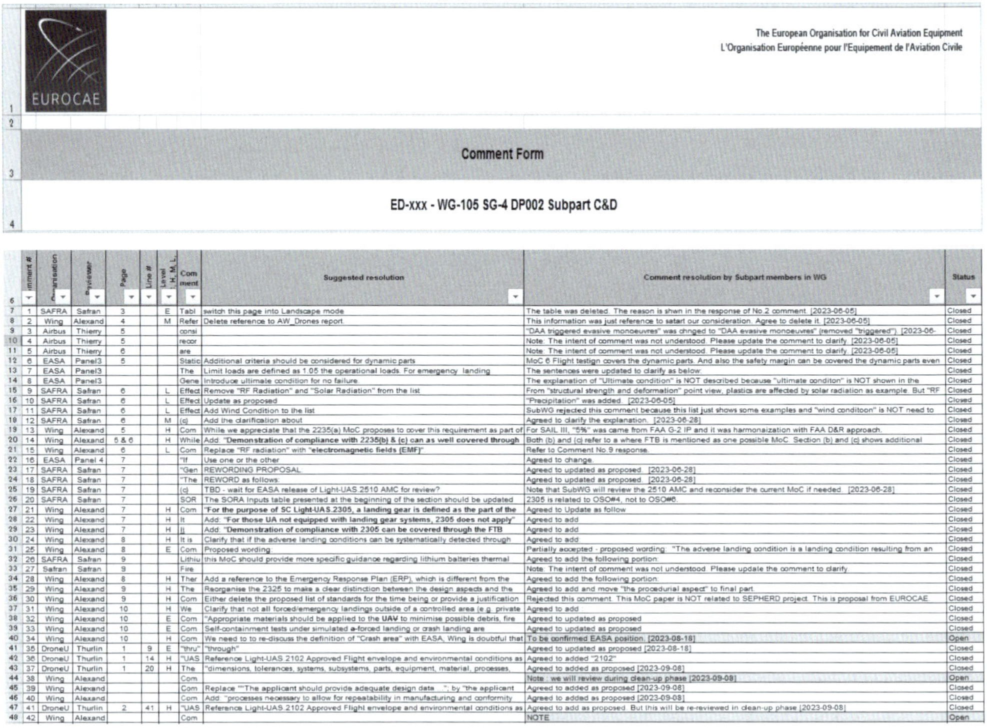

The European Organisation for Civil Aviation Equipment
L'Organisation Européenne pour l'Equipement de l'Aviation Civile

EUROCAE

Comment Form

ED-xxx - WG-105 SG-4 DP002 Subpart C&D

	Comment #	Organisation	Reviewer	Page	Line #	Level (H, M, L, E)	Comment	Suggested resolution	Comment resolution by Subpart members in WG	Status
7	1	SAFRA	Safran	3		E	Tabl	switch this page into Landscape mode	The table was deleted. The reason is shwn in the response of No.2 comment. [2023-06-05]	Closed
8	2	Wing	Alexand	4		M	Refer	Delete reference to AW_Drones report.	This information was just reference to satart our consideration. Agree to delete it. [2023-06-05]	Closed
9	3	Airbus	Thierry	5			consi		"DAA triggered evasive monoeuvres" was chnged to "DAA evasive monoeuvres" (removed "triggered"). [2023-06-	Closed
10	4	Airbus	Thierry	5			recor		Note: The intent of comment was not understood. Please update the comment to clarify. [2023-06-05]	Closed
11	5	Airbus	Thierry	6			are		Note: The intent of comment was not understood. Please update the comment to clarify. [2023-06-05]	Closed
12	6	EASA	Panel3	5			Static	Additional criteria should be considered for dynamic parts	MoC 6 Flight testign covers the dynamic parts. And also the safety margin can be covered the dynamic parts even	Closed
13	7	EASA	Panel3				The	Limit loads are defined as 1.05 the operational loads. For emergency landing	The sentences were updated to clarify as below:	Closed
14	8	EASA	Panel3				Gene	Introduce ultimate condition for no failure.	The explanation of "Ultimate condition" is NOT described because "ultimate conditon" is NOT shown in the	Closed
15	9	SAFRA	Safran	6		L	Effect	Remove "RF Radiation" and "Solar Radiation" from the list	From "structural strength and deformation" point view, plastics are affected by solar radiation as example. But "RF	Closed
16	10	SAFRA	Safran	6		L	Effect	Update as proposed	"Precipitation" was added. [2023-06-05]	Closed
17	11	SAFRA	Safran	6		L	Effect	Add Wind Condition to the list	SubWG rejected this comment because this list just shows some examples and "wind conditoon" is NOT need to	Closed
18	12	SAFRA	Safran	6		M	(c)	Add the clarification about	Agreed to clarify the explanation. [2023-06-28]	Closed
19	13	Wing	Alexand	5		H	Com	While we appreciate that the 2235(a) MoC proposes to cover this requirement as part of	For SAIL III, "5%" was came from FAA G-2 IP and it was harmonaization with FAA D&R approach.	Closed
20	14	Wing	Alexand	5 & 6		H	While	Add: "**Demonstration of compliance with 2235(b) & (c) can as well covered through**	Both (b) and (c) refer to a where FTB is mentioned as one possible MoC. Section (b) and (c) shows additional	Closed
21	15	Wing	Alexand	6		L	Com	Replace "RF radiation" with "**electromagnetic fields (EMF)**".	Refer to Comment No.9 response.	Closed
22	16	EASA	Panel 4	7			"If	Use one or the other	Agreed to change.	Closed
23	17	SAFRA	Safran	7			"Gen	REWORDING PROPOSAL:	Agreed to updated as proposed. [2023-06-28]	Closed
24	18	SAFRA	Safran	7			"The	REWORD as follows:	Agreed to updated as proposed. [2023-06-28]	Closed
25	19	SAFRA	Safran	7			(c)	TBD - wait for EASA release of Light-UAS.2510 AMC for review?	Note that SubWG will review the 2510 AMC and reconsider the current MoC if needed. [2023-06-28]	Closed
26	20	SAFRA	Safran	7			SOR	The SORA Inputs table presented at the beginning of the section should be updated	2305 is related to OSO#4, not to OSO#6.	Closed
27	21	Wing	Alexand	7		H	Com	"**For the purpose of SC Light-UAS.2305, a landing gear is defined as the part of the**	Agreed to Update as follow	Closed
28	22	Wing	Alexand	7		H	It	Add: "**For those UA not equipped with landing gear systems, 2305 does not apply**"	Agreed to add	Closed
29	23	Wing	Alexand	7		H	It	Add: "**Demonstration of compliance with 2305 can be covered through the FTB**	Agreed to add	Closed
30	24	Wing	Alexand	8		H	It is	Clarify that if the adverse landing conditions can be systematically detected through	Agreed to add:	Closed
31	25	Wing	Alexand	8		E	Com	Proposed wording:	Partially accepted - proposed wording: "The adverse landing condition is a landing condition resulting from an	Closed
32	26	SAFRA	Safran	9			Lithiu	this MoC should provide more specific guidance regarding lithium batteries thermal	Agreed to add the following portion:	Closed
33	27	Safran	Safran	9			Fire		Note: The intent of comment was not understood. Please update the comment to clarify.	Closed
34	28	Wing	Alexand	8		H	Ther	Add a reference to the Emergency Response Plan (ERP), which is different from the	Agreed to add the following portion:	Closed
35	29	Wing	Alexand	9		H	The	Reorganise the 2325 to make a clear distinction between the design aspects and the	Agreed to add and move "the procedurial aspect" to final part.	Closed
36	30	Wing	Alexand	9		H	Com	Either delete the proposed list of standards for the time being or provide a justification	Rejected this comment. This MoC paper is NOT related to SEPHERD project. This is proposal from EUROCAE.	Closed
37	31	Wing	Alexand	10		H	We	Clarify that not all forced/emergency landings outside of a controlled area (e.g. private	Agreed to add :	Closed
38	32	Wing	Alexand	10		E	Com	"Appropriate materials should be applied to the UAV to minimise possible debris, fire	Agreed to updated as proposed	Closed
39	33	Wing	Alexand	10		E	Com	Self-containment tests under simulated a-forced landing or crash landing are	Agreed to updated as proposed	Closed
40	34	Wing	Alexand	10		H	Com	We need to to re-discuss the definition of "Crash area" with EASA, Wing is doubtful that	To be confirmed EASA position. [2023-08-18]	Open
41	35	DroneU	Thurlin	1	9	E	"thru"	"through"	Agreed to updated as proposed [2023-08-18]	Closed
42	36	DroneU	Thurlin	1	14	H	"UAS	Reference Light-UAS.2102 Approved Flight envelope and environmental conditions as	Agreed to added "2102"	Closed
43	37	DroneU	Thurlin	1	20	H	The	"dimensions, tolerances, systems, subsystems, parts, equipment, material, processes,	Agreed to added as proposed [2023-09-08]	Closed
44	38	Wing	Alexand				Com		Note : we will review during clean-up phase [2023-09-08]	Open
45	39	Wing	Alexand				Com	Replace ""The applicant should provide adequate design data ..."; by "the applicant	Agreed to added as proposed [2023-09-08]	Closed
46	40	Wing	Alexand				Com	Add: "processes necessary to allow for repeatability in manufacturing and conformity	Agreed to added as proposed [2023-09-08]	Closed
47	41	DroneU	Thurlin	2	41	H	"UAS	Reference Light-UAS.2102 Approved Flight envelope and environmental conditions as	Agreed to add as proposed. But this will be re-reviewed in clean-up phase [2023-09-08]	Closed
48	42	Wing	Alexand				Com		NOTE	Open

[그림 3-4] Comment Form to support the development of Means of Compliance (MoC) for EASA Special Condition Light-UAS - Medium Risk

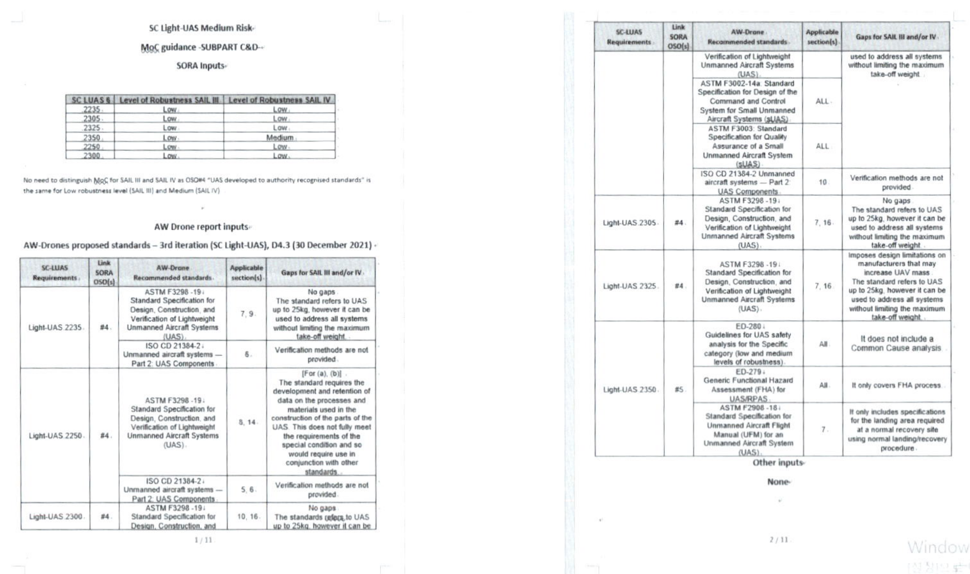

SC Light-UAS Medium Risk

MoC guidance -SUBPART C&D-

SORA Inputs

SC LUAS §	Level of Robustness SAIL III	Level of Robustness SAIL IV
2235	Low	Low
2305	Low	Low
2325	Low	Low
2350	Low	Medium
2250	Low	Low
2300	Low	Low

No need to distinguish MoC for SAIL III and SAIL IV as OSO#4 "UAS developed to authority recognised standards" is the same for Low robustness level (SAIL III) and Medium (SAIL IV)

AW Drone report inputs

AW-Drones proposed standards – 3rd iteration (SC Light-UAS), D4.3 (30 December 2021)

SC-LUAS Requirements	Link SORA OSO(s)	AW-Drone Recommended standards	Applicable section(s)	Gaps for SAIL III and/or IV
Light-UAS.2235	#4	ASTM F3298 -19 Standard Specification for Design, Construction, and Verification of Lightweight Unmanned Aircraft Systems (UAS)	7, 9	No gaps The standard refers to UAS up to 25kg, however it can be used to address all systems without limiting the maximum take-off weight.
		ISO CD 21384-2 Unmanned aircraft systems — Part 2: UAS Components	6	Verification methods are not provided
Light-UAS.2250	#4	ASTM F3298 -19 Standard Specification for Design, Construction, and Verification of Lightweight Unmanned Aircraft Systems (UAS)	8, 14	[For (a), (b)] The standard requires the development and retention of data on the processes and materials used in the construction of the parts of the UAS. This does not fully meet the requirements of the special condition and so would require use in conjunction with other standards.
		ISO CD 21384-2 Unmanned aircraft systems — Part 2: UAS Components	5, 6	Verification methods are not provided
Light-UAS.2300	#4	ASTM F3298 -19 Standard Specification for Design, Construction, and	10, 16	No gaps The standards refers to UAS up to 25kg, however it can be

1 / 11

SC-LUAS Requirements	Link SORA OSO(s)	AW-Drone Recommended standards	Applicable section(s)	Gaps for SAIL III and/or IV
		Verification of Lightweight Unmanned Aircraft Systems (UAS)		used to address all systems without limiting the maximum take-off weight
		ASTM F3002-14a: Standard Specification for Design of the Command and Control System for Small Unmanned Aircraft Systems (sUAS)	ALL	
		ASTM F3003: Standard Specification for Quality Assurance of a Small Unmanned Aircraft System (sUAS)	ALL	
		ISO CD 21384-2 Unmanned aircraft systems — Part 2: UAS Components	10	Verification methods are not provided
Light-UAS.2305	#4	ASTM F3298 -19 Standard Specification for Design, Construction, and Verification of Lightweight Unmanned Aircraft Systems (UAS)	7, 16	No gaps The standard refers to UAS up to 25kg, however it can be used to address all systems without limiting the maximum take-off weight
Light-UAS.2325	#4	ASTM F3298 -19 Standard Specification for Design, Construction, and Verification of Lightweight Unmanned Aircraft Systems (UAS)	7, 16	Imposes design limitations on manufacturers that may increase UAV mass The standard refers to UAS up to 25kg, however it can be used to address all systems without limiting the maximum take-off weight
Light-UAS.2350	#5	ED-280 Guidelines for UAS safety analysis for the Specific category (low and medium levels of robustness)	All	It does not include a Common Cause analysis
		ED-279 Generic Functional Hazard Assessment (FHA) for UAS/RPAS	All	It only covers FHA process
		ASTM F2908 -18 Standard Specification for Unmanned Aircraft Flight Manual (UFM) for an Unmanned Aircraft System (UAS)	7	It only includes specifications for the landing area required at a normal recovery site using normal landing/recovery procedure

Other inputs

None

2 / 11

[그림 3-5] SC Light-UAS Medium Risk MoC guidance -SUBPART C&D- SORA Inputs

[3] ASTM International

□ 개요

- 설립 배경 및 목적
  - 설립배경 및 목적 : 19세기 후반, 철도장비의 고장으로 공공의 안전이 보장되지 않았고, 철도 부품 제조에 쓰이는 철을 테스트하는 표준의 필요성을 인식. 이를 계기로 1898년 6월 16일 20명의 엔지니어와 교수가 모여 ASTM 기구 설립
  - 설립일 : 1898년 6월 16일

□ 주요역할

- 원재료, 제품, 시스템, 서비스 등 산업 전반에 대하여 기술표준을 개발하고 철강, 금속, 화학, 건자재 분야의 표준을 발행하여 보급
- 주로 공업용 재료 규격과 시험법 규격으로 구성된 ASTM 규격을 책정하여 발행
- 적층 표준 기술 (3D프린팅 기술) 관련하여 출범한 ASTM F42(Additive Manufacturing Technologies)에서 적층 표준 기술(용어, 시험/평가, 소프트웨어 장비, 소재, 출력물 등)의 다양한 분야 표준화 작업 진행 중(ISO TC 261과 PSDO 체결하여 표준화 공동작업 수행)

□ 회원사 현황

- 참가 자격 : 별도의 제한 없음
- 회원 구분 : Participating Members, Organizational Members, Informational Members, Student Members (4개 분류)
- 회원사 현황(기관) : 1,069개 (2018년 4월 26일 기준)
  - 주요회원사 명 : POSCO, 한국의류시험연구원, 3D시스템즈, Zippo, BOSCH 社 등

□ 국내 참여 현황

- 국내 참여 회원사 현황
  - 주요 회원사 명 : POSCO, 한국의류시험연구원(KATRI)
- 의장단 진출 현황 (2024년 현재)

	총 의장단(SG, WG레벨)	한국 의장단	점유율
의장단 현황	0석	0석	0 %

- 기고서 제출 및 반영실적
  - '입체(3D)프린팅에서 방출되는 미세먼지의 방출량 측정방법' 국제표준 개발채택 (2017.09.19.)
  - '의료용 입체(3D) 프린팅을 위한 의료영상 데이터의 최적화 방법' 국제표준 개발채택 (2017.09.19.)
  - (주)센트롤, 조선대, 한국건설생활환경시험연구원, 3D융합산업협회 참가(ISO/TC 261)
  - 2017년 9월 19일 ~ 9월 21일까지 스웨덴 표준연구소에서 개최된 '제10차 3D 프린팅 국제표준화 총회 (ISO/TC 261)에서 '입체(3D)프린팅에서 방출되는 미세 먼지의 방출량 측정방법'과 '입체(3D)프린팅을 위한 의료영상 데이터의 최적화 방법' 등 2종을 국제표준으로 개발채택
  - '입체(3D)프린팅에서 방출되는 미세먼지의 방출량 측정방법' 은 개인들이 사용하는 입체(3D)프린터 중 소재를 압출하는 방식의 3D프린터에서 방출되는 미세 먼지를 측정하는 방법으로 한국건설생활한경시험연구원 보건환경연구소에서 세계 최초로 개발하여 표준채택
  - '의료용 입체(3D)프린팅을 위한 의료영상 데이터의 최적화 방법'은 조선대학 교 의과대학 정형외과 문영래 교수가 국제표준으로 제안한 것으로 자기공명영상(MRI), 컴퓨터단층촬영사진(CT) 등의 영상 데이터 치수 오차를 최소화 할 수 있도록 표준화

□ 소재지 및 URL

- 사무국 소재지 : ASTM International, 100 Barr Harbor Drive, PO Box C700, West Conshohocken, PA, 19428-2959 USA
- URL : https://www.astm.org

□ 의결기구, 기술기구 주요역할

- TF(Task Force, 실무반) : 개인/기업/기관에서 ASTM으로 요청한 표준 제안 건에 대한 초안 작성

- SC(Sub Committees, 소위원회) : TF(실무반) 제출 표준 제안 건에 대한 서면 투표로 승인여부 결정
- TC(Technical Committees, 소위원회) : SC(소위원회)에서 제출한 표준 제안 건에 대한 서면 투표로 승인여부 결정 후, 산업체 위원에게 제출

□ 조직구성

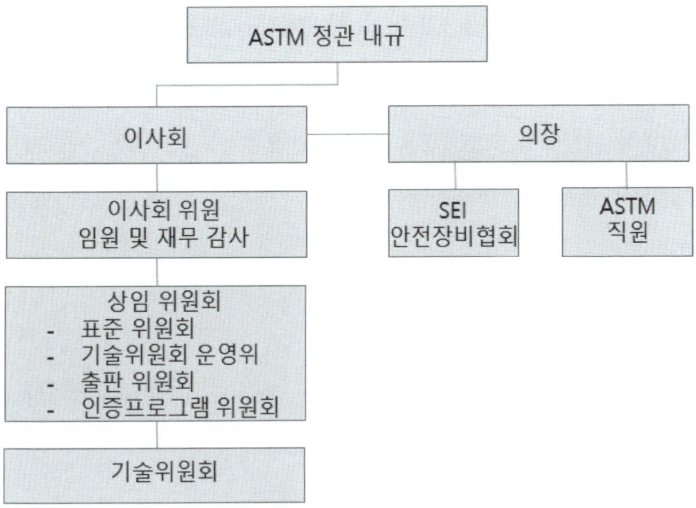

[그림 3-6] ASTM 조직도

□ 사무국 주요역할

- ASTM 기구 운영 및 홍보
- 표준 제안 접수 건에 대한 진행 여부 및 타당성 검토
- 신규 회원/회원사의 가입 및 기존 회원/회원사 관리
- ASTM International 매거진 또는 e-News 발행 및 관리

[4] SAE(Society of Automotive Engineers) International

□ 개요

- 설립배경 및 목적 : 우주항공, 자동차, 상업용 차량 산업 등 이동성 기술 분야 관련 전문가로 구성된 비영리 단체로, 관련 전문가 간 교류, 기술연구 활동, 표준 제정 활동 및 인재 양성을 위한 교육 프로그램을 운영함으로써

안전하고 명확하며 구현 가능한 이동성 기술 및 솔루션 제공이 목적

- 설립일 : 1905년

□ 주요역할

- 자체 추친 기기(이동체)에 대한 개발, 설계 및 구조화(완성)를 위해 관련 기술, 과학, 표준, 실무 등 관련 지식의 진보를 유도(이러한 활동을 통칭 메커니즘)
- SAE 간행물(기술 전문서적, 기술표준, 논문, 메거진 등)을 위한 라이브러리 유지
  • 약 37,000 여개 이상의 DB 구축 및 운영
- 회의, 강연, 교육, 세미나, 논문 발표 및 토론 활동
- 표준, 권고안(Recommend Practice) 포함한 기술 및 과학 문서를 발간 및 보급 활동

□ 회원사 현황

- 참가 자격 : 업체가 아닌 개인 신분으로 참여
- 회원 구분 : 회원 권한에 따라 Honorary, Fellow, Member(이상 투표권 있음), Associate, Joint, Student.(투표권 없음)로 구분
  • Honorary : 전 회장단 등으로 구성되며, 투표권 존재
  • Fellow : 10년간 SAE Member로 관련분야의 전문성을 보유한 전문가, 투표권 존재
  • Member : 관련 분야 공학학위를 소지한 자이거나 기술교육 수료자 및 전문 경험을 갖춘 자, 투표권 존재
  • Associate Member : SAE 목적을 위해 노력해야 하며, 단 Member 요건을 갖추지 못한 자
- 회원사 현황(기관) : 개인회원 약 128,000여명
  • 주요 회원사 명 : General Motors LLC, Ford Motor Company, Chrysler, BMW, Velodyne LiDAR, DENSO International, Association of Equipment Manufacturers, Honda, Nissan, Toyota

□ 국내 참여 현황

- 국내 참여 회원사 현황
  • 주요 회원사 명 : LG전자, 현대자동차 등

- 의장단 진출 현황 (2024년도) : 없음
- 기고서 제출 및 반영실적
  • 국내 산업체의 국제 표준화 역량

□ 소재지 및 URL
- 사무국 소재지 : Headquarters, 400 Commonwealth Drive, Warrendale, Pennsylvania 15096-0001 USA
- URL : http://www.sae.org/

□ 관련 표준화 기구(공식, 포럼/컨소시엄, 오픈소스 진영)과의 협력활동
- ISO TC22(Road Vehicles), TC204(Intelligent Transportation Systems) PSDO
  • 차량, 지능형 교통시스템 관련 무선충전, 차량 상호운용성, 자율자동차 레벨 정의, 차량보안 기술 등 새로운 표준 공동개발 및 기 제정된 표준간의 조화 (Harmonization) 협력에 대한 PSDO(Partnership Standards Development Organization) 협약 추진
  • ISO TC204의 사무국(Secretariat) 역할 수행
  ◦ https://www.sae.org
- China ITS Industy Alliance('17.12)
  • V2X 기술, 자율주행 기술을 위한 공동세미나 개최, 표준 공동개발 협력

□ 조직구성
- 최고 상위 기관으로 조직의 비전 및 운영 방향을 제시하기 위한 이사회(Board of Directors)가 있음. 이사회 임무 및 권한을 원활히 수행하기 위해 하위별도 위원회(Committee), sub-team를 구성하여 운영 중
  • 행정 조직으로 SAE International 조직 운영 및 관리를 위한 회장, 부분별 부회장, 재무관리 부서, 사무국 등이 운영 중
- 이사회 하위 조직으로 기술표준화위원회(Technical Standard Board)가 있으며, 표준(SAE Standard), 권고문서(Recommend practice) 및 정보보고서 (Information Report) 등 SAE 기술문서(Technical Report)를 개발
  • 현재 기술표준화위원회 하위 부분별 협의회(Council)와 240개 이상의 기술위원회

(Technical Committee), 450여개 이상의 소위원회(sub Committee) 운영 중

- 운영위원회(Steering Committees) : 협의회(Council)에 의해 구성되며, 기술위원회(Technical Committees)에서 추진되고 있는 프로젝트 기술문서 작업을 관리 감독하고 그 결과를 정기적으로 협의회에 보고
  - ◦ 갭 분석을 통해 향후 2년 또는 그 이상에 필요한 표준개발 작업에 대한 우선순위 확립
  - ◦ 기술위원회에서 추진하고 있는 문서가 Timeline에 맞춰 추진되고 있는지 상태 확인
  - ◦ 지식재산권에 대한 문제 확인 및 해결방안 모색

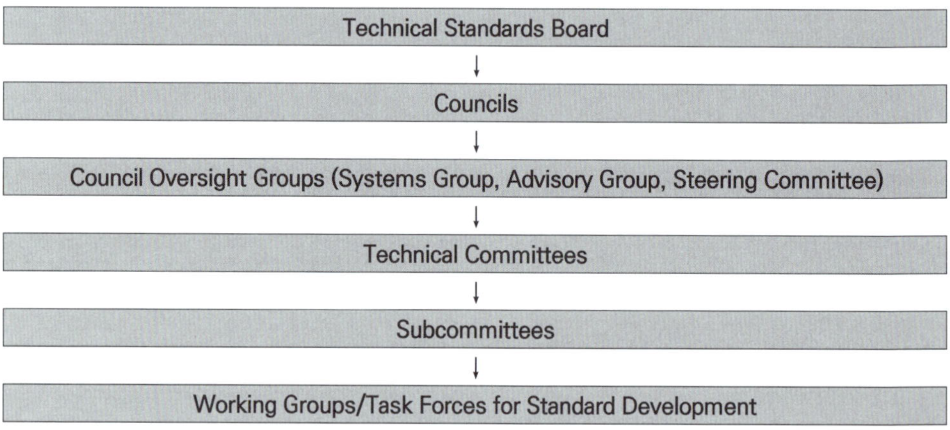

[그림 3-7] Technical Committee Reporting Structure

- 기술위원회(Technical Committees) : 운영위원회(Steering Committees) 또는 협의회(Council)에 의해 구성 또는 폐지되며, 하나 또는 그 이상의 기술문서가 표준화 범위에 맞는지 확인하고 스폰서(Sponsor)와 함께 기술문서 개발 책임
  - 12개월 동안 회의가 없는 경우 Inactive로 선언되며, 그 이후 협의회(Council)에 의해 폐지 가능
- Task Forces : 기술위원회(Technical Committees)에 의해 생성되며, 기술문서 작성시 문제점 등을 해결하기 위해 구성

□ 기술기구 주요역할

- 우주항공 협의회(Aerospace Council) : 항공기 및 관련 부품, 규격, 기술 등에 관한 표준화 활동 추진

- 시스템관리협의회(System Management Council) : 단일 산업 분야에 국한되지 않는 분야의 표준 개발, 유지 및 발전을 담당하고 협의회간 교차 부문에 대한 협의 등 추진
- 건설 농업 및 오프로드 기계 협의회(Construction, Agricultural & Off-Road Machinery Council) : SAE J1116에 정의된 건설 분야, 일반적인 산업 분야, 농업 분야, 임업 분야, 그리고 광업 분야에 관한 응용기술을 설계 및 생산에 관한 활동 주관
- 재료 공정, 부품 협의회(Materials, Processes and Parts Council) : 자동차 산업 전반에 걸친 신소재, 공정 및 부속품 개발 등에 관한 활동을 주관
- 특수차량 및 장비협의회(Specialized Vehicle and Equipment Council) : 보트, 모터사이클, 스쿠터, 스노우모빌, 트레일러 등과 같은 특수 목적 차량 및 그와 관련된 장비들에 관한 개발과 응용, 시험들에 관련된 활동을 주관
- 트럭 및 버스 협의회(Truck and Bus Council) : 1만 파운드 이상의 중대형 트럭 및 버스와 밴, 기능성 차량, 트랙터 그리고 이와 관련한 특수 부품 및 장치 등 전반적인 활동 주관
- 연료 및 윤활유 협의회(Fuels and Lubricants Council) : 차량에 쓰이는 모든 연료 및 윤활유 등에 관련한 모든 정책의 책정과 이슈의 중재, 그리고 정리된 기술 정보의 제공에 대한 역할
- ISO 대응위원회(ISO Technical Committees) : ISO TC20(Aircraft and Space Vehicles), TC22(Road Vehicles), TC204(Intelligent Transport Systems) 등 공식표준화 기구 대응 활동 추진

<table>
<tr><td colspan="2">SAE Board of Directors</td></tr>
<tr><td colspan="2">Technical Standard Board(TSB)</td></tr>
<tr><td>Aerospace Council(AERO)</td><td>Specialized Vehicle and Equipment Council(SVEC)</td></tr>
<tr><td>System Management Council(SMC)</td><td>Truck and Bus Council(T&B)</td></tr>
<tr><td>Construction, Agricultural & Off-Road Machinery Council(CONAG)</td><td>Fuels and Lubricants Council(F&L)</td></tr>
<tr><td>Materials, Processes and Parts Council(MPPC)</td><td>Motor Vehicle Council(MVC)</td></tr>
</table>

[그림 3-8] SAE Technical Standards Board Structure[37)]

37) Technical Standards Board Governance Policy 15th Revision - October 2017

- 자동차 협의회(Motor Vehicle Council)
  - 차량에 들어가는 모든 기술(차체, 연료, 동력 등)에 관한 표준화 활동추진
  - Electrical Systems Group : 차량의 전기 전자 장치 시스템 표준화 추진
  - SAE IC Powertrain Steering Committee : 동력 전달 장치에 대한 표준화 추진
  - Vehicle Engineering System Group : 차량 엔지니어링 기술 표준화 그룹으로 C-V2X 및 DSRC 기술에 대한 표준화 추진
  - Vehicle Safety System Group : 차량 안전 시스템 기술 표준화 그룹으로 ADAS, 자율주행 단계 정의 등 표준화 활동 추진

1.3 무인기 탑재부품(전자, 센서) 신뢰성/안전성 평가 국제 표준소개

[1] 무인기 부품의 표준 역할 및 기술 분야

세계 무인기 산업이 호황을 누리면서 이들 무인정찰기(UAV)도 방송법 영역으로 포함되게 되었다. 무인기는 특히 특별한 도전 상황과 예측 외 사건에 대한 방송에 적합하다. 호주에서 가장 긴 열차를 추적하든, 아니면 회전 속도를 급강하하면서 스키 위를 맴도는 순간 포착 등, 인간과 로봇 카메라가 할 수 없는 곳에도 적용이 가능하다. 무인기는 높은 곳과 어려운 각도에서 촬영하고, 기자들의 너무 위험하거나 접근하기 어려운 재난 지역에서도 송신이 가능하게 한다. 또한, 사람을 실어 나르는 교통 수단으로서의 역할로 수행업무의 영역이 확대 되고 있다.

무인기는 휴대전화 등 가전제품을 위해 만들어진 전자부품 및 제품 덕분에 저렴한 비용으로 제작 가능하며 자율적으로 작동할 수 있다. 무인기에는 GPS 장치, 무선 송신기, 신호 처리기, 마이크로 전자기계 시스템(MEMS), 자이로스코프, 가속도계 등의 부품이 임무를 위해 구성되어 있다. 비행 조종기는 기압 및 공기 속도 센서 뿐만 아니라 이러한 장치를 구성한 보드 타입 센서로부터 데이터를 수집할 수 있다. 전자기계시스템인 무인기는 안전하게 작동하기 위해 국제 표준에 의존하는 전기 및 전자 부품을 사용하고 있다. 아래 표는 무인기 탑재 및 임부 장비의 기술 분야를 설명하고 있다.

[표 3-5] 탑재 및 임무 장비 기술 분야

항법 장비	GPS	GPS 보드 및 안테나	전자 기술
	IMU	IMU 보드	전자 기술
	Airspeed	Air data sensor package/ pitot tube	전자. 제작 기술
	고도	대기압 고도 센서 보드, 거리 측정 상대 보드	전자 기술
	지자기	지자기 센서 보드	전자 기술
	온도	온도 센서	전자 기술
	신개념 센서	Vision/optical flow 센서	통합 전자 기술
	항법 컴퓨터	소형, 경량 Integrated flight computer	전자 기술
	카메라 기반	Vision 기반 장애물 식별 기술	전자 기술 소프트웨어
	레이더 기반	소형, 경량 레이더 칩 개발	반도체 기술
	Acoustic	음파 탐지 장비	전자 기술
	SAA 통합	통합 SAA/DAA 시스템	통합 전자 기술
	SAA소프트웨어	식별과 Tracking	소프트웨어
통신 장비	통제용무선통신	무선모뎀 보드	전자 기술
	무선 영상 전송	무선 영상 전송 시스템	전자 기술
	신개념 무선통신 방식	다중 통신	통합 전자 기술
임무 장비	적외선 센서	적외선 카메라	광학 기술
	카메라 센서 마운트	카메라 마운트	제작 기술

[2] UL과 IEC의 무인기 표준 소개

UL 3030는 무인항공기의 기능 안전 표준으로 상업용(농업, 과학, 연구, 정부, 지역 경찰, 수색 및 구조, 영화 업계나 방송용 비디오, 옥상 검사 사업과 관련된 비행) 무인기 전기 시스템의 안전 요건을 다루고 있다.

IEC 기술위원회(TC) 47, 소위원회(SC) 47F 경우, 드론 비행의 안전 운전에 필수적인 마이크로 전자기계 시스템, 센서 및 MEMS에 사용되는 반도체 소자의 국제 규격을 담당한다.

IEC TC 및 소위원회(SC)의 전장품의 표준 관련 활동에는 다음과 같은 것이 있다.

• IEC TC 44: 기계 부품의 안전 및 전기 기술 측면,

- IEC SC 65 A: 산업 공정 측정, 제어 및 자동화
- IEC TC 2: 회전 기계, 회전 전기기기의 규격을 다루는 국제 표준
- IEC TC 91: 전자 조립 기술 등은 부품을 포함한 전자 조립 기술에 관한 표준.
- IEC SC 21A: 알칼리성 또는 기타 비산성 전해질을 포함한 2차 전지 및 배터리, 모바일 용도에 사용되는 배터리에 대한 국제 표준을 컴파일하고 대용량 리튬 전지와 배터리를 위한 국제 표준
- IEC TC 47: 반도체 장치
- IEC 기술위원회(TC) 47, 소위원회(SC) 47F 경우, 드론 비행의 안전 운전에 필수적인 마이크로 전자기계 시스템, 센서 및 MEMS에 사용되는 반도체 소자의 국제 규격을 담당하며, 가속도계(IEC 60747-14-4), 자이로스코프(IEC 62047-20), 자석계(IEC 62047-19), 압력센서(IEC 60747-14-3)등의 마이크로 전자 센서가 포함된다.

□ IEC [International Electronical Commission]

전기 기술에 관한 표준의 국제적 통일과 조정을 목적으로 1906년에 설립된 '국제전기표준회의'를 이른다. 1947년에 ISO (국제 표준화 기구)가 발족됨에 따라 ISO의 전기 부문으로서 가입했다. 80개의 기술 위원회가 있으며, 현재까지 약 2,000개의 IEC 국제 규격(IEC publication)을 제정했다.

국제전기기술위원회는 지난 1904년 미국 세인트루이스에서 열린 국제전기회의 결과로 1906년 스위스 제네바에 창설됐다. 기관으로는 총회, 이사회, 기술위원회(TC), 사무국, 경영자문위원회, 마케팅위원회, 판매정책위원회, 재정위원회 등이 있다. IEC의 목적은 모든 전기공학적 표준화 문제와 기타 관련 문제에 대해 국제적 협력을 증진하고 세계시장의 요구에 효율적으로 대처하는 것이다.

IEC 활동은 전기전자분야의 표준화를 이룩하기 위해 회원국가와의 국제적 협력 하에 IEC규격을 제정하는 것이며, 이와 같이 제정된 규격을 세계 각국에 보급하여 모든 국가가 전기, 전자제품 및 이와 관련한 사항들을 이 규격에 맞게 표준화함으로써 전기, 전자제품에 대한 품질과 안전성을 확보하고 나아가 국제적 유통을 원활히 하는 데 그 목적이 있다. 그러나 아직 일부 국가는 IEC규격을 채택하지 않는 국가가 있으므로 빠른 시일 안에 모든 국가가 IEC규격을 채택하도록 해야 할 것이며 제정된 IEC규격은 규격이 발간된 후 가능한 신속하게 각 국의 생산업체에 널리 보급되어야 당초의 목적을 효과 있게 달성할 수가 있다. 우리나라는 1963년

5월 공업진흥청이 가입했다.

IEC는 국가 위원회라고 불리는 구성원으로 구성되며, 각 NC는 IEC에서 국가의 전기 기술 이익을 나타낸다. 여기에는 제조업체, 공급자, 유통업체 및 벤더, 소비자 및 사용자, 모든 수준의 정부 기관, 전문 사회 및 무역 협회 및 국가 표준 기관의 표준 개발자가 포함된다. 국가 위원회는 다른 방식으로 구성된다. 일부 NC는 공공 부문일 뿐이고, 어떤 NC는 공공 부문과 민간 부문의 조합일 뿐이고, 어떤 NC는 민간 부문일 뿐이다. IEC 표준을 준비하는 사람들의 약 90%가 산업에서 일한다.

[표 3-6] IEC 멤버십 국가

Algeria Argentina Australia Austria Belarus Belgium Brazil Bulgaria Canada - Standards Council of Canada Colombia - Colombian Institute of Technical Standards and Certification Chile China Croatia Czech Republic Denmark Egypt Finland - SESKO France - AFNOR Germany Greece Hungary Saudi Arabia Serbia Singapore Slovakia Slovenia South Korea South Africa Spain	India - Bureau of Indian Standards (BIS) Indonesia Iran Iraq Ireland Israel Italy Japan Libya Luxembourg Malaysia Mexico Netherlands New Zealand Norway Oman Pakistan Perú Philippines Poland Portugal Qatar Romania Russia Sweden Thailand Turkey Ukraine United Arab Emirates United Kingdom United States

[표 3-7] Associate members

Albania Bahrain Bosnia & Herzegovina Cuba Cyprus Estonia Georgia Iceland Moldova Montenegro Morocco	Jordan Kazakhstan Kenya Latvia Lithuania North Macedonia Malta Nigeria Sri Lanka Tunisia Vietnam

□ UL[Underwriters Laboratory]

1894년 미국에서 설립되어 제품 안전에 관한 표준 개발 및 인증 서비스를 제공해 온 국제적 안전인증 시험기업. 미국 최초의 제품 안전 시험 및 인증 기관으로 수많은 종류의 제품을 대상으로 안전인증 업무와 이에 따른 사후관리 업무, 국제규격에 따른 경영시스템 인증업무 등을 종합적으로 수행하고 있다.

UL 마크는 높은 브랜드 인지도와 신뢰도를 바탕으로 미국 및 전 세계 소비자들로부터 제품 안전의 기준으로 널리 인식되고 있다. 따라서 강제규격은 아니지만 소비자들의 선호도가 높기 때문에 생산자, 판매자, 수입업자 대부분이 요구하고 있어 실제로는 미국에 수출하기 위한 강제 규격과 같다고 할 수 있다.

UL은 미국 국립 규격 연구소(American National Standard Institute, ANSI)로부터 UL의 안전 규격을 미국의 국가 규격으로 지정할 수 있는 자격을 부여받았다.

[표 3-8] UL 표준 규격

Standard for Electrical and Electronic Products	UL 153, Portable Electric Lamps
	UL 197, Commercial Electrical Cooking Appliances
	UL 796, Printed-Wiring Boards
	UL 1026, Electric Household Cooking and Food Serving Appliances
	UL 1492, Audio/Video Products and Accessories
	UL 1598, Luminaires
	UL 1642, Lithium Batteries
	UL 1995, Heating and Cooling Equipment

	UL 2267 Standard for Safety – Fuel Cell Power Systems for Installation in Industrial Electric Trucks
	UL 6500, Audio/Video and Musical Instrument Apparatuses for
	Household, Commercial and Similar General Uses
	UL 60065, Audio, Video and Similar Electronic Apparatuses: Safety Requirements
	UL 60335-1, Household and Similar Electrical Appliances, Part 1: General Requirements
	UL 60335-2-24, Household and Similar Electrical Appliances, Part 2: Particular Requirements for Motor Compressors
	UL 60335-2-3, Household and Similar Electrical Appliances, Part 2: Particular Requirements for Electric Irons
	UL 60335-2-34, Household and Similar Electrical Appliances, Part 2: Particular Requirements for Motor Compressors
	UL 60335-2-8, Household and Similar Electrical Appliances, Part 2: Particular Requirements for Shavers, Hair Clippers and Similar Appliances
	UL 60950, Information Technology Equipment
	UL 60950-1, Information Technology Equipment – Safety, Part 1: General Requirements
	UL 60950-21, Information Technology Equipment – Safety, Part 21: Remote Power Feeding
	UL 60950-22, Information Technology Equipment – Safety, Part 22: Equipment to be Installed Outdoors
Life Safety Standards	UL 217, Single- and Multiple- Station Smoke Alarms
	UL 268, Smoke Detectors for Fire Protective Signaling Systems
	UL 268A, Smoke Detectors for Duct Application
	UL 1626, Residential Sprinklers for Fire Protection Service
	UL 1971, Signaling Devices for the Hearing Impaired
Standards for Wire and Cable	UL 62, Flexible Cords and Cables
	UL 758, Appliance Wiring Material (AWM)
	UL 817, Cord Sets and Power Supply Cords
	UL 2556, Wire and Cable Test Methods

[3] IEC 표준 소개

□ 표준 표지

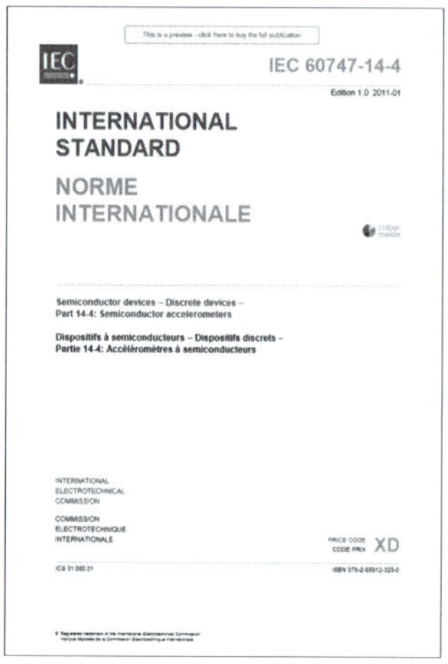

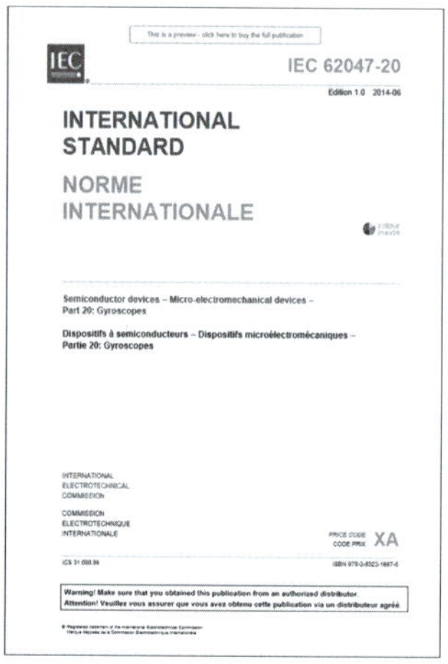

□ 가속도계 표준(IEC 60747-14-4) 규격 구성 및 성능 시험 분석

IEC 60747의 14-4 부분은 모든 종류의 제품에 대한 반도체 타입의 가속도계에 적용된다. 이 표준은 전기회로가 내장된 일반적인 반도체 가속도계 뿐만 아니라 외부회로를 동반한 반도체 가속도계에도 적용된다.

비고 1 이 표준은 반도체 가속도계로 향하지만 대량 생산된 가속도계 유형에 전체 또는 일부를 적용할 수 있다.

비고 2 이 표준의 목적은 반도체 가속도계의 개발로 시작된 주제를 다루는 체계적인 설명을 제시하는 것이다. 반도체 가속도계에 부과되는 미션은 모든 가속도계에 공통적일 뿐만 아니라 이 가속도계에 내재되어 있으며 아직 완전히 해결되지는 않았다. 이와 같은 설명은 최근의 연구 결과에 기초하고 있다. 대표적인 예가 다축 가속도계다. 이 규격에는 다축 가속도계를 이용한 벡터 수량으로서 가속도를 측정하는 방법이 기술되어 있다.

비고 3 이 표준은 ISO 16063 또는 ISO 5347의 기존 부품과 어떤 식으로도 위반하지 않는다. 이 표준은 DC에서 광범위한 주파수에서 가속도의 측정 뿐만 아니라 움직임의 제어에 사용되는 반도체 다축 가속도계의 개념과 교정 절차를 제공하고자 한다.

<table>
<tr><td rowspan="8">필수
ratings
특성</td><td rowspan="4">일반</td><td>동작 원리: 반도체 가속도계의 작동 원리는 다른 유형의 가속도계와 거의 같다. 작동 원리로서 열 대류를 갖는 가속계는 예외로 간주될 수 있다. 반도체 가속도계는 지진 질량운동의 검출원리를 고려하여 피에조 저항형, 용량성형 등으로 분류할 수 있다. 반도체 가속도계에서 볼 수 있는 큰 다양성은 작동 원리의 특성 때문이다.</td></tr>
<tr><td><table><tr><th>반도체 타입 단축 가속도계</th><th>반도체 타입 다축 가속도계</th></tr><tr><td>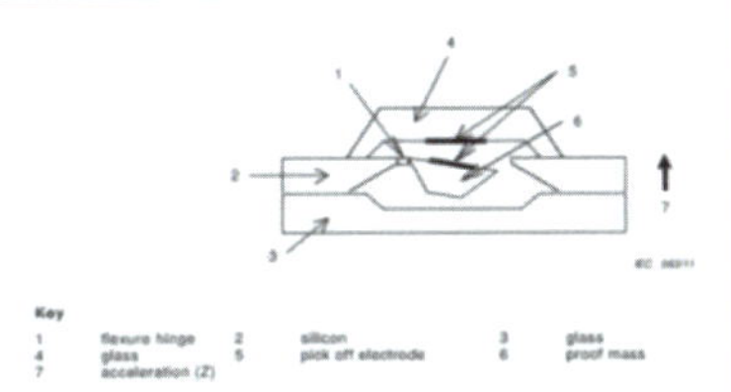
</td><td>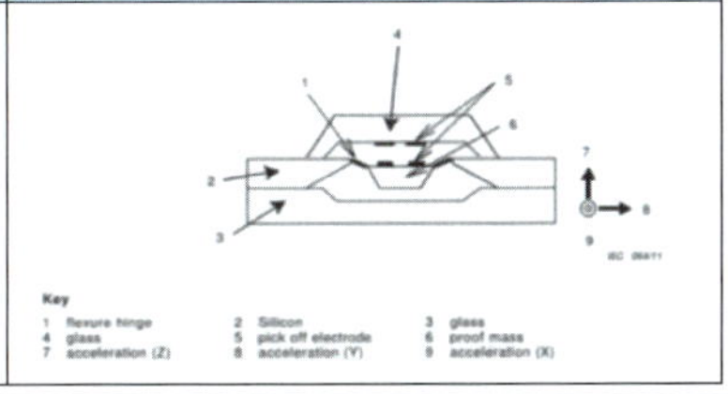
</td></tr></table></td></tr>
<tr><td>성능 평가: 가속도계의 성능평가는 원칙적으로 국소 수준 좌표계에서의 관성을 이용하여 수행되어야 한다. 일부 용도에서는 국소 수준 좌표계와 관성 좌표계 사이의 좌표계 변환을 주의해야 한다. 국부 중력 또는 구심 가속도는 DC 가속도계의 감도를 측정하기 위한 기준 가속도로 권장된다. AC 가속도계의 감도와 DC 가속도계의 주파수 응답 특성을 측정하기 위해서는 일차 보정을 위해 진동 발생기와 레이저 간섭계를 사용하는 것이 좋다.</td></tr>
<tr><td>민감도: 가속도계의 목적은 가속도를 측정하는 것이다. 이것은 가속계의 물리적 기능에 대한 정의가 될 수 있다. 반면에 가속계의 수학적 기능에 대한 정의는 가속도가 벡터 양이기 때문에 실제 가속 벡터의 벡터 공간을 출력 신호 벡터 공간으로 분리하는 것이다. 따라서 선형대수학에서 알 수 있듯이, 행렬이 벡터 공간을 다른 벡터 공간으로 변환할 수 있기 때문에 오직 행렬만이 가속계의 감도를 정의할 수 있다.</td></tr>
<tr><td rowspan="4"></td><td>〈분류〉<table><tr><th>가속도계 레벨</th><th>설명</th></tr><tr><td>Level 4 accelerometer</td><td>레벨 4 가속도계의 감도는 행렬로 정의된다. 행렬의 모든 구성요소는 주파수의 함수로 정의된다.</td></tr><tr><td>Level 3 accelerometer</td><td>레벨 3 가속도계의 감도는 행렬로 정의된다. 감도 매트릭스에 포함된 성분 중 일부는 주파수의 함수로 정의된다. 대각선이 아닌 성분은 0이 아니다.</td></tr><tr><td>Level 2 accelerometer</td><td>레벨 2 가속도계의 감도는 행렬로 정의된다. 행렬의 모든 구성요소는 0이 아닌 비대각 항을 포함한 명확한 주파수와 사양으로 일정하다.</td></tr><tr><td>Level 1 accelerometer</td><td>매트릭스 민감도는 레벨 1 가속도계에서 고려되지 않는다. 입력축을 따라 감도가 교차축 감도와 분리됨</td></tr></table>Symbol(g): 이 표준에서는 국부 중력을 사용하여 교정 또는 시험을 실시할 때 가속을 위해 기호 'g'를 사용한다.</td></tr>
<tr><td>고객/납품업체: 이 표준은 신규 모델 또는 사업 매개변수 측면에서 고객과 공급자간의 합의를 위반하거나 방해해서는 안 된다.</td></tr>
<tr><td>부품 재료: 반도체 가속도계에 사용되는 재료는 주로 실리콘으로 구성된다. 반도체 가속도계의 등급은 원소재에 따라 달라진다.</td></tr>
<tr><td>핸들링 주의점: 감지 요소와 전기 회로의 취약성으로 인해 반도체 가속도계는 등급을 초과하는 환경에 노출되지 않아야 한다. 이는 지정된 특성의 영구적인 변경을 피하기 위함이다. 기기를 취급할 때 IEC 60747-1:2006 제8조에 명시된 주의사항을 "로 언급해야 한다.</td></tr>
</table>

		가속도계 설치 조건: 가속도계의 외부 포장은 의도한 용도에 충분한 강성을 가져야 한다. 공급업체는 사양에 가속도계 장착 및 장착 표면 조건에 대한 요구사항을 설명해야 한다. 이 표준에 설명된 동적 측정은 권장 조건에 따라 수행되어야 한다.
		스팩: 반도체 가속도계 사양은 다음을 포함해야 한다. • name of manufacturer, model; • classification ; • dimensions, mass (weight) and package type, e.g. DIP; • recommended mounting method • ratings, recommended operating conditions and characteristics
	Ratings (한계값)	관련 조달 사양서에 달리 명시되지 않는 한, 다음 사항을 명세서에 기술해야 한다. 이러한 한계에 대한 스트레스는 기기에 영구적인 손상을 일으킬 수 있다. • storage temperature range; • storage humidity range; • mechanical shock; • supply voltage range; • input acceleration limits; • maximum supply voltage or current.
	추천 운용 조 건	관련 조달 사양서에 달리 명시되지 않는 한, 다음 사항을 명세서에 기술해야 한다. 이러한 조건은 운전 중 기기의 특성을 안정되게 유지하기 위해 권장된다. • operating temperature range; • operating humidity range; • operating acceleration range; • nominal supply voltage.
	특성값	**측정 범위**: IEC 60747-1[38]:2006참조
		민감도 및 에러 범위: 민감도는 입력 가속도의 단위 변화당 출력 변화로 정의된다. 단위 입력 가속도당 출력 신호(예: 전압)로 표현해야 한다.
		Bias(offset)와 에러 범위: 바이어스는 입력축을 따라 가속이 없는 출력이다. 이는 가속도가 입력축을 따라 그리고 일반적인 값을 사용하여 +g와 -g의 두 방향으로 적용될 때 두 출력의 대수적 수단으로 나타낼 수 있다.
		선형성: 선형성은 감도에 의해 정의된 직선으로부터 장치 출력의 편차로 정의된다. 규격 및 최대값의 전체 스케일을 가진 백분율 식을 언급해야 한다.
		오경(오차범위): 이것은 가속도계 패키지에 표시된 입력축과 입력 기준 축 사이의 각도를 나타낸다. 최대값을 지정해야 한다.
		Cross-axis 민감도: 이는 입력축 감도를 사용하여 지정된 입력축에 수직 방향을 따라 적용되는 가속도에 의해 발생하는 특정 입력축의 감도 백분율 표현으로 설명해야 한다.
		Cross-coupling 계수: 이 계수는 오픈 루프 제어 시스템이 있는 펜들럼 가속도계뿐만 아니라 마이크로 기계 기술에 의해 제조된 캔틸레버 가속도계에서도 관찰되며 입력축의 기울기에서 비롯된다(예: 진자 또는 캔틸레버). 이것은 감도에 의해 정의된 직선으로부터 장치의 실제 출력의 편차를 구성하는 계수 중 하나이다.
		민감도의 온도 계수: 단위 온도 변화당 +25 °C에서 감도의 최대 백분율 변화.
		Bias의 온도 계수: 단위 온도 변화당 +25 °C에서 편향의 최대 백분율 변화.

<table>
<tr><td rowspan="5"></td><td rowspan="5"></td><td>주파수 반응: 주파수 응답은 시간에 따라 사인파적으로 변화하는 입력과 주파수의 함수로써 사인파 출력 신호 사이의 진폭 비율과 위상 변화를 보여주는 데이터 또는 도표다.</td></tr>
<tr><td>공급 전류: 공급 전류는 달리 지정하지 않는 한 부하가 없고 정상 온도인 +25 °C의 조건에서 지정된다.</td></tr>
<tr><td>Output noise: 이것은 정상 상태 작동에 대한 출력 신호에 포함된 AC 구성 요소로 구성된다. 이 값은 지정된 주파수 대역폭의 r.m.s 값으로 표현하거나 주파수의 제곱근당 전압으로 표현해야 한다.</td></tr>
<tr><td>Ratiometricity: 이는 공급 전압 변화에 대한 가속도계 출력의 선형성을 나타낸다. 반경도 능력이 존재하는지 여부를 명확히 명시해야 한다. 공급 전압 변동에 의한 출력 수량 변화는 선형성으로부터의 편차로 이 수치를 통해 추정할 수 있다. 거리측정성은 최대값(전압) 또는 백분율로 표현된다.</td></tr>
<tr><td>자가 테스트: 이는 실제 가속도 없이 가속도계의 적절한 기능을 점검하기 위함이다.
기능은 지정된 전기 신호가 가속계의 지정된 단자에 적용될 때 전기 출력을 측정하여 판단한다. 자체 시험은 자체 테스트 단자에 입력 전기 신호, 판단을 위한 전기 출력 및 자체 테스트에 적용되는 지정된 영역을 명시하여 지정해야 한다.</td></tr>
<tr><td rowspan="7">측정 방법</td><td rowspan="2">일반</td><td>표준 테스트 조건:
측정은 두 가지 범주로 나뉜다.
• 시험
• 눈금 매기기
시험과 교정의 차이는 국가 표준에 대한 추적가능성에 의해 이루어진다. 교정은 지정된 문서에 작성된 공인 국가 표준 장비 및 기법으로 추적할 수 있는 계측기를 사용하여 수행하는 측정이다.
표준 테스트 조건은 다음과 같다
• temperature: 25°C ± 5°C
• relative humidity: 45 % to 75 %, where appropriate
• air pressure: 86kPa to 106kPa, (860mbar to 1060mbar)
• nominal supply voltage A V ± B V. Supply voltage A and its tolerance B shall be determined in individual specifications.</td></tr>
<tr><td>응용 테스트 방법과 교정법: 교정에 대한 표준 온도 조건은 23°C ± 3°C이다. 상대습도 및 기압은 본 표준과 같다.</td></tr>
<tr><td rowspan="5">특성 평가 위한 테스트 방법</td><td>측정 영역: 가속계는 잘 정의된 기계적 동작 생성 장비에 설치하여 가속도가 입력축을 따라 적용될 수 있도록 해야 한다.
가속도계 본 표준 시험 조건 하에서 운용되어야 한다.</td></tr>
<tr><td>공급 전압 범위: 가속계에 최대 공급 전압을 적용하고 측정 범위, 민감도 및 편향을 측정한다.</td></tr>
<tr><td>민감도와 에러: 가속계는 잘 정의된 기계적 동작 생성 장비에 설치하여 가속도가 입력축을 따라 적용될 수 있도록해야 한다. 달리 명시되지 않는 가속도계 본 표준 시험 조건 하에서 운용되어야 한다.</td></tr>
<tr><td>Bias와 에러, 선형성, 오경 오차, Cross-axis 민감도, Cross-coupling 계수, 민감도 온도 계수, Bias 온도 계수 주파수 반응, 공급 전류, Output noise: IEC 60474 적용</td></tr>
<tr style="display:none"></tr>
<tr><td>수락</td><td>환경</td><td>고온 스토리지: IEC 60749-6 적용</td></tr>
</table>

<table>
<tr><td rowspan="15">**신뢰성**

IEC 60749 시리즈 및 IEC 61000-4 시리즈시험 절차</td><td rowspan="10">테스트</td><td>저온 스토리지: IEC 60749 series 적용.
저장 온도의 허용 오차는 -25°C 미만의 온도에서 ±5°C이고 -25°C 이하의 온도에서는 +3°C ~ -5°C이어야 한다.</td></tr>
<tr><td>온도/습도 스토리지: IEC 60749-5 적용</td></tr>
<tr><td>온도 사이클: IEC 60749-25 적용</td></tr>
<tr><td>온도 shock: IEC 60749-11 적용</td></tr>
<tr><td>Salt mist: IEC 60749-13 적용</td></tr>
<tr><td>진동: IEC 60749-12 적용</td></tr>
<tr><td>Mechanical shock: IEC 60749-10 적용</td></tr>
<tr><td>Electrical noise immunity: IEC 61000-4-4 적용</td></tr>
<tr><td>정전기 내성: IEC 61000-4-2 적용</td></tr>
<tr><td>전자기장 Radiation 내성: IEC 61000-4-3 적용</td></tr>
<tr><td rowspan="2">신뢰성
테스트</td><td>Steady-state life:
IEC 60749-6[39], 일부수정은 관련규격에 달리 명시되지 않은한 이 시험 절차에 적용된다.
이 표준의 주요 시험 조건은 다음과 같다.
a) 주변 온도는 장치의 정격에 따라 최대 작동 주변 온도가 되어야 한다.
b) 장치의 정격에 따른 공칭 또는 최대 공급 전압의 적용
c) 장치의 입력축을 따라 가속되지 않음</td></tr>
<tr><td>Temperature humidity life:
IEC 60749-5[40]는 관련 규격에 달리 명시되지 않은 한 이 시험 절차에 적용된다.
이 표준의 주요 시험 조건은 다음과 같다.
a) 장치의 정격에 따른 공칭 또는 최대 공급 전압의 적용
b) 장치의 입력축을 따라 가속하지 않는다.</td></tr>
</table>

□ 자이로스코프 표준(IEC 62047-20) 규격 구성 및 성능 시험 분석

IEC 62047은 용어 및 정의, 등급과 특성 및 자이로스코프의 측정 방법을 명시한다. 자이로스코프는 주로 소비자, 일반 산업 및 항공 우주 응용 분야에 사용된다. MEMS와 반도체 레이저는 자이로스코프의 장치기술에 널리 쓰인다. 이후 자이로스코프를 자이로라고 한다.

---

38) IEC 60747-1은 IEC 60747과 IEC 60748의 다른 부분에서 다루는 개별 반도체 장치 및 통합 회로에 적용되는 일반적인 요건을 제공한다.

39) IEC 60749-6: EC 60749-6의 목적은 전기적 스트레스를 가하지 않고 높은 온도에서 저장되는 모든 솔리드 스테이트 전자 장치를 시험하고 결정하는 것이다. 이 시험은 비휘발성 메모리 장치(데이터 보존 고장 메커니즘)를 포함한 솔리드 스테이트 전자 장치의 열 활성 고장 방법 및 고장 시간의 저장 조건 하에서 시간과 온도의 영향을 결정하기 위해 일반적으로 사용된다. 이 시험은 비파괴로 간주되지만 가급적 기기 적격성을 위해 사용해야 한다. 이러한 장치가 전달에 사용되는 경우 이 고도로 가속된 스트레스 테스트의 효과를 평가해야 한다.

40) IEC 60749-5: 습한 환경에서의 비흡수 포장 고체 상태 장치의 신뢰성을 평가하기 위한 정상 상태 온도 및 습도 편향 수명 시험을 제공한다

<table>
<tr>
<td rowspan="3">필수 ratings 특성</td>
<td>자이로의 분류</td>
<td>
<table>
<tr><th>분류</th><th>내용</th></tr>
<tr><td>1</td><td>주로 편향의 변화가 명시되지 않은 소비자용</td></tr>
<tr><td>2</td><td>주로 산업용으로서, 적절한 범위의 바이어스 변동의 값을 가지는 설계</td></tr>
<tr><td>3</td><td>주로 지구 속도의 탐지 가능한 기능을 설계 시 항공우주용으로 사용</td></tr>
</table>
</td>
</tr>
<tr>
<td>절대 최대 Ratings</td>
<td>조달 사양서에 달리 명시되지 않는 한 명세서에 기술해야 한다. 이러한 한계에 대한 스트레스는 기기에 영구적인 손상을 일으키는 원인 중 하나가 될 수 있다.</td>
</tr>
<tr>
<td>정상 동작 Ratings</td>
<td>다음 항목은 관련 조달 사양에 달리 명시되지 않은 한 사양에 설명해야 한다. 이러한 조건은 기기를 적용하는 동안 특정 특성을 안정된 상태로 유지하는 것이 좋다.
<table>
<tr><th rowspan="2">Item no.</th><th rowspan="2">Normal operating ratings</th><th colspan="3">Category</th><th colspan="3">Specification</th><th rowspan="2">Unit</th><th rowspan="2">Remarks</th></tr>
<tr><th>1</th><th>2</th><th>3</th><th>Min</th><th>Typ</th><th>Max</th></tr>
<tr><td>4.3.1</td><td>Guarantee operating temperature range</td><td>X</td><td>X</td><td>X</td><td>X</td><td></td><td>X</td><td>℃</td><td></td></tr>
<tr><td>4.3.2</td><td>Guarantee operating humidity range</td><td>X</td><td>X</td><td>X</td><td></td><td></td><td>X</td><td>%</td><td></td></tr>
<tr><td>4.3.3</td><td>Supply voltage range</td><td>X</td><td>X</td><td>X</td><td>X</td><td>X</td><td>X</td><td>V</td><td></td></tr>
<tr><td>4.3.4</td><td>Current consumption</td><td>X</td><td>X</td><td>X</td><td></td><td></td><td>X</td><td>A</td><td></td></tr>
<tr><td>4.3.5</td><td>Start up current</td><td></td><td></td><td>X</td><td></td><td></td><td>X</td><td>A</td><td></td></tr>
<tr><td>4.3.6</td><td>Power supply ripple requirement</td><td></td><td></td><td>X</td><td></td><td></td><td>X</td><td>Vpp</td><td></td></tr>
<tr><td>4.3.7</td><td>Other environmental condition</td><td></td><td></td><td></td><td>X</td><td></td><td>X</td><td></td><td>Recommended ranges of appropriate indexes of environmental conditions such as conditions of electromagnetic environments, air pressure.</td></tr>
<tr><td></td><td>Overload recovering time</td><td></td><td></td><td>X</td><td></td><td></td><td>X</td><td></td><td>Max. value of overload recovering time in the range of measurement less than max rating.</td></tr>
<tr><td colspan="10">Note X: mandatory, Blank: optional</td></tr>
</table>
</td>
</tr>
<tr>
<td rowspan="4">측정 방법</td>
<td rowspan="4">Scale factor</td>
<td>목적: 자이로에서 배율과 관련된 측정 방법을 지정한다.</td>
</tr>
<tr>
<td>측정 회로:
측정 회로는 측정할 자이로와 아래에 나열된 장치로 구성된다. 측정 회로에 적용할 구성 요소는 아래에 설명된 점을 충족해야 한다.
• Temperature controlled chamber
• Temperature sensor
• Power supply for gyro
• Data acquisition system
• Rotating table control device
• Measuring system controller
• Slip ring</td>
</tr>
<tr>
<td>측정 원리:
온도 "T"와 공급 전압 "V"의 스케일 계수의 측정 절차는 아래에 제시되어 있다. 스케일 팩터의 온도 및 반지름오차에 따른 스케일팩터 변동에 대해서는 아래와 같은 절차에따라 온도 및 전압이 변경되는 동안 측정을 수행하며, 측정결과에서 계산한다.</td>
</tr>
<tr>
<td>측정 과정:
• 공급 전압: 전압이 자이로에 가해진다. 와이어링에 의한 전압 강하도 여기서 상상할 수 있다. 따라서 전원 공급 라인과 전압 모니터링 라인은 별도로 배선되며 전압 모니터링 라인의 출력값이 목표 전압과 일치하는지 확인해야 한다.
• 온도 설정: 회전 테이블의 자이로가 측정될 온도에 노출된다. 회전 테이블의 자이로가 설정온도에 도달할 때까지 최소한 온도 조절 챔버에 있어야 함
• 전압정비: 설정 전력 전압은 위에서 언급한 온도 설정에서 시간 경과 또는 소비 전류 변화로 인해 약간 변동할 가능성이 있다. 따라서 자이로가 설정된 온도에 도달한 후 전압을 다시 조정해야 한다.
출력확정:
• 정지 상태에서 자이로의 출력이 안정적이라는 것을 확인한 후, 그림과 같이 회전 각도를 측정한다.</td>
</tr>
</table>

<table>
<tr><td></td><td></td><td>• 출력 표준화
• 각 데이터 계산</td></tr>
<tr><td></td><td rowspan="5">Cross axis 민감도</td><td>목적: 자이로에서 교차 축 감도와 관련된 측정 방법을 지정한다.</td></tr>
<tr><td></td><td>측정 회로:
측정 회로는 측정할 자이로, 전원 공급 장치, 회전 테이블, 데이터 로거 시스템 및 배선으로 구성된다. 측정 서클에 적용할 구성 요소는 아래에 설명된 점을 충족해야 한다.
• 전원 공급기는 자이로(OUT)가 요구하는 지정된 전압과 전류를 공급할 수 있어야 하며, 출력에서의 리플전압에 대한 변동 범위는 공급 상태의 자이로 요건을 충족해야 한다.
• 회전 시스템의 비율 테이블 부분은 자이로에 대해 지정된 회전 각도를 적용할 수 있는 기능이 있어야 하며, 각도의 지정된 최소 분해능 값에 해당하는 적절한 범위 내에서 자이로의 입력 각도 속도를 변경할 수 있어야 한다. 또한 교차 축 민감도 측정의 경우 지정된 각도 비율의 값을 자이로에 연속적으로 적용해야 한다. 따라서 슬립 링을 통해 특정 전력의 공급과 출력 신호의 감지가 적절히 제공되어야 한다. 미끄러짐 링은 소음을 감지하는 데 영향을 미치는 데 사용해야 한다.
• 제어기는 회전 테이블의 회전을 제어함으로써 자이로의 지정된 입력 각도 속도를 제어할 수 있어야 한다.
• 데이터 로거 시스템은 자이로의 출력 모드로 조정된 측정 도구 또는 측정 시스템의 일종이다. 예를 들어, 자이로 출력이 전압인 경우 디지털 멀티미터 또는 데이터 로거를 사용한다.
• 전선은 전원 공급기, 자이로 및 데이터 로거 시스템의 전기 연결을 위한 케이블로 연결되어야 한다. 측정 배선의 통과는 측정 시스템 내부에서 발생하는 영향과 시스템 외부에서 발생하는 간섭 소음을 최소화하기 위한 적절한 통과로 수행되어야 한다.</td></tr>
<tr><td></td><td>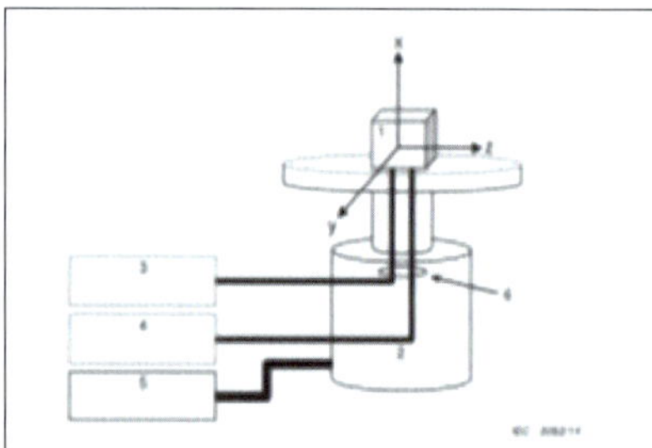

<table>
<tr><td>1</td><td>DUT(Gyro)</td></tr>
<tr><td>2</td><td>Rate Table</td></tr>
<tr><td>3</td><td>Power supply for DUT</td></tr>
<tr><td>4</td><td>Data logger</td></tr>
<tr><td>5</td><td>Rate table controller</td></tr>
<tr><td>6</td><td>Slip ling position</td></tr>
<tr><td>x</td><td>X-axis DUT</td></tr>
<tr><td>y</td><td>Y-axis DUT</td></tr>
<tr><td>z</td><td>Z-axis DUT</td></tr>
</table>
cross axis sensitivity 측정 회로</td></tr>
<tr><td></td><td>적용된 각진율 측정시 주의사항:
• 회전 테이블의 축방향 런아웃, 자이로 장착 고정구의 직교 정확도 및 자이로 장착면의 정확도는 측정할 교차 축 민감도보다 충분히 작아야 한다.
• 일반적으로 적용된 각진율은 자이로의 절대 최대 정격을 초과해서는 안 된다.
• 교차 축 민감도를 보다 정확하게 측정하거나 보다 잘 이해하기 위해 측정에 앞서 다음 사항을 고려해야 한다. 예를 들어 자이로의 각도 속도 출력 안정성이 0.5도/s이고 측정 범위가 200도/s인 경우, 측정된 출력이 자이로 안정성의 2배(1도/s) 이상일 때 교차 축 감도에 의해 출력이 발생한다고 판단할 수 있다.
• 이 교차축 민감도를 측정의 보정이나 보상에 사용할 경우 극성과 기타 관련 인자는 제조자와 사용자 간의 합의에 따라 조정할 것을 권장한다.</td></tr>
<tr><td></td><td>측정 과정: 자이로의 교차축 감도에 대한 측정 절차는 다음과 같다. 이것들은 입력축의 복수성을 갖는 자이로의 측정 절차와 유사하게 적용된다.</td></tr>
</table>

		• 자이로를 회전 테이블에 장착하여 감지되지 않는 축에 각도 속도를 입력축에 직각으로 적용한다. • 적절한 전원을 공급하여 DUT(자이로)에 지정된 전압 값을 공급한 후 DUT를 지정된 켜기 상태 유지. • 절차 1단계에서 설명한 비검출 축 주위에 각도 속도 적용 • 각도 속도가 적용되는 동안 자이로 출력을 측정. • 전압을 공급하지 않도록 전원 공급기를 끄고 각도를 다른 비검출 축에 적용할 수 있도록 회전 테이블에 장착한다. 즉, 절차 단계 1에서 설명한 두 축 모두에 직각이다. • 적절한 전원을 공급하여 DUT(자이로)에 지정된 전압 값을 공급한 후 DUT를 지정된 켜기 상태로 켜고 절차에 설명된 비검출 축을 중심으로 각도 속도를 적용. • 각도 속도가 적용되는 동안 자이로 출력을 측정. 그런 다음 자이로와 측정 시스템을 끈다. • 절차 단계의 결과를 이용하여 측정 원리에 명시된 방법에 따라 십자선을 구한다.
		특정 조건: • DUT에 적용되는 각도 속도 값 • 측정 절차에 따른 작동 온도 값 • DUT에 적용되는 전압 값.
	Bias	**목적**: 편중과 관련된 자이로의 각 항목에 대한 측정 방법을 지정한다.
		측정 과정: 공칭 및 초기 편향의 변화 시 • 자이로를 고정 테이블에 고정시키고, 사양에 따라 전원 케이블과 신호 케이블을 전원 공급기 및 데이터 로거 시스템에 연결한다. • 자이로 입력축의 방향을 확인하고 테스트 현장의 위도에 해당하는 접지 회전 각도 속도 구성 요소를 구하십시오. • 자이로를 고정 테이블에 고정시키고, 사양에 따라 전원 케이블과 신호 케이블을 전원 공급기 및 데이터 로거 시스템에 연결한다. • 자이로 입력축의 방향을 확인하고 테스트 현장의 위도에 해당하는 접지 회전 각도 속도 구성 요소를 구하십시오. • 자이로 주변 온도를 설정하십시오. 온도는 목표 자이로의 사양에 설명된 특정 온도 값으로 설정되어야 한다. • 전원 공급기를 켜고 목표 자이로의 사양에 설명된 지정된 시간과 비교하여 적절한 나중에 자이로 출력을 읽기 시작하십시오. • 데이터 수집 시간은 지정된 시간보다 커야 한다.
	Output noise	**목적**: 자이로의 출력 노이즈 특성과 관련된 측정 방법을 지정
		측정 회로: 측정 회로는 측정할 자이로, 전원 공급 장치, 진동 격리 테이블, 데이터 로거 시스템 및 배선으로 구성된다.
		측정 원리: 안정적인 상태 작동(0입력 속도)에서 자이로의 출력 전압을 측정하고 여기에 포함된 출력 노이즈 구성 요소를 측정한다.
		측정 시 주의 사항: 안정화된 전원 공급기의 전압을 출력 소음 측정의 기준으로 사용하여 전원 공급 리플의 영향을 방지해야 한다.
		특정 조건: temperature, relative humidity, air pressure, Nominal supply voltage.
	주파수 대역	**목적**: 안정화된 전원 공급기의 전압을 출력 소음 측정의 기준으로 사용하여 전원 공급 리플의 영향을 방지해야 한다.

<table>
<tr><td rowspan="6"></td><td rowspan="6"></td><td>측정 회로: 안정화된 전원 공급기의 전압을 출력 소음 측정의 기준으로 사용하여 전원 공급 리플의 영향을 방지해야 한다.</td></tr>
<tr><td>측정 원리: 그림에 표시된 측정 시스템을 사용하여 회전 각속도를 센서 감지 축의 기준 축 방향으로 입력하고, 자이로에서 출력되는 신호는 기준으로 간주되는 회전 각도 속도 출력과 비교하며, 입력/출력 전송 특성을 측정한다. 이것은 시간 지연으로 인한 감쇠 특성과 위상의 측정을 가능하게 한다.
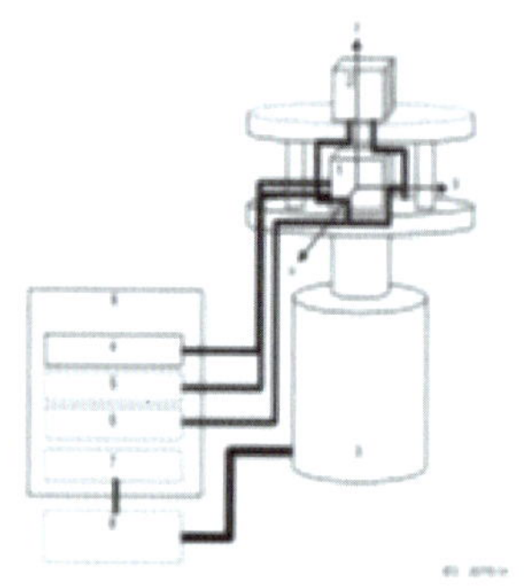
<table>
<tr><td>1</td><td>DUT(Gyro)</td></tr>
<tr><td>2</td><td>Reference angular rate detector</td></tr>
<tr><td>3</td><td>Rate Table</td></tr>
<tr><td>4</td><td>Power supply for DUT</td></tr>
<tr><td>5</td><td>Data logger</td></tr>
<tr><td>6</td><td>Monitor for reference angular rate detect</td></tr>
<tr><td>7</td><td>Fequency Oscillator</td></tr>
<tr><td>8</td><td>Power controller</td></tr>
<tr><td>9</td><td>Control system</td></tr>
<tr><td>x</td><td>X-axis DUT</td></tr>
<tr><td>y</td><td>Y-axis DUT</td></tr>
<tr><td>z</td><td>Z-axis DUT</td></tr>
</table>
〈주파수 대역 측정 회로〉</td></tr>
<tr><td>측정 시 주의 사항:
• 안정화된 전원 공급기의 전압을 출력 소음 측정의 기준으로 사용하여 전원 공급 리플의 영향을 방지해야 한다.
• 기준 각도 검출기는 측정 주파수까지 각도(적용 각도 속도/측정 주파수) 해상도를 가져야 한다. 사용된 회전 테이블은 측정할 기사와 함께 적재된 관성 모멘트에 대해 적용된 각도 속도 측정 주파수를 생성하기에 충분한 토크를 가져야 한다.
• 자이로 및 편차에 적용할 전력 전압은 각속도 적용 후 진폭 출력을 측정하기 위해 각 사양 범위 내에 있어야 하며 안정적인 상태에 있어야 한다.</td></tr>
<tr><td>측정 과정: Calibration, Bandwidth, Gain peak</td></tr>
<tr><td>특정 조건: 측정에 앞서 주파수 반응을 측정해야 한다.</td></tr>
<tr><td></td></tr>
<tr><td rowspan="5"></td><td rowspan="5">분해능</td><td>목적: 자이로의 분해능을 측정하기 위함.</td></tr>
<tr><td>측정 회로: 분해능 측정은 소음에 의해 쉽게 영향을 받기 때문에 장비에 의해 발생하는 것을 포함하여 소음 간섭의 영향을 억제하는 데 주의를 기울여야 한다.</td></tr>
<tr><td>측정 원리: 회전 표에 의해 입력 각도 비율이 변경되었을 때 측정 회로에서 입력 각도 비율의 출력이 50% 이상 확인될 수 있는 입력 각도 rate의 최소 변화는 분해능(최소 분해능)으로 간주된다.</td></tr>
<tr><td>측정 과정: 전원공급, 온도설정, 전압정비, 출력확정, 출력정상화, 결과확인</td></tr>
<tr><td>특정 조건: 분해능 측정 전에 온도나 공급 전압을 측정한다</td></tr>
</table>

□ 압력 센서 표준 (IEC 60747-14-3) 규격 구성 및 성능 시험 분석

국제 표준 IEC 60747-14-3은 절대 압력, 게이지 압력, 또는 차압을 측정하는 반도체 압력 센서에 대한 요구사항을 규정한다.

반도체 압력 센서는 두 압력 사이의 차이를 전기 출력량으로 변환한다. 두 압력 중 하나는 기준 압력일 수 있다. 여기에는 선형 및 온오프 (스위치) 유형의 센서가 포함된다.

필수 ratings 특성	일반 사항	**센서 재료 (피에조 센서)**: 반도체 압력센서에 사용되는 재료는 반도체 소재로서 Si, 복합반도체, 일부 금속산화물 반도체 등 피에조 저항 효과가 크다. 압력 센서의 등급은 사용되는 재료에 따라 달라진다.
		관리 주의 사항: 센서를 취급할 때에는 IEC 60747-1 제8조에 규정한 취급 주의사항을 준수해야 한다.
		Types: 절대 압력, 게이지 압력, 차압
	Ratings (한계 값)	**압력**: • Maximum pressure (P_{max}), • Burst pressure (P_{burst}), • Over-pressure capability, • Maximum number of pressure cycles up to a specified pressure
		온도 : 최고와 최저 스토리지 온도(T_{stg}),최고와 최소의 작동 온도 (T_{amb})
		전압 : 최대 공급 전압 (Vs_{max})or전류 (Is_{max})
	특성	Full-scale span (VFSS)
		Full-scale output (VFSO)
		민감도 (S)
		Temperature coefficient of full-scale sensitivity
		Offset voltage (V_{os}).
		Temperature coefficient of offset voltage
		Pressure hysteresis of output voltage
		Temperature hysteresis of output voltage
		반응 시간
		Warm-up
		크기
		기계적 특성
측정 방법	일반 사항	**일반 주의 사항**: IEC 60747-1의 하위절 6.4에 열거된 일반적인 사전주의사항이 적용된다.
		측정 조건: 측정은 별도로 지정하지 않는 한 25C의 작동 압력 범위에서 수행해야 한다.

	출력 전압 측정	목적: 특정 조건 하에서 출력 전압을 측정한다.
		〈측정 원리〉 회로 설명 및 요구 사항: 미터 및/또는 측정기의 내부 임피던스는 측정할 서클의 성능 및 테스트 결과에 영향을 미치지 않아야 한다.
		Key: 1 Output +, 2 Input +, 3 Input −, 4 Output − 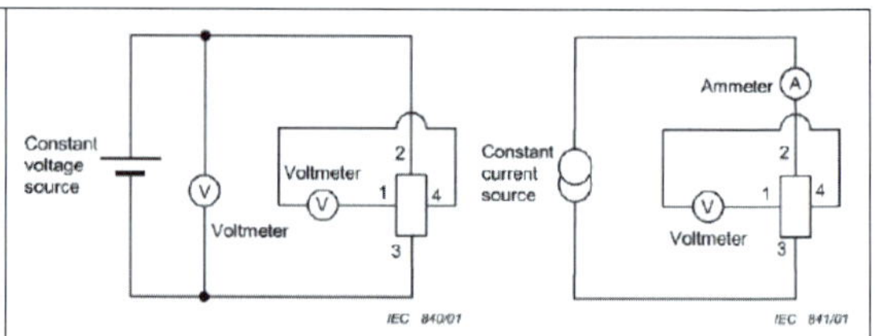 〈constant voltage〉 〈constant current〉
	민감도	목적: 지정된 조건 하에서 장치의 감도를 측정한다.
		측정 과정: P1과 P2의 두 압력에 대한 전압 출력을 측정하고 다음을 계산한다. $S = (V_2 - V_1)/(P_2 - P_1)$
		특정 조건: 주변 온도 또는 기준 온도
	Temperature coefficient of sensitivity	목적: 지정된 조건 하에서 장치의 감도 온도 계수를 측정한다.
		특정 조건: 측정이 수행되는 온도
	Temperature coefficient of full-scale span	목적: 지정된 조건 하에서 장치의 전체 범위 온도 계수를 측정한다.
		특정 조건: 측정이 수행되는 온도.
	Temperature coefficient of offset voltage	목적: 오프셋 전압의 온도 계수를 측정한다.
		특정 조건: 측정이 수행되는 온도.
	Pressure hysteresis of output voltage	목적: 출력 전압의 압력 이력을 측정한다.
		회로도 와 회로 설명
		특정 조건: 측정이 수행되는 온도
	Temperature hysteresis of output voltage	목적: 출력 전압의 온도 이력을 측정한다.
		측정 과정: IEC 60747-14-1[41] 참조
		특정 조건: 측정이 수행 되는 온도
	Linearity	목적: 시작점에서 끝점까지의 직선에 대해 입력 압력에 따른 출력값의 변동을 측정한다.
		측정 과정: 엔드 포인트를 포함하여 측정 압력 범위 내에서 최소 5개의 입력 압력에 대한 전압 출력을 측정한다.
		특정 조건: 주변 온도 또는 기준 온도.

41) IEC 60747-14-1 는 다양한 유형의 센서에 대해 이 시리즈의 다른 부분에서 주어진 사양에 대한 기초가 되는 센서의 사양에 관한 일반 항목을 설명한다. 이 표준에 기술된 센서는 기본적으로 반도체 재료로 만들어지지만, 이 표준에서 기술된 문구는 유전체 및 페로 전기 재료와 같은 반도체 이외의 재료를 사용하는 센서에도 적용된다.

[4] 무인 항공기 안전 표준 (UL 3030)의 전장품 기능 안정성 및 측정 방법 소개

□ 규격 소개

무인항공기에 대한 조사 개요의 첫 번째 호, UL 3030은 미국 연방규정 14 CFR 107에 따라 상업용 응용이나 사업용 응용에 부수되는 비행을 위해 비행에 사용되는 무인항공기(UAV)의 전기 시스템을 다룬다.

- 2016년 12월 12일 개요 발표
- 2018년 9월 18일 ANSI/CAN/UL-3030: 2018, Unmanned Aircraft Systems Edition 1 공표

[그림 3-9] 규격 표지

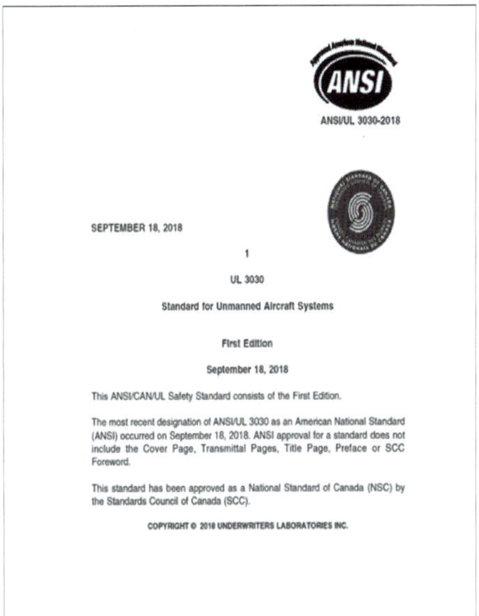

[그림 3-10] UL 3030 공표 내용

UL3030 표준에서 다루는 제품의 구성요소는 해당 구성요소의 요구사항을 준수해야 한다. 그러나, 구성 요소는 다음과 같은 특정 요구 사항은 준수할 필요가 없다.

a) 이 표준에서 다루는 제품의 구성부품의 적용에 필요하지 않은 특징 포함

b) 이 표준의 요구사항으로 대체되는 경우

구성부품은 의도한 사용 조건에 대해 설정된 정격에 따라 사용해야 한다. 특정 분야의 적용 구성품은 시공 기능에 불완전하거나 성능 능력이 제한된다. 이러한 구성부품은 특정 온도가

지정된 한도를 초과하지 않는 등 제한된 조건에서만 사용하도록 설계되었으며, 그러한 특정 조건에서만 사용해야 한다.

UL3030 표준에 포함된 제품은 제품을 사용할 국가에 적합하게 본 조항에서 명시한 기준 표준을 준수해야 한다. 제품이 둘 이상의 국가에서 사용하도록 되어 있는 경우, 제품은 사용하려는 모든 국가에 대한 표준을 준수해야 한다.

□ 규격 범위

요구사항 범위는 이 표준에서 정의한 무인 항공기 시스템(UAS)의 전기 시스템을 포함하며, 상업용 애플리케이션 또는 업무용 애플리케이션에 부수되는 비행에 사용된다. 이 요건으로 적용되는 UAS (unmanned aircraft systems)는 무인 항공기가 25kg (55lbs) 미만이고, 연방 규정에서 확인한 대로 인증된 UAS 조종사가 운용하도록 되어 있다. UAS는 외부 소스에서 충전되는 내부 리튬 이온 배터리를 공급받도록 되어 있다. UAS는 100 V dc 이하의 작동 전압을 가지도록 되어 있으며, 옥외 작동을 목적으로 한다. 이 요구사항은 또한 UAS 재충전을 위해 제공된 배터리 및 충전기 시스템 결합뿐만 아니라 이러한 UAS의 고유한 특징과 관련된 감전, 화재 및 폭발 위험을 포함한다.

□ 표준 규격 구성

UL 3030 표준은 대상의 구성 부품 (재료, 하위 시스템 포함) [표 3-10], 인체 보호 방법 [표 3-9], 성능, 환경, 신뢰성 테스트, Marking, 설명서로 구성되어 있다.

UAS 배터리는 이 표준의 성능 시험을 수행하기 위하여 제조업체의 사양에 따라 완전히 충전되어야 한다. 충전 후와 시험 전에 배터리는 최소 6시간 및 최대 8시간 동안 실외에서 정지되어야 한다.

[표 3-9] Human Safety Protection

인체 보호용	Sharp edges	외함, 개구 부, 프레임, 가드, 손잡이 또는 이와 유사한 것은 정상적인 유지보수 또는 사용 시 부상 위험을 발생시킬 만큼 충분히 날카롭지 않아야 한다. 이 요건은 의도한 기능을 수행하기 위해 어느 정도의 선명도를 가지도록 되어 있는 프로펠러에는 적용되지 않는다.
	외장장치강도	외함은 제34절 외함 시험의 강도에 따라 시험해야 한다.

[표 3-10] UL 3030 Component Composition

규격 범위	분야
구성 부품	일반
	비금속 재료
	금속 재료
	외장장치
	어셈블리
	내부 와이어링과 터미널
	충전기
	절연 레벨 과 보호용 접지
	보호 회로와 안전 분석
	인쇄기판
	배터리 셀과 팩
	모터
	회로 스페이스와 분리
	퓨즈
	악세사리

달리 명시되지 않은 한, 생산된 새로운 샘플은 이 표준에 기술된 시험을 위해 사용되어야 한다. 각 시험에 사용할 시험 프로그램과 표본 수를 아래 [표 3-12]에서 보여준다. [표 3-12]의 노트에 따라 표본 수를 줄일 수도 있다. UAS를 작동하는데 필요한 배터리 팩의 수는 각 샘플마다 필요하다. 모든 시험 기간은 달리 명시되지 않는 한 일반적으로 완전 충전 배터리 팩의 작동 기간과 상관관계가 있다.

달리 명시되지 않은 한 모든 시험은 25 ± 5℃(77 ± 9°F)의 실내에서 수행한다. 온도는 열전대를 사용하여 측정해야 한다. 열전대는 0.21mm^2 이상 0.05mm^2 이하의 와이어로 구성된다. 열전대에 의한 기준 온도 측정이 필요할 때마다 0.05mm^{2}철망과 콘스탄탄 와이어 및 전위차계 형식의 기기로 구성된 열전대를 사용해야 한다. 열전대 와이어는 표준화된 열전대 ANSI/ASTM E230/E230M에 대한 표준 사양 및 온도-전기력(emf) 표의 EMF 대 온도 표의 초기 값에 대한 허용오차에 지정된 요건을 준수해야 한다. 샘플이 열평형에 도달해야 하는 시험 (일명 정상 상태 조건)의 경우, 열평형은 이전에 경과한 시험 시간의 10% 간격에서 5분 이상에서 ±2℃ 이상의 온도 변화가 없음을 나타내는 3회 연속 판독 후 달성되는 것으로 간주된다.

다음과 같은 성능 시험 후에 UAS 전기 시스템은 제조자의 사양에 따라 최소 1 사이클의 충방전 주기를 거쳐야 한다. 그리고 [표 3-11]에 기술된 비 준수 결과가 없어야 한다.

a) 전기 테스트: Overcharge, short circuit, imbalanced charging;

b) 기계적 테스트: Vibration, shock;

c) 환경 테스트: IPX4 Verification, partial immersion, and thermal cycling.

[표 3-11] Non-compliant Test Results

Non-compliant results	Designation	Testa
Explosion	E	All tests
Fire	F	All tests
Rupture (enclosure)	R	All tests except crush
Electrolyte Leakage (external to enclosure)	L	All tests except crush
Electric shock hazard (resistance below isolation resistance limits or dielectric breakdown)	S	All tests (if hazardous voltage)

a) 금형 응력, 유전 전압 '내구성, 절연 저항, 변형 완화 및 라벨 영구성 테스트와 같은 UAS의 특정 부분을 평가하는 테스트의 경우, 테스트 방법에 명시된 준수 기준만 적용하면 된다. 추가 규정 준수 기준에 대한 자세한 내용은 개별 테스트를 참조

[표 3-12] Test Program and the Number of Sample

Test	Clause	Sample[a] (X=UAS,Y=BatteryPack)e									
		1	2	3	4	5	6	7	8	9	10
Input Verification	27	X									
Temperature Test (Charging and flying)	28	X									
Dielectric Voltage Withstand Test	29	X									
Isolation Resistance Test	30	X									
Capacitor Discharge Test	31	X									
Component Faults[b]	32.2		X								
Relay and Solenoid BurnoutC	32.3		X								
Disconnected Fans/Blocked Vents	32.4	X									
Internal Battery Reverse Polarity[b]	32.5			Y							
Overcharge	32.6				Y						
Short Circuit	32.7					Y					
Imbalance Charging	32.8							Y			
Shock Test	32.9								Y		
Thermal Cycling	32.10									Y	
Vibration Test	33										Y
Impactd	34.1	X	X								
Drop[d]	34.2				X	X					
Mold Stress	35			X							
IPX4 Code Rating	36.1						X				
Temporary Immersion	36.2							X			
Accelerated Aging of Gasketsc	37	X									
Permanence of Marking	38		X								
Motor Overload[c]	39	X									

a) 표시된 표본 수는 최악의 경우로 간주되며, 해당 샘플에 대해 표시된 테스트 후에도 작동 상태를 유지하는 샘플은 다른 테스트에 사용할 수 있다.

b) 테스트에는 여러 가지 조건이 포함되며, 이 모든 조건은 잠재적으로 파괴적이며 샘플을 작동할 수 없게 만든다. 교체 부품은 완전히 새로운 샘플을 제출하는 대신 필요에 따라 사용할 수 있다.

c) 검사에는 주 검체의 내부 또는 외부(벤치 검사)에서 검사할 수 있는 특정 성분이 포함된다. 구성요소의 개별 표본을 사용하거나 전체 표본에서 구성요소를 추출하여 테스트할 수 있다.

d) 검정에는 둘 이상의 표본이 필요하며 각 표본은 서로 다른 조건에서 검정된다. 표의 표시는 각 조건에 대한 표본을 포함하며 검정의 반복을 나타내는 것이 아니다.

e) 또한 UAS 샘플이 필요하다는 것을 나타내는 테스트는 UAS를 의도한 대로 작동하는 데 필요한 모든 배터리 팩을 요구한다. 배터리 팩 샘플이 필요함을 나타내는 테스트의 경우 이전 테스트로 손상되지 않은 경우 원래 UAS를 테스트에 사용할 수 있는데, 이러한 경우에는 UAS의 추가 샘플이 필요할 수 있다.

□ 기타 표준 테스트 규격

• 배터리/배터리 팩 진동 테스트

본 시험은 UAS의 배터리 팩의 진동에 견디는 능력을 평가한다. 시험은 환경 시험 표준에 따라 실시하여야 한다. 배터리 팩 또는 배터리가 설치된 UAS는 사용 중 방향과 유사한 방법으로 진동 시험 플랫폼에 안전하게 장착해야 한다. 샘플은 수직축(Z)으로 시작하고 세로축(X)으로 끝나는 순서로 공간의 세 개의 수직축을 따라 무작위 진동을 가해야 한다. 표본은 21시간 동안 각 축의 진동을 받아야 한다. 각 축의 주파수는 전기적으로 입증된 도로 차량 표준에서 설명한 수직(Z) 축, 세로(X) 축 및 가로(Y) 축의 파워 스펙트럴 밀도(PSD)로 5Hz에서 200Hz까지 변화를 준다. Test Specification for Lithium-Ion Traction Battery Packs and Systems – Part 1: High-Power Applications, ISO 12405-1 참조.

시험 후 UAS 배터리 팩이 작동하는 경우, 제조자의 최대 지정 값에서 최소 1회의 충전/방전 사이클을 실시해야 한다. 시험은 24/7(1주일) 관찰 기간을 따라야 하며, 관찰 기간이 끝났을 때 위험한 작동 전압을 보여주는 UAS 표본은 본 표준의 제29절 또는 제30절 (습도 조절 없이)의 절연 저항 시험을 받아야 한다. 시험 결과 [UL 3030 table 10]의 비 준수 결과를 나타내지 않아야 한다.

• 무인항공기 진동 테스트

전체 UAS의 표본은 본 표준의 33.2.2 - 33.2.6에 명시한 시험을 시행했을 때 화염이나 용융된 금속을 방출하거나 화재, 감전 또는 부상 위험을 초래하지 않아야 한다. 샘플을 사용 중 방향과 유사한 방법으로 진동 기구에 장착해야 한다. 장치를 본 표준의 33.2.3에서 설명한 진동 시험을 수행한 후:

a) UAS는 33.2.1의 요건을 준수해야 한다;

b) 부품이 헐거워져서는 안 된다;

c) UAS는 정상적으로 작동해야 한다.

진동 시험은 10~55 Hz 주파수에서 1시간 동안 진동을 가한 후 10Hz까지 거슬러 올라가며 선형 스위프 시간은 스위프 사이클당 2분 이어야 한다. 진폭은 수직면에서 1.0 + 0.1, - 0 mm (0.040 + 0.004, - 0Inch) p-p 변위 한계여야 한다.

이 시험 후, 표본은 제조자의 최대 지정 값에서 최소 1회의 충전/방전 사이클을 받아야 한다. 이 충전/방전 사이클 후 샘플은 24/7(1주일)에 따라 관찰 기간을 거쳐야 한다.

관찰 기간이 끝났을 때 위험한 작동 전압을 보여주는 UAS 표본은 본 표준의 제29절 또는 제30절 (습도 조절 없이)의 절연 저항 시험을 받아야 한다. 시험 결과로 [UL 3030 table 10]의 비 준수 결과를 나타내지 않아야 한다.

• 외장 장치의 강도 테스트 - 충격

위험한 작동 전압이 인가 된 UAS의 외함, 가드 또는 커버의 표본은 이 시험을 거쳐야 한다. 첫 번째 샘플은 수령한 상태로 시험한다. 두 번째 샘플은 표준에서 표시한 대로 제조자의 권장 주위 온도에서 4시간 동안 저온 격실에서 컨디셔닝을 거친다. 시료는 저온 격실에서 분리하여 표준 34.1.2에 설명한 충격테스트를 즉시 받아야 하며, 시료를 취급할 때는 열전달을 최소화하기 위해 장갑을 착용해야 한다.

외장장치, 가드 또는 커버는 의도한 사용 또는 보관 중에 영향을 받을 수 있는 표면에 6.78 N-m (5 lb·ft)의 충격을 가해야 한다. 충격은 1.30m(51Inch) 높이에서 직경 50.8mm (2Inch)에 약 0.535kg(1.18lb)의 강철 구를 떨어뜨려 재현한다. 상부를 제외한 표면에 대해서는 강철 구를 줄로 매달아 1.30m의 수직 거리를 통해 떨어지는 진자로 스윙 할 수 있도록 한다. 충격은 의도한 사용 조건에서 타격에 노출된 각 표면에 한 번 가해야 한다.

이 시험 후에 위험한 작동 전압이 인가 된 UAS 표본에 해당하는 경우, 표준의 제29절 또는 제30절 (습도 조절이 없는) 절연 저항 시험을 받아야 한다.

경전기차 (LEV) 용도 배터리 표준 (UL 2271 and CAN/ULC-S2271)에 표시된 프로브처럼 직경 2.5mm, 길이 100mm의 시험 막대를 사용하여 위험 전압 부품에 접근할 수 있는 외함이 손상되지 않아야 한다.

• 외장 장치의 강도 테스트 - 낙하 충격

이 시험은 UAS가 사용자에 의해 들어올리거나 취급할 때 우발적으로 낙하할 때 위험이 존재하는지 여부를 평가하기 위한 것이다.

위험한 작동 전압이 인가된 상태에서 가장 큰 손상 위험을 발생시키는 것으로 간주 되는 경우로, 제조자가 제공한 부속품을 1.0 ±0.01 m (40 ±0.4인치) 높이에서 3회 떨어뜨려 리프팅 시 발생하는 것을 대표적인 방법으로 콘크리트 표면을 타격해야 한다.

콘크리트 표면은 최소 76 mm (3인치) 두께 여야 하며 UAS를 덮을 수 있는 충분한 면적이 되어야 한다. UAS가 비금속 외함, 가드 또는 덮개를 사용하는 경우, 두 번째 샘플을 시험한다. 낙하 시험을 실시하기 전에 최소 4시간 동안 표준에서 표시한 제조자의 권장 주위 범위에 표시된 가장 낮은 온도로 샘플을 컨디셔닝 해야 하며, 저온 조건화에서 샘플을 제거한 후 즉시 수행해야 한다. 샘플을 취급할 때는 열 전달을 최소화하기 위해 장갑을 착용해야 한다.

시험 후 위험한 작동 전압이 인가된 UAS 표본에 해당되는 경우 표준 제29절 또는 제30절(습도 조절 없이)의 절연 저항 시험을 받아야 한다.

소형 전기차(LEV) 용도 배터리 표준 UL 2271 및 CAN/ULC-S2271에서 표시한 대로 길이 100mm의 시험 로드가 위험 전압 부품에 접근할 수 있는 정도의 외함 손상이 없어야 한다.

• Mold Stress 테스트

본 시험은 금형 또는 성형 작동으로 인한 내부 응력 방출로 인해 금형 또는 성형된 열가소성 외함에 수축이나 왜곡이 존재하는지를 평가하여 위험 부품의 노출이나 전기 공간 감소를 초래하는지 평가하기 위한 것이다. 위험 작동 전압이 없는 UAS의 경우 이 시험은 필요하지 않다.

표본은 외함에서 관측된 최고 온도 또는 80 °C (176 °F)의 온도 중 더 높은 온도에서 10 °C (18 °F)의 균일한 온도로 유지되는 순환 공기 오븐에 배치해야 한다. 샘플은 오븐에 7시간 동안 유지 되어야 한다.

통전 된 셀의 과열 위험을 방지하기 위해, 샘플은 컨디셔닝 전에 완전히 방전 되어야 한다. 오븐에서 조심스럽게 꺼낸 후 위험한 작동 전압이 인가된 UAS 시료는 검사 전에 상온까지 식혀야 한다. 검사 후, 표본은 표준 제29절 또는 제30절(습도 조절 없이)의 절연 저항 시험을 받아야 한다.

소형 전기차 LEV(Light Electric Vehicle) 용도 배터리 표준 UL 2271 및 CAN/ULC-S2271에서 표시한 대로 길이 100mm, 지름 2.5mm의 시험 막대를 사용하여 위험 전압 부품에 접근할 수 있는 정도의 UAS 외함 손상이 없어야 한다. 또한 [UL 3030 table 10]의 비 준수 결과를 나타내지 않아야 한다.

• Water Exposure 테스트 - IPX4 Code Rating

이 시험은 UAS의 전기 시스템이 의도한 사용에서 잠재적 물 노출에 견딜 수 있는 능력을 평가하기 위한 것으로, 본 표준에 설명한 시험 방법에 따라 실시한다.

완전 충전된 UAS는 외함 (IP 코드), IEC 60529, 에 대한 보호용 표준에 따라 물 노출 시험을 받아야 한다. UAS가 제조자가 더 높은 IP 코드 등급을 제공하지 않는 한 2차 특성 Numeral 4 (IPX4)로 표시된 레이팅 경우, UAS를 등급에 따라 시험해야 한다.

시험 후에도 UAS의 전기 시스템이 여전히 작동하는 경우 제조자의 최대 지정 값에서 최소 1회의 충전/방전 사이클을 받아야 한다. 시험은 24/7의 관찰 기간을 가져야 한다.

관측 기간이 끝났을 때 위험한 작동 전압이 인가된 UAS 표본은 제29절 또는 제30절(습도 조절 없이)의 절연 저항 시험을 받아야 한다. 또한 UAS는 5분 동안 의도한 대로 작동할 수 있어야 하며 표준을 준수해야 한다.

이 시험의 결과로 [UL 3030 table 10]에 설명한 대로 비 준수 결과를 나타내지 않아야 한다.

• Water Exposure 테스트 - 일시적 잠수

UAS는 본 표준에서 언급한 대로 작동 중 UAS가 수분에 노출되는 것을 상징하는 부분 잠수 시험을 받아야 한다. 해당 충전/방전 사이클 전후에 이 시험의 결과로 화재 또는 폭발의 징후가 없어야 한다.

UAS는 76 mm(3인치)의 물 높이로 UAS의 가장 높은 지점을 덮는 깊이에 완전히 잠수해야 한다. UAS는 5분 동안 이 잠수에 노출된다.

시험 후 UAS의 전기 시스템이 작동하는 경우, 제조자의 최대 지정 값에서 최소 1회의 충전/방전 사이클을 받아야 한다. UAS의 전기 시스템은 작동하지 않으면 충전기에 연결되어야 하며 어떠한 위험도 존재하지 않는다고 판단되어야 한다.

시험은 24/7 관찰 기간을 가져야 한다. 관찰 기간이 끝났을 때 위험한 작동 전압이 인가된 UAS 표본은 (습도 조절 없이) 유전 전압 내성 시험, 또는 절연 저항 시험을 받아야 한다.

이 시험의 결과로 표준의 [UL 3030 table 10]에 설명한 대로 비 준수 결과를 나타내지 않아야 한다.

• 가스켓의 가속 수명 테스트

표준의 [UL 3030 table 11]의 요건은 물 노출 시험을 준수하기 위해 사용한 개스킷 및 밀봉 화합물에 적용된다. 표준 37.7의 요구 조건은 개스킷을 고정하는 데 사용되는 접착제에 적용된다. 발포성 물질을 제외한 네오프렌과 고무 개스킷 재료는 [UL 3030 table 12]에 명시된 조건에 따라 노화를 가속화하기 전과 후에 [UL 3030 table 11]에 명시된 물리적 특성을 가져야 한다. 기포 네오프렌 및 기포 고무 개스킷 재료는 [UL 3030 table 11]에 명시한 조건에 따라 노화가 가속되어야 한다. 재료는 경화되거나 밀봉 특성에 영향을 미치는 정도로 변질되지 않아야 한다.

열가소성 개스킷 재료는 [UL 3030 table 12]에 명시된 조건에 따라 가속 노화를 겪어야 한다. 열가소성 물질은 밀봉 특성에 영향을 미칠 정도로 변형되거나 녹지 않아야 한다. 고체 폴리 염화비닐 재료는 가속 노화 전후에 본 표준의 [UL 3030 table 37.1]에 명시한 물리적 특성을 가져야 한다.

인장 강도와 연장은 열가소성 고무 및 열가소성 탄성체 표준 시험 방법 - 인장, ASTM D412에 기술된 시험 방법과 장치를 사용하여 결정해야 한다.

[표 3-13] Physical Properties for Gaskets

Physical Property	Neoprene or Rubber		Polyvinyl-chloride	
	Before conditioning	After conditioning	Before conditioning	After conditioning
Recovery - Maximum set when 25.4 mm gage marks are stretched to 63.5mm, held for 2 min, and measured 2 min after release.	6.4mm		Not Specified	
Elongation- Minimum increase in distance bet. 25.4mm gage marks at break.	250%	85%	250%	75%
	25.4-88.9mm of original		25.4-88.9mm of original	
Tensile- Strength minimum force at breaking point.	5860 kPa (75% of original)		8273 kPa (90% of original)	

[표 3-14] Accelerated Aging Conditions

Measured temperature rise℃(F)	Conditioning	
	Neoprene or Rubber	Thermoplastic
35(63)	Air oven aging for 70 h at 100℃	168 h in an air circulating oven at 87℃
50(90)	Air oven aging for 168 h at 100℃	240 h in an air circulating oven at 100℃
55(99)	168 h in an air-circulating oven at 113℃	168 h in an air circulating oven at 113℃
65(117)	240 h in an air circulating oven at 121.0℃	168 h at 121℃ or 60 days at 97℃ in an air circulating oven
80(144)	168 h in an air circulating oven at 136℃	168 h in an air circulating oven at 136℃

밀봉하고자 하는 표면에 밀봉화합물을 도포해야 한다. 온도 상승이 35 °C (63 °F)를 초과하지 않는 경우, 밀봉 화합물을 적용한 표면의 대표적인 표본을 87.0 ± 1.0 °C (189.0 ± 1.8 °F)의 공기 오븐에서 7일간 컨디셔닝 해야 한다. 밀봉화합물은 노화된 샘플과 비교함으로써 결정된 밀봉 특성에 영향을 미칠 정도로 녹거나 부서지거나 변질되지 않아야 한다.

접착제로 고정되고 온도 상승이 35 °C (63 °F)를 초과하지 않는 개스킷의 경우, 접착제로 고정되는 개스킷 샘플은 다음 조건에 대하여 72시간 동안 노출되어야 한다. 노출 후에 개스킷의 장착 표면에서 벗겨내는 데 필요한 힘은 제시된 샘플을 사용하여 결정된 값의 50% 이상이어야 하지만 개스킷 폭의 0.04 kg/mm (인치당 2파운드) 이상이어야 한다.

a) 100.0 ±1.0°C (212.0 ±1.8 °F) 온도;

b) 23.0 ±1.0°C (73.0 ±1.8 °F)온도에서 증류수 침지;

c) 영하 10.0°C (14.0 ±1.8 °F) 온도

이 절에 명시된 온도 상승은 온도 시험 중 개스킷에서 측정한 최대 온도 상승에 해당한다. 이 조에 지정한 재료 이외의 재료는 비 흡수성 이어야 하며, 온도 상승이 더 높은 모든 재료는 적용을 위한 노화 및 온도에 대한 내성을 제공해야 한다.

2 국제표준화 추진체계 및 단계 조사

2.1 EUROCAE 표준개발 방법

[1] 표준화 절차(Process)

표준화 개념	표준화 활동	표준 개발 절차
1. 투명하고 공개된 프로세스 2. 동의된 개발 방향 3. 표준 검증 4. 공개 검토 5. 국제적인 인정과 적용 6. 국제적인 참여 격려 7. 산업계에 의한 개발	ICAO → GANP, GASP, Safety Reports etc. EASA → Regulatory Activities, Reports, Studies etc. Investigation Authorities → Accident/Incident Reports EUROCAE → Based on their needs	Document development approved ↓ Drafting of document by WG ↓ EUROCAE Open Consultation ↓ Comment resolution & Finalisation of draft ↓ EUROCAE Council approval ↓ Publication of EUROCAE Document

[그림 3-10] EUROCAE 표준화 절차도

[2] 표준화 작업 결과물

- 표준화 작업결과물
  - 표준(Standard) : 표준화 프로세스를 거쳐 최종 표준으로 승인된 문서로 ED로 표현됨
  - 기술보고서 (Technical Report) : 각 기술에 대한 산업체 동향을 포함한 문서로써 ER로 표현됨
- 문서번호 체계(제안번호, 반영번호, 제정번호 등을 포함하여 작성)
  - ED- XXX (표준으로 3자리수 넘버로 해당 표준 표현)
  - ER- XXX (기술 보고서로 3자리수 넘버로 해당 기술 보고서 표현)

[3] 지적재산권 (IPR: Intellectual Property Rights) 정책

- IPR 정책 흐름
  - 국제표준화에 있어서 큰 특징은 표준화 추진 시 특허권 등 지적재산권(IPR)을 필수적으로 고려하고 있다.

- 특허정책은 표준화 과정이 완료되기 전에 표준의 구현에 필요한 특허기술의 공개를 권장하고 있으며 이를 바탕으로 기업 또는 개인이 보유한 혁신적인 특허를 합리적이고도 비차별적인 조건으로 표준 제정에 반영할 수 있도록 하고 있다.

• IPR 정책의 실행 요강

- 표준 작업에 참여하는 자는 작업의 초기부터 이들 표준화기구에 자신 소유 또는 다른 기관 소유의 알려진 특허 내지 출원중인 특허를 알려야 한다.
- 표준이 개발되고 위의 정보가 공개되면 다음 3가지 상황이 발생
  ① 특허권자는 합리적인 조건하에서 비차별적으로 무료 라이선스 교섭
  ② 특허권자는 합리적인 조건하에서 비차별적으로 라이선스 교섭
  ③ 특허권자는 위의 가지 규정에 다르지 않으면 표준에 특허의 내용을 포함할 수 없음
- 위 3가지 어느 경우에도 특허권자는 특허 설명서 및 라이선싱 선언서 양식을 이용하여 서면 설명서를 표준화기구에 제출하여야 함
- 일반적으로, EUROCAE 결과물은 특허를 포함해서는 안 된다. 그러나 예외적인 상황에서 EUROCAE 규격이 특허 기술에 의존하거나, 기반하거나, 통합하는 것을 피할 수 없는 경우가 있을 수 있으며, 특별한 이유와 예외적인 상황에서 특허가 EUROCAE 제공물에 전부 또는 부분적으로 포함되는 경우, 모든 당사자가 부당한 제약 없이 특허에 접근할 수 있어야 한다.
  ·FRAND(Fair, Reasonable 및 Non-Discriminatory) 원칙

• 저작권 정책

- EUROCAE 또는 그 WG에 의해 생산되는 모든 제공물의 저작권의 소유권은 특정 규정에서 달리 예견되지 않는 한 EUROCAE의 독점적 지적 및 상업적 재산이다. 사무국은 모든 유럽 연합 인도 품목에 적절한 표시가 있는지 확인해야 한다.

[4] 국내 대응전략

• 기고서 작성방법 및 제안 방법

- 기고서 작성 방법
- 기고서 제안 방법

[표 3-15] 국내 TTA 표준과 EUROCAE 표준의 비교표

TTAK.xx-xx.xxxx/R1	EUROCAE ED-286
1 적용 범위	1. PURPOSE AND SCOPE
2 인용 표준	
3 용어 정의	1. PURPOSE AND SCOPE
4 약어	1. PURPOSE AND SCOPE
5 Counter-UAS 개념	2. COUNTER-UAS CONCEPT
6 운영서비스	3. OPERATIONAL SERVICES
7 운용 환경	4. OPERATIONAL ENVIRONMENT
8 시나리오 기술	5. SCENARIO DESCRIPTION
부속서 A ○○○○○	
부록 I-1 지식재산권 확약서 정보	
I-2 참고 문헌	

2.2 ASTM 표준개발 방법

[1] ASTM의 표준화 절차(Process)

[그림 3-11] ASTM 표준화 절차도

- 개인(일반), 기업, 기관이 표준 제안하고자 하는 대상에 대하여 ASTM 접수
- 타당성 검증 된 접수 건에 대하여 TF(Task Force) 전달 및 TF에서 표준 초안 작성
- SC(소위원회)에서 서면 투표로 승인여부를 결정하고, 결정된 사항 건을 상부 위원회인 TC(기술위원회)로 보고
- TC(기술위원회)에서 최종적으로 서면 투표로 승인여부를 결정하고 산업체 위원에게 전파 및 공표
- 표준 종류
  - 표준시험방법(Standard Test Method) : 각종의 소재, 제품, 시스템의 물성 혹은 시험결과에 영향을 미치는 서비스의 특성 및 결정적인 품질확인 절차와 측정방법
  - 표준사양서(Standard Specification) : 소재, 제품, 시스템, 서비스가 충족시켜야 하는 일련의 명확한 요구사항
  - 표준작업방법(Standard Practice) : 하나 또는 복수의 특정한 작업을 실행하는 일련의 지시로 시험결과 명시

- 표준용어(Standard Terminology) : 표준과 관련된 각종 표현 및 어휘의 정의, 약어, 새로운 용어 제정 및 심볼(Symbol)에 관한 설명
- 표준지침서(Standard Guide) : 어떤 분야에 대한 정보와 적용 방법에 대한 이해를 높이기 위한 해설
- 표준분류(Standard Classification) 소재, 제품, 시스템 혹은 서비스에 관해 성분, 물성 혹은 용도 등에 대하여 유사한 특성을 갖는 부류의 체계적인 분류

[2] 표준화 작업 결과물

• 표준화 작업결과물

- 표준(Standard) : ASTM 표준화 기구에 의해 승인되거나 공표되는 작업결과물

• 문서번호 체계

알파벳 구별	영문명	한글명
A	Ferrous Metals	철강, 주물, 도금 등
B	Non-Ferrous Metals	비철금속, 도선, 야금 등
C	Cementitious, Ceramic, Concrete, Masonry Metals	시멘트, 세라믹스, 바닥재, 유리 등
D	Miscellaneous Materials	페인트, 종이, 석유류, 고무, 플라스틱 등
E	Miscellaneous subjects	금속관련 시험방법 등
F	Materials for Specific Applications	특정 용도의 재료
G	Corrosion, Deterioration and Degradation of Materials	금속의 부식, 피로, 열화 등
PS	Proposals	잠정 규격

- ASTM 표준 문서번호 체계도

ASTM	(분류기호)	(번호)	(연호)

- Ex) ASTM B 827-97 : ASTM의 B(Non-Ferrous Metals)분야의 827에 대한 번호를 가진 표준이며 발행은 1997년도
- '연호' 뒤에 소문자 a 또는 b가 붙은 경우는 a는 동년도 內에서 2번째 개정판, b는 3번째 개정판

- ASTM 표준이 다른 단체규격에서 채용한 것인 경우 오른쪽 위에 기관명이 표시
- 규격이 재확인되었을 경우, '연호' 뒤에 (Reapproved xxxx)로 표시
- 편집상 변경이 있는 경우 ε1(입실론)의 표시

[3] IPR 정책

• 특허 및 저작권 정책

- ASTM International은 인쇄물, 전자제품, 데이터베이스, 오디오/비디오 제품 및 기타 (미국 저작권법 및 국제 저작권법에 따라) 저작권의 적용을 받는 기타 모든 사안에 대한 저작권 보호를 받을 권리가 있으며, 이는 ASTM International 및 그 회원들을 ASTM IP의 무단 복사 및 배포로 부터 보호 조치
- ASTM International 기술위원회에 참가하거나 ASTM IP의 창설, 개발 또는 채택에 참여함으로써 참가자 및 위원회 위원은 ASTM International에 있는 지적 재산권에 대한 저작권이 있음을 인정, 각 회원은 연간 회원 혜택의 참여와 즐거움으로 저작권을 포함한 소유권의 전부 또는 일부를 ASTM IP에서 ASTM으로 소유 또는 보유 할 수 있음을 동의, ASTM International의 요청이 있는 경우 그러한 참가자 및 위원회 위원은 ASTM International이 필요하다고 인정하는 모든 문서(저작권을 포함하되 이에 국한되지는 않음)를 양도하고 효력을 발휘하기로 동의, 이 양도 또는 이전에 의해 ASTM International에 부여 된 권리는 ASTM International에 영구히 귀속
- 가능한 한 독점 또는 특허 장비, 장치, 재료 또는 정보를 표준에 포함시키지 않는 것이 ASTM International의 정책이며, 포함이 필요한 경우에는 ASTM International의 특허 정책 준수

[4] 국내 대응전략

• 기고서 작성 및 제안 방법

- 기고서 작성 방법 : ASTM 기고 양식에 맞추어 작성
- 기고서 제안 방법 : 표준 제정 신청 건에 대한 내용을 ASTM 양식에 상세 기입하여 ASTM 온라인으로 제출

신규표준신청 → **ASTM검토 및 의견수렴** → **개정안 제출** → **최종 결정**

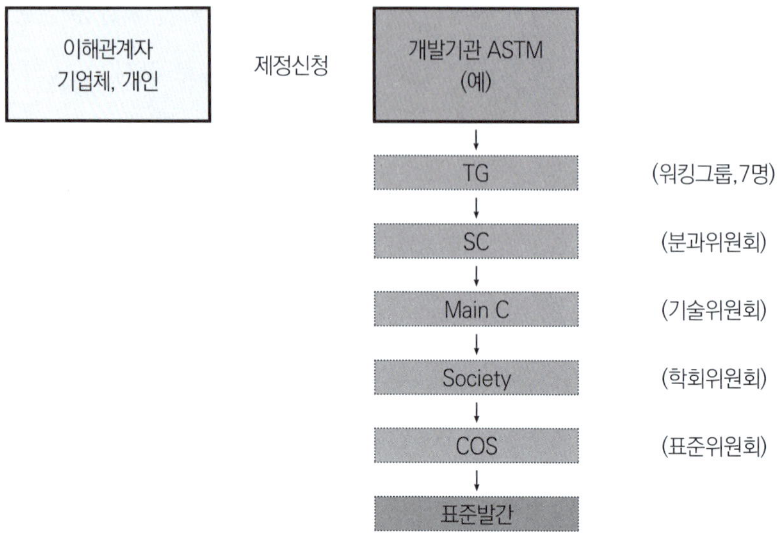

[그림 3-12] ASTM International 표준 제정 절차 프로세스

◦ 표준 제정 의뢰자 ASTM 신규 표준 기고서 제출

◦ ASTM Working Group(약 7명으로 구성됨)에서 신규 표준 기고서 검토 및 개정 내용 요구

• 국내 대응 전략

- ASTM International에서 진행하는 사실표준의 경우 기업 간 경쟁에 의해 표준이 결정됨에 따라 특정 기업의 시장독점 가능성 존재
- 경쟁사 관계 우려에 따른 정보공개의 불완전, 공유가 폐쇄적
- 국내 산업체의 유리한 입지를 선정하기 위해 ASTM의 필요성에 대한 교육을 시행하고, 이에 따른 우선적 표준 제안을 통해 국제표준 선점을 전략적으로 추진 필요

[5] ASTM 표준 제정 완료 : 무인 항공기 시스템 분야(ASTM F38) 26종

[표 3-16] ASTM 표준 완료된 무인 항공기 시스템 분야

연번	WG	표준번호	표준명	제개정연월
1	F38.01 (감항)	F2910-14	sUAS의 설계 및 건설을 위한 표준 사양	2014
2		F2910-14e1	sUAS의 생산 승인을 위한 표준 관행	〃
3		F3002-14a	sUAS용 지휘 및 제어 시스템 설계를 위한 표준 사양	〃
4		F3003-14	sUAS의 품질 보증을 위한 표준 사양	〃
5		F3005-14a	sUAS용 배터리 표준 사양	〃
6		F3201-16	UAS에 사용되는 S/W의 신뢰성 보장을 위한 표준 관행	2016
7		F3269-17	복잡한 기능을 포함하는 UAS의 안전한 바인딩 비행동작에 대한 표준 관행	2017
8		F3322-18	sUAS 낙하산 표준 사양	2018
9		F2851-10	UAS 등록 및 표시 표준 관행	〃
10		F3298-19	경량 UAS의 설계, 건설 및 검증을 위한 표준 사양	2019
11		F3389 M-20	소형 무인항공기 충격의 안전성 평가를 위한 표준시험방법	2020
12		F3442 M-20	시스템 성능 요구사항 감지 및 방지를 위한 표준 사양	〃
13		F3478-20	FAA 감독하에 저위험 UAS를 위한 내구성 및 신뢰성 비행 시연 프로그램 개발을 위한 F3778-20 표준 관행	〃
14	F38.02 (비행 운영)	F3178-16	sUAS의 운영 위험 평가를 위한 표준 관행	2016
15		F31986-18	BVLOS sUAS 작업에 대한 승인 요청 표준 관행	2018
16		F2849-10	우회 비행장의 UAS 취급을 위한 표준 관행	2019
17		F2909-19	경량 UAS의 지속적인 감항성을 위한 표준 사양	〃
18		F3411-19	원격 식별 및 추적에 대한 표준 사양	〃
19	F38.03 (인력 교육, 자격 및 인증)	F2908-18	UAS용 무인항공기 비행 매뉴얼 표준 사양	2018
20		F3266-18	UAS 승인 원격 조종사 훈련을 위한 표준 가이드	〃
21		F3330-18	훈련을 위한 표준 사양 및 UAS 운용자 훈련 매뉴얼	〃
22		F3364-19	무인항공기 운영자를 위한 독립 감사 프로그램에 대한 표준 관행	2019
23		F3365-19	UAS에 대한 ASTM 표준 감사를 위한 표준 관행	〃
24		F3366-19	sUAS용 일반유지관리 매뉴얼 표준 사양	〃
25		F3341M-20a	UAS에 대한 표준 용어	2020
26		F3379-20	UAS 승인의 공공 안전 원격 조종사 교육을 위한 표준 가이드	〃

[표 3-17] ASTM 표준 개발중 : 무인 항공기 시스템 분야(ASTM F38) 29종

연번	WG	표준번호	표준명	개정여부
1	F38.01 (감항)	WK66135	sUAS용 배터리 표준 사양	F3005-14a
2		WK68098	UAS에 사용되는 소프트웨어의 신뢰성 보장을 위한 표준 관행	F3201-16
3		WK65056	복잡한 기능을 포함하는 UAS의 안전한 바인딩 비행동작에 대한 표준 관행	F3269-17
4		WK72958	경량 UAS의 설계, 건설 및 검증을 위한 표준 사양	F3298-19
5		WK73601	sUAS 낙하산 표준 사양	F3322-18
6		WK76302	소형 무인항공기 충격의 안전성 평가를 위한 표준시험방법	F3389-20
7		WK74215	시스템 성능 요구사항 감지 및 방지를 위한 표준 사양	F3442-20
8		WK60937	UAS에 사용하기 위한 연료전지 설계	신규
9		WK62669	감지 및 회피	〃
10		WK62670	대형 UAS 설계 및 시공	〃
11		WK69690	감시 UTM 추가 데이터 서비스 공급자 성능	〃
12		WK72960	경량 UAS 검증	〃
13	F38.02 (비행 운영)	WK62344	BVLOS sUAS 작업에 대한 승인 요청 표준 관행	F3196-18
14		WK76077	원격 식별 및 추적에 대한 표준 사양	F3411-19
15		WK73142	날씨	신규
16		WK65042	사람 위 비행	〃
17		WK59317	버티포트 디자인	〃
18		WK63418	UTM과 UAS 서비스 공급업체의 상호운용성	〃
19		WK69335	UAS에 대한 ASTM 표준 사용을 위한 프레임워크	〃
20		WK75923	UAS를 위한 위치 확인, 항법 및 시간 동기화	〃
21		WK75981	버티포트 자동화 추가 데이터 서비스 공급자	〃
22	F38.03 (인력 교육, 자격 및 인증)	WK73802	UAS에 대한 표준 용어	F3341-20
23		WK75861	UAS 승인의 공공 안전 원격 조종사 교육을 위한 표준 가이드	F3379-20
24		WK67357	경량 UAS 제조업체 품질 보증 시스템	신규
25		WK61763	UAS 승인 원격조종교관 교육	〃
26		WK62734	경량 UAS에 대한 제조업체 유지관리 데이터 개발 사양	〃
27		WK62741	UAS의 시각적 관찰자 훈련 및 장비	〃
28		WK62744	경량UAS 전문운영자를 위한 일반운영 매뉴얼	〃
29		WK63407	sUAS에 제공되는 필수 제품 정보	〃

2.3 SAE 표준개발 방법

[1] 표준화 절차(Process)

• 표준초안 개발을 위해 신규 프로젝트를 제안하고 관련 위원회(Committee)에 승인

- 관련 위원회(Committee)는 해당 범위 내에 표준초안 개발을 위해 위원회 하위 별도의 소위원회, Task Force, Document Sponsor 중 하나에 위임 가능
- 신규 프로젝트 승인 시 신규 표준개발 필요성, 기존 기술과의 호환성 등을 고려

• 관련 위원회(Committee)는 표준초안을 개발하고 개발된 초안은 2단계의 투표(Level Ballot) 과정 수행

- Document Sponsor는 위원회 내에서 표준초안 개발을 위한 일련의 활동 추진 (표준초안 개발 준비, 투표를 위해 초안을 SAE Staff에 전달, 투표과정에서 발생된 커멘트에 대한 해결 등)
- 1 level Ballot(Committee): 관련 위원회에 참석하는 전문가를 대상으로 투표하며 초안에 대한 기술적인 부분의 수정 및 보안 코멘트(Comment)를 제공
- 2 level Ballot(Council): 관련 위원회 상위 조직인 협의회(Council) 참여하는 전문가를 대상으로 초안에 대한 문서 완성도, 표준절차에 대한 투표를 진행

• 투표가 완료되면 TSB(Technical Standard Board)에서 최종 승인하며 발간

[표 3-18] SAE International 표준화 단계(참조 : MVC[42] Policy - April 2015)

Stage	SAE Technical Report Name	Responsible / Approval
1. Proposal Stage	New work item proposal	SAE Committee/Steering Committee
2. Committee Stage	Committee Working Draft	SAE Committee, Task Force
3. Balloting -1st Level	Committee Draft	SAE Committee
4. Balloting -2st Level	Committee Draft	SAE Council
5. Publication Stage	SAE Technical Report	SAE Staff

42) Motor Vehicle Council

[2] 표준화 작업 결과물

- SAE International 기구에 의해 승인되거나 공표되는 작업 기술 결과물은 Standards, Recommended practices, Information Reports 등
- 표준화 작업결과물 : 기술 문서
  - Standards : 재료, 제품, 프로세스, 절차 또는 테스트 방법에 대해 널리 받아들여지는 엔지니어링 사례 또는 사양
  - Recommended practice : 표준 엔지니어링 실습을 위한 지침으로 실습, 절차 및 기술을 포함하며, Standards 보다 일반적이며 아직 받아들여지지 않은 데이터를 포함
  - Information Reports : 기술 참조 데이터 등 교육을 위한 자료

- 문서번호 체계
  - SAE International 기구에서 발간되는 모든 문서는 아래와 같이 부분별로 접두사(Prefix)를 다르게 하여 구분(우주항공분야는 A, 자동차분야는 J를 사용)

Prefix	Full Name
AMS	Aerospace Materials Specification
AS	Aerospace Standard
J	Surface Vehicle Document

[3] IPR 정책

- SAE는 지적재산권에 대한 권리를 보호하며, 특히 인쇄물, 하드웨어, 데이터베이스 등에 대한 저작권을 보호. 이는 SAE 지적재산을 무단으로 복사 및 배포하는 것을 방지하기 위함으로 SAE 지적재산은 조직의 목적을 증진시키기는 방식으로만 사용 가능. 또한, SAE 콘텐츠 재사용 권한을 쉽게 요청하기 위해 저작권 허가 센터와 파트너 관계

[4] 국내 대응전략

- 기고서 작성 및 제안 방법
  - 기고서 작성 방법
    - ◦ 기술문서 개발을 위한 신규 프로젝트 제안의 권한은 SAE International 회원에 한하여 가능하며 SAE 웹사이트를 통해 가능

◦ 신규 프로젝트 제안 작성 시, 제안자 인적사항, 신규 프로젝트의 범위, 필요성 및 타 기구와의 관련성 등을 작성하여 제출

• 국내 대응 전략

- SAE는 항공우주, 모빌리티 및 상업용 자동차 분야의 시장 표준화를 주도하고 있는 글로벌 사실표준화 기구이며, 미국 NHTSA(미국도로교통안전국) 법규, UL 인증 및 ISO TC22/TC204 표준에 반영되고 있어 북미 수출이 많은 우리나라 자동차 업계에서도 현재 직·간접적으로 많이 사용 중. 특히 자율주행 기술의 단계 정의, 자율주행을 위한 내외부 통신 등 중요한 표준화 아이템을 발굴하여 국제표준화를 추진 중이나 한국의 경우 참여율이 매우 저조하며, 개인, 회사, 연구소 등이 개별적으로 활동 중

3 eVTOL 관련 표준 최신 동향

3.1 ED-293 CONCEPT OF OPERATIONS FOR VTOL AIRCRAFT (VTOL 항공기의 운용 개념), VOLUME 2: COMMERCIAL PASSENGER AIR TAXI TRANSPORT (상용 여객 에어 택시 운송) 소개

SECTION 1 INTRODUCTION

<목적 및 범위>

이 문서는 VTOL 항공기에 의한 상용 여객 항공 택시 운송을 위해 운영 개념 (ConOps)에 의해 제공될 것으로 예상되는 구조와 정보를 명시한다.

이 문서의 현재 버전은 EASA SC-VTOL을 지원하는 유인 VTOL 운영에 유효하며 [1] 무인 비행 운영에 대한 추가 정보가 있을 때 검토한다.

이 문서는 VTOL 항공기를 이용한 상용 여객 항공 택시 운송을 위한 개별 ConOps를 구조화하기 위한 지침 역할을 해야 한다.

ConOps는 VTOL 항공기 운영자 또는 기타 이해 당사자에 의해 설정될 수 있으며 개별 운영에 맞춤화 필요

특정 섹션이 특정 운영에 적용되지 않는 것으로 간주되는 경우, VTOL 항공기 운영자는 관련 섹션에 따른 언급으로 이를 표시 가능

그것은 ED-278, VTOL 항공기를 위한 운영 개념, 1권: 일반 고려 사항에 기초. 다른 특정 표준 시나리오를 더 자세히 설명하는 추가 볼륨으로 보완할 수 있다.

이 문서의 준수는 VTOL 항공기로 의도된 상업용 여객 에어 택시 운송에 대한 포괄적인 개요에 대한 요건이 승인 프로세스에서 일반적으로 직면하는 모든 조건에서 충족되도록 보장하기 위한 하나의 방법으로 권고된다.

<SCOPE OF THE CONOPS>

ConOps에 대한 이 지침은 [1]에 따라 강화된 인증 범주의 VTOL 항공기를 이용한 상용 여객 항공기 운송에 적용된다. ConOps는 일반적으로 또는 특정 사용 사례에 대해 절차, 역할

및 기반시설과 같은 상용 여객항공택시 운송 운영의 모든 관련 양적 및 질적 측면을 식별하고 이해관계자와 소통하고 합의한다.

SECTION 2 ORGANISATION AND PARTNERS OF VTOL AIRCRAFT OPERATORS

VTOL 항공기에 의한 안전한 상용 여객 에어 택시 운영을 지원하기 위한 조직적 설정을 설명해야 한다. 여기에는 다음이 포함되어야 하지만 이에 국한되지는 않는다.

- 조직 및 관리의 구조
- VTOL 항공기 운영자의 책임과 의무
- VTOL 항공기 운영자와 해당 시 설계, 생산, 교육 및 유지보수에 사용되는 조직 간의 관계
- 관련 프로세스 및 절차에 대한 설명

기타 기존 문서는 해당 시 참조되어야 한다.

SECTION 3 OPERATIONS

이 섹션은 VTOL 항공기를 포함한 상용 여객 항공 택시 운송을 준비하고 수행할 때의 이해관계자, 비행 전, 비행 중 및 비행 후 단계에서의 주요 활동, 우발상황 및 비상 절차에 대한 정보를 포함한 주요 특성과 단계를 설명해야 한다.

도입부로서, 개별 ConOps는 운영에 대한 일반적인 가정과 프레임워크를 명시해야 한다.

- 운영 특성,
- 영향을 받는 공역,
- ATM / UTM 서비스 제공,
- 적용 가능한 기상 조건
- 주변 또는 환경 조건,
- 관찰해야 할 장애물 간격
- 이륙 및 착륙 지점(들)
- VTOL 항공기 구성

[표 3-1] TYPE OF OPERATIONS AND OPERATING ENVIRONMENT

Operational characteristics	• 해당되는 경우 성능 특성 • 작동 목적, • 운행 규모(차량 수, • 항공기 인증 기준 • 비행의 각 단계 동안 승무원과 자동화 시스템의 참여 수준 • 적용 가능한 비행 규칙 (예: VFR, IFR), • 가시성 조건, • 모든 날씨 및/또는 야간 운영(예/아니오), • 승인된 비행 봉투, • 무선 지원 기능 (예: ADF, DME, VOR), • ILS 기능, • GNSS 항법 및 접근 기능(예: RNP, LPV 등)
Flight area and airspace description	• 수상 및 정체 지역 상공을 포함한 비행 경로 • 공역 구조 및 요건(예: 분리 구역, 비통제 구역 등) • 특정 성능 제한(ATC가 부과한 비행 규칙보다 보수적)의 결과로 준수해야 하는 운항 제한 및/또는 비행 규칙 • 이격/정확한 상태 유지
Take-off and landing site	• VTOL이 안전하게 수용, 사용될 수 있는 경우 수직항과 비행장의 식별(운영 현장은 상업용 여객 항공기 운송에 적합하지 않은 것으로 간주됨) • TOLA 현장 승객 매개변수(예: 설계 및 피크 용량), • 승객 취급을 포함한 이착륙 장소에 대한 승객의 접근 및 대피 • 공중 및 육상에 적용되는 상용 여객 에어 택시 사용에 대한 TOLA 현장의 제한사항
Sites for CSFL and diversions	CSFL: cases of continued safe flight and landing • CSFL 사이트의 유형, • CSF에 대한 최소 요구사항

[표 3-2] STAKEHOLDERS

VTOL aircraft operator	• 항공편 운항관리자 • 승무원/조종사 • 지상 요원
VTOL aircraft manufacturer and design holder	• 제조사 • 설계자
Command unit manufacturer	• CU 제조사
Command unit operator	• CU 운영자
Continuing airworthiness management organisation	• 감항인증 기관
Competent Authority / Regulatory Aviation Authority	• 항공규제 책임자
Air navigation service provider(s)	• 항공기 서비스업자
UTM service provider(s)	• 교통 관리 서비스업자
Vertiport operator	• Vertiport 운영자
For technical infrastructure refer to CHAPTER 5 Ground segment, external systems and Ground support equipment. Local authorities	• 지상 장비 및 보조기구등 관련 지역 책임자
Authority for safety and security	• 안전 및 보안 책임자
Emergency responders	• 위급시 행동 요원
Passenger	• 교통 이용 고객
Other	• 보험 회사들, • 토지 소유주들, • 공용
System Interfaces	

[표 3-3] STANDARD OPERATING PROCEDURES

Pre-flight phase (flight planning, flight preparation)	• 예정대로 또는 주문형/애드혹 전세 항공편 운항 • 승객과 수하물의 질량과 배치를 고려한 적절한 질량 및 균형 계산 • 승객의 특수 범주 처리 • MEL/MMEL에 따라 작동하지 않는 기능 및/또는 장비를 갖춘 항공기의 운항
In-flight phase (flight execution)	• 지상 이탈(해당될 경우 지상 이동 및 지상 이동 포함), • 이륙, • 이륙 거부, • 상승, • 크루즈 비행, • 강하, • 고정, • 착륙 지연, • 대체로의 전환, • 착륙,

<table>
<tr><td></td><td>• 지상 이동(해당하는 경우 지상 이동 포함)
• 비행 중 승객 브리핑
• 조수석 안전장치.</td></tr>
<tr><td>Post-flight phase</td><td>상업용 여객 항공 택시 운송의 경우 승객 사고에 대한 보고를 포함한다.
또한, 정보 교환을 포함한 모든 활동, 이해관계자 및 통지에 대해 설명해야 한다.</td></tr>
<tr><td>Ground handling</td><td>• 항공기 지상 처리 프로세스(해당되는 경우 출발 전 및 도착 전 점검(예: FOD 점검)),
• 표면 이동
- 활주(자력 구동),
- 항공기 지상 이동(자체 동력 없음),
- 비우기 요구 사항(FATO, 스탠드),
• 램프 취급 절차 동안 승객이 상주하는 항공기 주차(예: 환경 실내 제어, 지상 전원 공급, 정전기 방전)
• 승객 탑승 시 재충전(배터리 충전/배터리 교체/주유),
• 모든 조수석 지상 처리 프로세스
- 승객의 이동,
- 인바운드 프로세스(도착 항공기) 포함.
o 디보딩,
o 수하물 하역,
o 승객 보호를 포함한 항공기의 통과
o 비행 후 서비스
아웃바운드 프로세스(출발 항공기) 포함.
o 승객이 vertiport에 접근할 수 있습니다.
o 체크인 포함.
- 신원 확인,
- 필요에 따라 무게(승객 및 수하물),
- 이동 적합성;
o 해당되는 경우 보안 검사
- 승객용 및
- 하물의 경우;
o 비행 전 지상 승무원에 의한 승객의 안전 지침,
o 터미널에서 항공기로의 이동,
o 탑승,
o 수하물 적재 중.</td></tr>
</table>

SECTION 4 AIRCRAFT SEGMENT Main characteristics of the VTOL aircraft

REGISTRATION, CERTIFICATION, QUALIFICATION, INITIAL AIRWORTHINESS	• 등록, • 인증, • 초기 내공성, • 위험물(DG) 또는 이동성이 저하된 승객의 운송 자격 • 상용 여객 항공 택시 운송에 적합.
AIRCRAFT PERFORMANCE CHARACTERISTICS AND LIMITATIONS	• 최대 고도, • 최대 사정거리, 내구성 및 예비량, • 최소 및 최대 상승 및 하강 속도와 해당 공기 속도 • 최대 비행각 및 회전 속도 제한 및 기동 하중 • 공칭 순항 속도, 최대 순항 속도, 항공기가 여전히 제어 가능한 최소 정상 비행 속도(구성에 적용 가능한 경우)를 초과하지 않아야 한다. • 이륙과 착륙을 위해 설정된 운용 한계 내의 질량, 고도 및 온도에 대한 이륙 및 착륙 거리 성능 데이터 • 최대 허용 바람 조건(반풍, 측풍, 돌풍), • 인증된 강수 유형 및 강도, • 최소 가시성 조건 (다양한 비행 단계에 대한) • 외부 공기 온도(OAT) 한계, • 배수로 및 수중 기능, • 소음 성능, • 허용 결빙 조건(VTOL 항공기가 결빙 상태로 비행할 수 있는 경우)
AIRFRAME	매스(변형을 나타내며 해당하는 경우 성능 데이터에 연결됨) • 최대 이륙질량(MTOM), • 최대 페이로드. 해당되는 경우 최대 특성 치수 • 길이, 너비, 높이, • D-값, • 로터 직경
PROPULSION / LIFT-THRUST SYSTEM	• 모터/엔진/프로펠러/로터의 수, • 에너지, 전력, 추력
FLIGHT CONTROL SYSTEM	
LOADING CAPABILITIES	• VTOL 항공기 운영자가 정의한 최대 중량, 치수 및 수하물 제한 • 해당 시 체크인 프로세스 중 실제 승객 체중의 결정 • 비행 중 저장된 화학 에너지의 고갈 및 예상되는 승객 이동을 포함하되 이에 국한되지 않고 계획된 비행과 가능한 전환 기간 동안 제한 범위 내에서 유지되도록 하기 위한 항공기의 질량, 균형 및 출발 전 결정 이 결정에 대한 기록은 지상에 보관되어야 한다. • 유아, 장애인 또는 이동성이 저하된 승객의 허가(이동 보조, 의료 지원 시스템 및/또는

	지원 동물의 질량은 질량 및 균형 결정에 고려되어야 함) • VTOL 항공기에 탑승해야 하는 동물 • 작동 설명서(OM)에 문서화된 대로만 밸러스트 적용 가능
SYSTEM ASSISTANCE AND AUTOMATION	• 독립적으로 사용 가능해야 하는 자동화된 프로세스 • 접근 가능해야 하는 승객 정보. 이것이 불가능할 경우 프로세스를 수행할 수 있는 대체 수단을 쉽게 사용할 수 있어야 한다. 다음이 보장되어야 한다 • 자동 안전 또는 보안 시스템의 상태 또는 비호환성이 적절한 제어 스테이션에 명확히 표시되어야 한다. • 고장, 전원 손실 등으로 인한 이러한 시스템의 자동 정지는 승객이나 항공기 운항에 어떠한 위험도 초래해서는 안 된다.
COMMUNICATION, NAVIGATION AND SURVEILLANCE CAPABILITIES	
SENSE-AND-AVOID CAPABILITIES	
SAFETY EQUIPMENT	• 도어 열기 기능의 오작동 시 항공기 탈출을 지원하는 장치 • 필요에 따라 고정식 또는 휴대용 화재 진압 기능 • 연기를 배출하는 장치나 절차가 갖추어져 있지 않은 경우, 영향을 받는 각 점유자에 대해 적절한 호흡 장비를 고려해야 한다. 야간 작업의 경우: • 항공기 출구를 돕기위한 고정식 또는 휴대용 조명수단 온수 작동의 경우: • 각 점유자에게 적합한 구명조끼 • 수상 연장 운전 승인을 위해서는 비상 부양 장치 및 구명 뗏목과 같은 추가 장비가 필요할 수 있습니다.

SECTION 5 GROUND SEGMENT, EXTERNAL SYSTEMS AND GROUND SUPPORT EQUIPMENT

COMMUNICATION, NAVIGATION, SURVEILLANCE (CNS) AND GEO-AWARENESS	• 커뮤니케이션, 포함. C2 통신, • 내비게이션, • 보안 감시, • 비행 제한 구역 회피.
VTOL AIRCRAFT MONITORING SYSTEM	

TAKE-OFF AND LANDING AIDS	
GROUND MOVEMENT EQUIPMENT	
RE-ENERGIZING SYSTEM	• 충전소, • 주유 시스템(액체 및 가스 포함), • 배터리 교환 장비, • 배터리 보관 및 안전 조치 • 지상 전원 공급 시스템(네트워크 제공 및 복원력 포함).
RESCUE AND FIREFIGHTING SYSTEMS	• 표준 운영 절차(SOP), • 경보 시스템(네트워크 ATC 등), • 비행장 또는 수직장 설계, • 직원 교육 및 역량 • 커뮤니케이션, • 안전문화, • 리더십 구조 지휘 및 통제 • 모니터링 검토 및 기록 보관(디지털 형식 포함), • 장비 위치 사용 가능 여부, • 수직항 설계 및 운영에 포함된 지역 소방서 접근 권한 제공 • 이해당사자가 필요에 따라 다른 지역 서비스 제공업체와 참여 • 최소 인력 요구 사항.
PASSENGER HANDLING SYSTEMS	• SMS 및 표준 운영 절차(SOP), • 승객 커뮤니케이션 및 정보 시스템(예: 비행 정보 및 발권) • 승객 및 수하물 무게 측정 프로세스 • 승객 보안 검사, • 탑승권 신원 검사 장비를 포함한 시설 체크인(현지 규정 및 조건에 부합하는 전반적인 보안 전략의 일부로 간주) • 승객 길찾기, • 최소 인력 요구 사항, • 여객복지시설, • 승객 및 직원 지원 시설(지원 시설은 일반적으로 더 중요한 비표준 운영/항공기 추락 등과 관련이 있음) • 거동이 불편한 승객을 지원하기 위한 시스템, • 무거운 짐을 옮기고 적재하는 시스템, • 시간에 민감한 유해물질 취급 시스템, • 스토리지 시스템
SAFETY FEATURES	• 승객을 위한 분리된 안전 보행 경로 • 자산 가용성 및 점검(지상 조명), • 승객 운항 및 항공 운항 이외의 운항을 위한 보호 • 물리적 장벽(유리 통로 등),

	• 승객이 사용하지 않는 구역의 구분 • 적절한 표지판, • 비상 통화 및 커뮤니케이션 포인트
SECURITY FEATURES	• 승객 및 수하물 검사 장비 • 승객과 직원을 위한 중요/비중요 구역 • 주변 보안, • 능동적/수동적 보안 및 감시, • 데이터 보안 / 네트워크 복원력(케이블과 같은 물리적 인프라 포함), • 대테러 조치, • 물리적 또는 감시 포함, • 카운터드론 시스템 및 방어 • FATO 플랫폼에 대한 디지털 액세스 카드
OTHER SYSTEMS	• 기상 시스템, • 환경통제 및 보호체계(소음), • 사용되는 시스템 또는 에이프런 또는 항공 교통 관제 시스템과의 인터페이스 • vertiport의 다양한 기능(항공장, 터미널, 노면 접근 등)을 연결하는 통신 시스템 • 협력적 의사결정(CDM) 시스템, • 지역 이해관계자 시스템 연계, 경찰, 소방 구급차, • 기타 승객 정보 시스템(지역 교통 등)에 대한 링크 • 보조 시스템

3.2 Special Condition of VTOL 소개

EASA European Union Aviation Safety Agency	**SPECIAL CONDITION** **Vertical Take-Off and Landing (VTOL) Aircraft**	Doc. No: SC-VTOL-01 Issue: 1 Date: 2 July 2019

소형 VTOL 항공기의 특수 조건

<발행 명세서>

EASA는 기존의 회전익 항공기 또는 고정익 항공기와는 다른 수직 이착륙(VTOL) 항공기의 형식 인증에 대한 많은 요청으로, 이러한 유형의 제품의 형식 인증을 위한 인증 규격이 없는 경우, VTOL 항공기에 대한 특별 조건의 형태로 전용 기술 규격이 개발되었다. 이 특수 조건은 이러한 제품의 고유 특성을 다루며 형식 인증서의 발급을 위한 내공성 표준 및 동력 리프트 및 제어에 사용되는 리프트/추진 유닛과 함께 소형 범주의 개인 운반 VTOL 항공기에 대한 이 형식 인증서의 변경을 규정한다.

Special Condition

왜 특별 조건(Special Condition)인가?

EASA는 150개 이상의 VTOL 프로젝트 구성을 다양한 성숙 단계에서 검토했으며, 이 모두는 잠재적으로 새로운 시장을 공략하는 것을 목표로 하고 있다. 사용 가능한 데이터는 VTOL 기능과 분산 추진력을 제외하고 제한된 공통 특성을 가진 매우 다양한 구성이 있음을 보여준다. 항공기, 회전익 항공기 또는 두 가지 모두의 설계 특성에도 불구하고, 대부분의 경우 EASA는 이러한 새로운 운송수단을 기존 인증 규격에서 다루는 재래식 항공기 또는 회전익 항공기로 분류할 수 없었다.

항공기 또는 회전익 항공기에 대한 인증 규격을 적용하고 일부 수정사항만 추가하는 것은 동등한 취급을 보장하지 않는다. 이러한 새로운 유형의 운송 수단은 항상 동일한 부문은 아니더라도 동일한 새로운 시장을 겨냥하도록 설계되었다. 그러나 CS-23과 CS-27은 특히 시스템 안전 목표와 운영 측면에서 상당한 차이가 있다. EASA의 의견은 규제 시작점(CS-23 또는

CS-27)에 따라 신청자를 다르게 대우하는 것은 공정하지 않을 것이라는 의견이다.

대신 EASA는 이러한 새로운 개념의 인증을 위한 공통 조건 집합을 확립하기 위해 혁신적인 첨단 설계와 기술을 인증하는 데 필요한 유연성을 제공하는 객관적 기반 인증 요건을 사용하는 것을 선호한다. 따라서 EASA는 CS-23 수정안 5에 기초하여 이 VTOL 특별 조건을 광범위하게 개발하였으며, 이는 또한 CS-27의 요소들과 적절하다고 여겨지는 새로운 요소들을 통합하면서 FAAs Part 23과 대체로 일치하였다. 승인된 준수 수단(AMC)이 개발될 것이며, 필요하다고 판단될 때 가장 중요한 것은 공개적으로 의논할 수 있다.

공통된 조건의 확립은 미래의 잠재적 신청자들에게 공정한 경쟁과 명확성을 가능하게 할 것이다. 아울러 EASA가 VTOL 특별조건에 기반한 인증기준이 있는 모든 운송수단을 '특수분류' 항공기로 간주할 수 있도록 할 예정이다. 이 분류는 항공기나 헬리콥터 규정을 사용하는 대신 이러한 항공기 유형에 맞는 요건을 만들 수 있게 함으로써 운영 규제 프레임워크에 더 큰 유연성을 제공할 것이다.

적용 가능성

이 특수조건은 동력 리프트 및 제어에 사용되는 리프트/추력 유닛과 함께 소형 범주에서 공기보다 무거운 사람 운반 수직 이착륙(VTOL) 항공기의 형식 인증을 위한 기술 사양을 규정하기 위해 제정되었다. 기존 항공기와의 구별은 항공기의 VTOL 능력에 기초하며, 기존 회전익 항공기와의 구별은 분산 추진력의 사용, 특히 수직 이륙 또는 착륙 시 리프트를 제공하기 위해 2개 이상의 리프트/추력 유닛을 사용하는 경우에 기초한다. 특수 조건은 원격 조종 기능 또는 다른 수준의 자율성과 호환되도록 의도되었지만, 이러한 측면은 현재 이 특수 조건에 의해 다루어지지는 않는다. 원격 조종 및 자율성을 위한 자료가 추가될 때, 승무원의 기준은 "해당되는 경우"로 간주된다.

EASA는 VTOL 특별 조건의 범위를 승객 좌석 구성이 9개 이하이고 최대 인증 이륙 질량이 3175kg 이하인 CS-27 소형 회전익 항공기 한계까지 설정하기로 결정했다. 이 결정은 접수된 여러 의견에 의해 동기 부여되었으며 CS-23 항공기 인증 수준 1부터 3까지 그리고 잠재적으로 미래의 UAS 안전 연속체와 일치할 수 있는 가능성을 제공한다.

작업 유형에 대한 링크

VTOL 항공기에 의해 수행되는 특정 활동의 성격과 위험에 비례하기 위해, 의도된 운영 유형에 연계된 두 가지 인증 범주, 즉 기본 및 강화가 이 특별 조건에 도입된다. 예를 들어 VFR이나 IFR 운용을 인증할 때 내공성과 운용 유형 사이에 직접적인 관계가 이미 존재한다. 이 추가 링크를 도입하면 안전목표에 비례성이 부여되고 혼잡지역 상공을 비행할 때와 승객의 상업적 항공운송을 수행할 때 제3자 보호에 최고 안전수준의 카테고리 강화(Category Enhanced)를 적용할 수 있다. 운영 규칙은 입증된 항공기 안전 수준에 따라 구축될 수 있으며 필요에 따라 국지적 특성에 맞게 조정될 수 있다.

범주 강화에 따라 인증된 VTOL 항공기는 지속적인 안전 비행 및 착륙 요건을 충족해야 하며, 고장 후 원래 의도한 목적지 또는 적절한 대체 버티포트로 계속 이동할 수 있어야 한다. 범주 기본의 경우 제어된 비상 착륙 요건만 충족해야 하는 반면, 제어된 활공 또는 자동 회전과 유사한 방식으로 충족되어야 한다.

범주 강화 항공기가 수행할 운영 유형은 보수를 위해 제3자 및/또는 승객 운송에 대한 가장 높은 운영 위험에 해당한다. 이러한 이유로 탑승자 수에 관계없이 가장 엄격한 시스템 안전 목표가 할당됩니다. 이러한 안전 목표는 동일한 규모의 수치 값으로 수렴된 두 가지 보완적 EASA 평가를 기반으로 설정되었다.

첫 번째 평가는 특히 CS-25, CS-27/29 및 CS-23과 같은 현재 인증 규격의 기초적인 가정을 고려하였다. EASA 평가는 ASTM 표준의 항공기 등급 또는 "평가 수준"을 언급할 때 FAA AC에 포함된 고려사항과 일치하며, 치명적인 고장 조건에 대한 비행 시간당 평균 확률에 대한 관련 상한과 일치한다 (즉, 클래스 I 에 대한 $<10^{-6}$).

"이러한 등급들은 사고 및 안전 통계가 현재 수집되는 방식에 기초하여 정의되었다. 일반적으로, 클래스들은 이러한 특성에 따라 과거 동등한 수준의 시스템 복잡성, 사용 유형, 시스템 신뢰성, 그리고 비행기의 과거 분할을 다룬다. 하지만, 이 수업들은 새로운 기술 때문에 바뀔 수 있다. 클래스에 특정 비행기를 배치하는 것은 비행기의 모든 임무와 성능 특성을 참고하여 이루어져야 한다."

EASA는 분산 추진 및 그에 상응하는 첨단 비행 제어에 의해 도입되는 시스템 복잡성 수준은 충분히 특이하고 새로운 것으로 간주되어 현재의 CS-23 허용 준수 수단이 항공기 및 시스템 안전 목표 결정에 더 이상 적절하지 않다고 결론지었다.

두 번째 평가는 신청자가 제공한 운영개념에 기초하였고 시장예측분석으로 더욱 보완되었다. 운영의 두 가지 개념이 고려되었다. 인터모달 연결을 위한 도시형 주문형 승객 상업 항공 운송의 고밀도 배치와 도시 및 도시 간 주문형 승객 상업 항공 운송의 고밀도 배치. 두 평가 모두 CS-25와 CS-27/29 항공기에 대한 현재 시스템 안전 목표가 탑승자와 지상의 사람에 대한 위험을 해결하기 위해 VTOL 항공기를 사용하는 도시 항공 이동성뿐만 아니라 승객의 상업적 항공 운송 운영을 위해 최소한으로 유지되어야 한다는 것을 확인했다. 범주 기본의 경우 일부 수준의 비례성이 제공된다. 안전 목표는 특정 구성에 대한 최대 승객 좌석 수와 연결되며, 이는 CS-23의 접근 방식과 유사하다. 레벨은 CS-23 항공기 인증 레벨 1~3과 일치한다. 그러나 분산 추진, VTOL과 관련된 시스템에 대한 의존도가 높고 다른 CS-23 가정의 무효 가능성이 있기 때문에 해당 안전 목표는 CS-23에 비해 한 단계 증가했다. 이 증가는 현재의 CS-27 항공기 및 잠재적 UAS 안전 목표와 함께 카테고리 베이직의 상위 수준을 재조정하는 한편, 카테고리 베이직과 강화됨 사이의 일부 비율은 지속적인 안전 비행 및 착륙 능력과 같은 여러 다른 요건을 통해 유지된다. 특정 시스템 아키텍처 및 레벨에 대해 낮은 개발 보증 레벨을 가진 요소를 결합하여 최상위 레벨 목표를 달성할 수 있도록 목표는 기능 개발 보증 레벨(FDAL) 측면에서도 제공된다. EASA는 이러한 안전목표를 허용된 준수수단에 포함시켰다. 언제나 그렇듯이 EASA는 신청자가 제공하는 대안적인 준수 수단을 신중하게 평가한다.

단일 고장 기준

어떤 치명적인 고장 조건이 단일 고장으로 인해 발생해서는 안 된다는 가장 중요한 원칙은 시스템 안전을 위한 CS-23 및 CS-27 허용 준수 수단에 이미 포함되어 있다. 이러한 고려가 분산 추진 아키텍처에 중대한 영향을 미칠 수 있기 때문에 목표 수준으로 격상되었다. 또한 이 요건은 범주 강화 항공기 구조물이 비례성을 유지하면서 분산 추진력을 최대로 활용할 수 있도록 확장된다. 이는 전용 AMC에서 지원하는 최첨단 설계 관행을 촉진하기 위한 목적으로 "중요 부품"에 대한 현재 서비스 경험을 고려한다. 이 AMC에는 단일 및 다중 부하 경로의 맥락에서 단일 고장을 구성하는 것이 무엇인지에 대한 고려사항이 포함된다.

Bird strike

로터크래프트 운영에 대한 불리한 서비스 경험은 FAA가 자문 및 규칙 제정 위원회(ARAC) 로터크래프트 버드 스트라이크 워킹 그룹을 설립하는 계기가 되었다. 서비스 중 데이터는 소형 및 대형 회전익 항공기 모두에서 보고된 조류 충돌의 증가를 보여주었다. 조류 충돌 횟수가 증가하면 탑승자가 심각한 부상을 입거나 사망하거나 회전익 항공기에 상당한 손상을 입을 위험이 증가한다. ARAC의 작업을 고려하여 7명 이상의 승객을 보유한 범주 기본 항공기 및 범주 강화 항공기에 조류 타격 요건이 포함되었다.

기록 장치

현재 현재 비행 기록기 운반 요건 범위를 벗어나는 경비행기 모델에 비행 중 기록 기능을 제공할 것을 권고하는 EASA(7건의 사고 조사 당국)에 12건의 안전 권고사항이 제시되었다. 또한 새로운 표준(최근 ICAO 부속서 6에 도입됨)은 경비행기와 경비행기용 경량 비행 기록기를 휴대하도록 요구한다. EASA는 이 문제를 해결하는 방법을 규제 제안과 함께 2017-03 개정안 고시를 발행했다. 또한, "교통 안전 강화를 위한 레코더 사용 확대"가 가장 원하는 목록에 있는 NTSB 권고사항 중 하나이다.

VTOL 항공기는 새로운 기술을 도입하고 새로운 형태의 작전을 수행할 것으로 예상된다. 따라서 이러한 새로운 범주의 항공기는 내공성 요건에 포함된 기록장치 설치 요건을 갖추고 발생/사고 조사를 지원하고 지속적인 내공성 조치를 가능케 함으로써 적절한 수준의 안전을 유지하는 것이 필수적이라고 판단된다. 대부분의 예상된 구성이 첨단 비행 제어를 가질 것으로 예상되므로 이 데이터는 이미 이용 가능해야 하며 따라서 초기 항공기 설계에 대한 부담이 최소화된다. 추가적으로 EASA는 일부 데이터를 원격으로 전송하고 기록할 수 있는 가능성을 도입했다.

SUBPART A - GENERAL

VTOL.2000 Applicability and definitions

(a) 본 특별조건은 소형 범주의 공기보다 무거운 사람을 운반하는 수직 이착륙(VTOL) 항공기에 대해 형식 인증서의 발급을 위한 내공성 표준 및 본 형식 인증서의 변경을 규정한다. 본 특별조건은 동력식 리프트 및 제어에 사용되는 리프트/스트러스트 유닛과 수직 이착륙 시 리프트를 제공하는 데 사용되는 2개 이상의 리프트/스트러스트 유닛이 있는 항공기에

적용된다.

(b) 본 특별 조건의 목적상, 다음과 같은 정의가 적용된다.

(1) '상업용 항공 운송'은 보상 또는 기타 귀중한 고려를 위해 승객, 화물 또는 우편물을 운송하는 항공기 운영을 의미한다.

(2) '지역'은 도시, 마을 또는 정착지와 관련하여 주거, 상업 또는 레크리에이션 목적으로 실질적으로 사용되는 지역을 의미한다.

(3) '안전 비행 및 착륙'은 항공기가 예외적인 조종 기술이나 강도를 요구하지 않고 비상 절차를 사용할 수 있는 수직 비행 및 착륙을 지속할 수 있는 것을 의미한다.

(4) '통제된 비상 착륙'은 항공기가 특별한 조종 기술이나 강도를 요구하지 않고 비상 절차를 사용하여 통제된 착륙을 수행할 수 있는 것을 의미한다. 착륙 시 일부 항공기 손상이 발생할 수 있다.

(5) '정상 비행 엔벨로프'는 일상적인 운영 및/또는 규정된 조건과 관련된 비행 엔벨로프를 의미한다.

(6) '운항 비행 엔벨로프'는 경고 발생과 관련된 비행 엔벨로프를 의미한다.

(7) '제한 비행 엔벨로프'는 항공기 설계 한계 또는 보호 한계와 관련된 비행 엔벨로프를 의미한다.

(8) '버티포트(vertiport)'는 VTOL 항공기의 착륙 및 이륙에 사용되거나 사용되도록 의도된 토지, 물 또는 구조물의 지역을 의미한다.

(c) 본 특별 조건은 가압되지 않은 항공기에 적용된다.

(d) 본 특별 조건은 VNO 또는 VMO ≤ 250노트 보정 비행 속도(KCAS) 또는 MMO ≤ 0.6인 항공기에 적용됩니다.

VTOL.2005 소분류 VTOL 항공기 인증

(a) 본 소분류 특별 조건의 인증은 승객 좌석 구성이 9 이하이고 최대 인증 이륙 질량이 3,175kg(7,000lbs) 이하인 항공기에 적용된다.

(b) 항공기는 다음 범주 중 하나 또는 둘 다에서 인증을 받아야 한다.

(1) 범주 강화: 항공기는 지속적인 안전 비행 및 착륙이 가능하며 모든 해당 요건을 충족한다. 혼잡한 지역에서의 운항 또는 승객의 상업 항공 운송 운항을 위한 항공기는 이 범주

에서 인증을 받아야 한다.

(2) 범주 기본: 항공기는 통제된 비상 착륙이 가능하며 모든 해당 요건을 충족한다.

VTOL.2010 허용가능한 적합성 입증방법(AMC)

(a) 신청자는 합의된 표준을 포함할 수 있는 EASA가 수락한 적합성 입증방법을 사용하여 본 특별 조건을 준수해야 한다.

(b) EASA에 준수 수단을 수용하도록 요청하는 신청자는 반드시 허용 가능한 형식과 방법으로 EASA에 대한 적합성 입증 방법을 제공해야 한다.

SUBPART B - FLIGHT

VTOL.2100 질량 및 무게 중심

(a) 신청자는 항공기의 안전한 운항에 필요한 질량 및 무게중심의 한계를 결정해야 한다.

(b) 신청자의 설계는 허용 공차를 사용하여 항공기의 적재 조건 범위 내에서 질량과 무게중심의 중요한 조합에서 본 하위 파트의 각 요건을 준수해야 한다.

(c) 빈 질량과 무게 중심을 결정할 때의 항공기 상태는 잘 정의되어야 하며 쉽게 반복할 수 있어야 한다.

VTOL.2105 성능 데이터

(a) 달리 규정되지 않는 한 항공기는 다음과 같은 본 하위 파트의 성능 요건을 충족해야 한다.

(1) 모든 항공기의 해수면에서의 여전히 대기 및 표준 대기 조건

(2) 다음을 위한 운용 비행 엔벨로프 내의 주변 환경 조건:

(i) 예약.

(ii) 카테고리 강화.

(b) 달리 규정되지 않는 한, 신청인은 다음의 조건에 대해 본 하위절에 의해 요구되는 성능 데이터를 개발해야 한다.

(1) 해수면에서 최대 인증 이륙 및 착륙 고도까지의 수직 포트 고도

(2) 작동 제한 범위 내의 표준 일교차 이상 및 미만 온도(성능에 부정적인 영향을 미칠

수 있는 경우)

(c) 이륙 및 착륙 구역을 결정하기 위해 사용되는 절차는 운항 중 발생할 것으로 예상되는 대기 조건에서 평균 기술을 갖춘 승무원이 일관되게 실행해야 한다.

(d) SC VTOL.2105(b)에 따라 결정된 성능 데이터는 반드시 대기 조건, 냉각 필요, 설치, 다운워시 고려사항 및 전원에 대한 기타 요구로 인한 손실을 고려해야 한다.

VTOL.211 Flight Envelopes

신청자는 운영에 사용되는 각 비행 구성에 대한 정상, 운영 및 제한 Flight Envelopes를 결정해야 한다. 비행 외피 결정은 각 비행 구성에 대해 가장 불리한 조건을 고려해야 한다.

VTOL.2115 이륙 성능

(a) 신청자는 다음을 고려하여 이륙 성과를 결정해야 한다.

(1) 운용 비행 엔벨로프

(2) reserved

(3) 장애물 안전 여유도.

(b) reserved.

(c) reserved.

VTOL.2120 상승 요건

설계는 지반 효과를 벗어난 최소 상승 성능을 준수해야 한다.

(a) 정상 flight envelope에 운행한다.

(b) 범주 강화의 경우:

(1) Operational Envelope,

(2) reserved.

(c) reserved.

VTOL.2125 등반 정보

(a) 신청자는 해당되는 경우, 상승 및/또는 하강 성능을 결정해야 한다.

(1) 정상적인 flight envelope내 운행.

(2) 범주 강화의 경우, Operational Envelope

(3) reserved.

(b) 적용 가능한 경우, 지상 효과의 입/출구 VTOL 천장은 Operational flight envelope 내에서 결정되어야 한다.

VTOL.2130 착륙

신청자는 운영 한계 내 비행 매개변수의 중요한 조합에서 다음을 결정해야 한다.

(a) 항공기에 적용되는 접근 경로를 가정하여 착륙 및 정지하는 데 필요한 영역

(b) 평균 기술을 갖춘 비행 승무원이 지속적으로 그리고 손상이나 부상 없이 공개된 착륙 구역 내에 착륙할 수 있고, 보킹된 착륙 조건으로 안전하게 전환할 수 있는 접근 및 착륙 속도, 구성 및 절차.

VTOL.2135 제어 가능성

(a) 항공기는 운영 비행 범위 내에서 예외적인 조종 기술, 주의력 또는 강도를 요구하지 않고 통제 가능하고 조종 가능해야 하며 제한 비행 범위 내에서 조종 가능해야 한다.

(1) 인증을 요청하는 모든 적재 조건에서,

(2) 지상 또는 비행 운영의 모든 단계 동안,

(3) reserved

(4) 구성 변경 중,

(5) 저하된 모든 비행 제어 시스템 운영 모드에서

(6) 신청자는 0에서 항공기 유형에 적합한 풍한까지 바람의 제어 가능성을 입증해야 한다.

(b) reserved.

(c) reserved.

(d) 제한 비행 외피를 초과할 위험 없이 한 비행 조건에서 다른 비행 조건으로 원활하게 전환할 수 있어야 한다.

VTOL.2140 제어력

(a) reserved.

(b) reserved.

(c) 잔류 제어력은 항공기의 정상 운항 및 비정상적 또는 비상 운항 중에 승무원을 피곤하게 하거나 주의를 분산시키지 않아야 한다. 트림 컨트롤이 장착된 경우 제어력 경사도에 바람직하지 않은 불연속부가 발생하지 않아야 한다.

VTOL.2145 비행성능품질

(a) 항공기는 Flight Envelope 안에서 모든 축에서 적절한 안정감과 통제감을 보여야 한다.

(b) 어떤 항공기도 Flight Envelope 내에서 예외적인 조종 기술, 주의력 또는 강도를 요구하거나 항공기와 탑승자를 위험에 빠뜨릴 수 없다.

VTOL.2150 정지 특성 및 정지 경고

(a) 리프트의 일부가 날개에 의해 발생하는 경우, 항공기는 직진 비행, 선회 비행 및 가속 회전 비행에서 의도치 않은 정지를 방지할 수 있는 충분한 여유를 제공하는 명확하고 독특한 정지 경고와 함께 제어 가능한 정지 특성을 가져야 한다.

(b) reserved.

(c) reserved.

(d) reserved.

(e) reserved.

VTOL.2155 (reserved)

VTOL.2160 Vibration

(a) Each part of the aircraft must be free from excessive vibration throughout the limit flight envelope.

(b) Reserved.

(c) Reserved.

(d) Reserved

VTOL.2165 결빙 상태의 비행

(a) 결빙 조건에서의 비행 인증을 요청하는 신청자는 인증이 요청된 결빙 조건에서 항공기가 안전하게 운항될 수 있음을 입증해야 한다.

(b) 신청자는 항공기가 운항할 수 있는 것으로 인증되지 않은 결빙 조건을 탐지하고 그러한 조건을 회피하거나 빠져나갈 수 있는 항공기의 능력을 입증할 수 있는 수단을 제공해야 한다.

(c) 신청자는 항공기의 운항이 인증되지 않은 결빙 조건으로의 이착륙을 포함한 의도적인 비행을 금지하는 운항 제한을 개발해야 한다.

항공 비행 정보

VTOL.2170 작동 제한 사항

(a) 다음의 비행 정보를 설정해야 한다.

(1) 항공기의 안전한 운항에 필요한 운항 제한, 절차 및 지침

(2) 필수 속도 및 성능 정보.

SUBPART C -STRUCTURES

VTOL.2200 Structural design envelope

신청자는 반드시 구조 설계 Envelope를 결정해야 하며, 이는 신청자가 본 하위절의 요건을 준수함을 보여줄 항공기 설계 및 운용 매개변수의 범위와 한계를 기술한다. 신청자는 반드시 다음을 포함하여 구조적 하중, 강도, 내구성 및 공탄성에 영향을 미치는 모든 항공기 설계 및 운용 매개변수를 고려해야 한다.

(a) 해당 기동 및 돌풍 하중을 결정할 때 고려해야 할 구조 설계 공기 흐름은 다음을 충족해야 한다.

(1) 리프트의 일부가 날개에 의해 발생하는 경우, 난류 공기에서 제어력 상실을 방지하기 위해 항공기의 정지 속도보다 충분히 커야 한다(해당되는 경우).

(2) 실질적인 운영 제한 공기 속도 설정을 위한 충분한 여유도를 제공한다.

(b) 서비스에서 예상되는 비행 하중 조건

(c) 운용 한계 내에서 적용 가능한 질량 및 무게 중심 외피에 대한 질량 변화 및 분포

(d) 설계된 모든 제어 입력에 대한 하중

(e) 하중을 받는 상태에서 꺾이면 외부 또는 내부 하중의 분포가 크게 변경될 경우 하중의 재분배.

VTOL.2205 시스템과 구조물의 상호작용

구조적 성능에 직접적으로 또는 고장이나 오작동의 결과로 영향을 미치는 시스템을 갖춘 항공기의 경우, 신청자는 본 하위절의 요건을 준수함을 증명할 때 이러한 시스템의 영향과 고장 조건을 반드시 고려해야 한다.

STRUCTURAL LOADS
VTOL.2210 구조 설계 하중

(a) 신청인은 다음을 수행해야 한다.

(1) 항공기가 주차 또는 계류되어 있는 동안 비행, 지상과 수상 운영, 지상과 수상 취급에서 발생할 수 있는 외부 또는 내부적으로 가해지는 압력, 힘 또는 모멘트로 인한 구조 설계 하중을 결정한다.

(2) 구조 설계 엔벨로프의 경계 내에서 매개변수의 모든 중요한 조합에서 SC VTOL.2210(a)(1)에 의해 요구되는 하중을 결정한다.

(3) 이러한 하중의 크기와 분포는 구조 설계 엔벨로프 내에서 확립된 물리적 원칙에 근거해야 한다.

VTOL.2215 비행 하중 조건

(a) 임계 비행 하중은 기동과 돌풍 외피의 경계 내에서 비행 매개변수 및 하중 인자의 모든 조합으로부터 대칭 및 비대칭 하중에 대해 설정되어야 한다:

(1) 운전 제한 범위 내의 각 고도에서는 중요 시 압축성의 영향이 고려된다.

(2) 설계 최소 중량에서 설계 최대 중량까지 각 질량에서

(3) 각 고도 및 중량에 대한 작동 제한 범위 내에서 실용적이지만 보수적인 일회용 하중 분포.

(b) 진동 및 진동으로 인해 구조적인 손상이 발생하지 않아야 한다.

(1) 다이빙 속도까지.

(2) 제한 비행 엔벨로프 내.

(c) 항공기 시스템, 구성 요소 또는 리프트/추진 장치의 고장 가능성으로 인한 비행 하중을 결정해야 한다.

VTOL.2220 지반 및 물 하중 조건

신청자는 정상적이고 불리한 태도와 구성에서 적용 가능한 표면의 활주, 이륙, 착륙 및 취급 조건으로 인한 구조 설계 하중을 결정해야 한다.

VTOL.2225 구성 요소 적재 조건

(a) 신청자는 다음 사항에 대응하여 로터 어셈블리를 포함한 모든 관련 구조 구성요소에 작용하는 하중을 결정해야 한다.

(1) 시스템과 구조물의 상호작용

(2) 구조 설계 하중

(3) 비행 하중 조건

(4) 지반 및 물 하중 조건

(5) 임의의 회전 속도에서 리프트/리프트 장치의 입력 토크를 제한한다.

(b) reserved.

VTOL.2230 한계 및 최종 하중

(a) 본 하위 파트의 요건을 충족시키기 위해 특별하거나 기타 안전 요소가 필요하지 않는 한, 신청자는 다음을 결정해야 한다.

(1) 구조 설계 하중과 동일한 한계 하중

(2) 달리 제공되지 않는 한, 한계 하중에 1.5 안전 계수를 곱한 것과 동일한 극한 하중.

(b) 일부 강도 사양은 영구적 해로운 변형이 허용되는 경우에만 최종 하중의 관점에서 명시된다.

STRUCTURAL PERFORMANCE

VTOL.2235 구조 강도

구조물은 다음을 지원해야 한다.

(a) 다음을 제외하고 하중을 제한한다.

(1) 항공기의 안전 운항에 대한 간섭

(2) 유해하거나 영구적인 변형.

(b) 최종 하중.

VTOL.2240 구조 내구성

(a) 신청자는 심각하거나 치명적인 부상을 초래할 수 있는 강도 저하 또는 감소된 안전 여유도와 함께 연장된 작동 기간을 초래할 수 있는 예측 가능한 원인에 의한 구조적 고장을 방지하기 위한 검사 또는 기타 절차를 개발 및 시행해야 한다. SC VTOL.2240에 따라 개발된 각각의 검사 또는 기타 절차는 SC VTOL.2625가 요구하는 내공성 지침의 내공성 제한 섹션에 포함되어야 한다.

(b) 범주 강화의 경우, SC VTOL.2240(a)의 준수를 위해 개발된 절차는 손상이 구조적 고장을 초래하기 전에 구조적 손상을 탐지할 수 있어야 한다.

(c) reserved.

(d) 항공기는 제어되지 않은 리프트/추진 장치 또는 회전 기계 고장으로 인한 고에너지 파편에 의한 구조적 손상으로 인한 항공기에 대한 위험을 최소화하도록 설계되어야 한다.

(e) 범주 강화의 경우, 운영의 안전과 중요한 관련이 있는 부품의 사용 중 모니터링을 위한 규정을 수립해야 한다.

VTOL.2245 공탄성

(a) 항공기는 흔들림, 제어 반전 및 분기가 없어야 한다.

(1) 구조 설계 엔벨로프 내부 및 그 밖의 모든 속도에서

(2) 모든 구성 및 작동 조건에 대해,

(3) 임계 자유도의 회계처리는

(4) 중대한 고장 또는 오작동에 대한 설명

(b) 신청자의 설계는 플리딩에 영향을 미치는 모든 양에 대한 공차를 고려해야 한다.

VTOL.2250 설계 및 시공 원칙

(a) 각 부품, 물품 및 조립품은 항공기의 예상 운항 조건에 맞게 설계되어야 한다.

(b) 설계 데이터는 부품, 물품 또는 조립품 구성, 설계 특징, 사용된 재료 및 공정을 적절하게 정의해야 한다.

(c) 각 설계 세부 사항 및 운영의 안전에 중요한 관련성을 갖는 부분의 적합성을 결정해야 한다. 범주 강화의 경우, 단일 고장은 항공기에 치명적인 영향을 미치지 않아야 한다.

(d) 항공기가 예상 제한 공기 하중을 받을 때 제어 시스템은 방해, 과도한 마찰 및 과도한 처짐이 없어야 한다.

(e) 도어, 캐노피, 출구는 비행 중에 열었을 때 위험이 없는 것으로 나타나지 않는 한 비행 중에 부주의하게 열리는 것으로부터 보호되어야 한다.

(f) 항공기는 조류 충돌 가능성이 있는 후 다음을 수행할 수 있도록 설계되어야 한다.

(1) 최대 승객 좌석 구성이 7개 이상인 범주 기본에 대한 통제된 비상 착륙

(2) 범주 강화에 대한 지속적인 안전 비행 및 착륙.

VTOL.2255 구조물 보호

(a) 고정 장치와 같은 작은 부품을 포함한 항공기의 각 부분은 예상되는 운영 환경에서 발생할 수 있는 원인으로 인한 강도 저하 또는 손실로부터 보호되어야 한다.

(b) 항공기의 각 부분은 환기와 배수를 위한 적절한 준비가 되어 있어야 한다.

(c) 정비, 예방 정비 또는 정비가 필요한 각 부분에 대해 신청자는 그러한 조치가 수행될 수 있는 수단을 항공기 설계에 포함해야 한다.

VTOL.2260 재료 및 공정

(a) 신청자는 부품, 물품 및 조립품에 사용되는 재료의 적합성과 내구성을 판단해야 하며, 이러한 재료의 고장은 서비스 중 예상되는 환경 조건의 영향을 고려하여 범주 강화에 대한 지속적인 안전 비행 및 착륙을 방해하거나 범주 기본 에 대한 통제 착륙을 방해할 수 있다.

(b) 사용되는 제작 및 조립 방법과 공정은 일관되게 견고한 구조를 만들어내야 한다. 제조 공정에서 이 목표에 도달하기 위해 면밀한 관리가 필요한 경우, 신청자는 승인된 공정 명세서를 설계 데이터의 일부로 사용하여 공정을 정의해야 한다.

(c) SC VTOL.2260(f) 및 (g)에 규정된 경우를 제외하고, 신청인은 반드시 구조 요소의 중요

도를 설명하는 확률로 재료 강도를 보장하는 설계 값을 선택해야 한다. 설계 값은 재료 변동성으로 인한 구조적 고장 확률을 고려해야 한다.

(d) 재료 강도 특성이 필요한 경우, 이러한 특성에 대한 결정은 통계적 기준에 따라 설계 값을 설정하기 위한 재료 사양에 대한 충분한 시험에 근거해야 한다.

(e) 정상적인 작동 조건에서 중요한 부품이나 구조물에 환경적 영향이 중대한 경우, 신청자는 반드시 그러한 영향을 판단해야 한다.

(f) 특정 항목의 실제 강도 특성이 설계에 사용된 것과 동일하거나 초과한다는 것을 결정하기 위해 각 개별 항목의 표본을 사용하기 전에 시험하는 경우, 일반적으로 보장된 최소값만 허용되는 경우, SC VTOL.2260에 명시된 최소값보다 큰 설계값을 사용할 수 있다.

(g) 신청자는 EASA의 승인을 받은 경우 다른 재료 설계 값을 사용할 수 있다.

VTOL.2265 안전 계수

(a) 신청인은 임계 설계값이 불확실한 각 부품, 물품 또는 조립품 및 다음과 같은 각 부품, 물품 또는 조립품에 대한 각 임계 설계값에 대한 특별 안전계수를 결정해야 한다.

(1) 정상적인 교체 전에 서비스가 저하될 가능성이 있는 경우,

(2) 제조 공정 또는 검사 방법의 불확실성으로 인해 상당한 변동성을 보일 수 있다.

(b) 신청인은 다음을 설명하는 품질관리 및 규격을 사용하여 안전의 특수요소를 결정해야 한다.

(1) 적용 유형

(2) 점검방법

(3) 구조 시험 요건

(4) 샘플링 백분율

(5) 공정 및 자재 관리

(c) 신청인은 비상 조건 하중에 발생하는 것과 같이 상응하는 한계 하중이 없는 경우, 구조물의 각 부분에 대한 설계에서 가장 높은 관련 특수 인수에 각 한계 하중과 최종 하중 또는 최종 하중을 곱해야 한다.

STRUCTURAL OCCUPANT PROTECTION

VTOL.2270 비상 상황

(a) 항공기는 비상 착륙에서 손상을 입었을 때에도 다음과 같은 경우에 탈출을 방지할 수 있는 부상으로부터 각 탑승자를 보호해야 한다.

(1) 설계에 제공된 안전 장비 및 기능을 적절하게 사용해야 한다.

(2) 탑승자는 비상 착륙에서 발생할 가능성이 있는 최종 정적 관성 하중을 경험한다.

(3) 탑승자에게 부상을 입힐 수 있는 객실 내부 또는 근처에 있는 리프트/추진 장치 또는 보조 동력 장치(APU)를 포함한 질량 항목은 비상 착륙에서 발생할 가능성이 있는 최종 정적 관성 하중을 경험한다.

(b) SC VTOL.2270(a)에 명시된 비상 착륙 조건은 다음을 충족해야 한다.

(1) 비상 착륙에서 발생할 가능성이 있는 동적 조건을 포함한다.

(2) 구속 또는 항공기 내 물체와의 접촉으로 인해 인간 공차에 대해 확립된 인간 공차 기준을 초과하는 점유자가 경험하는 하중을 발생시키지 않아야 한다.

(c) 항공기는 가능한 비행, 지상 및 비상 착륙 조건을 고려하여 모든 탑승자를 보호해야 한다.

(d) 각 승객 보호 시스템은 의도된 기능을 수행해야 하며, 탑승자에게 2차 부상을 입힐 수 있는 위험을 초래하지 않아야 합니다. 승객 보호 시스템은 사용하지 않을 때 탑승자의 탈출을 방지하거나 항공기 작동을 방해해서는 안 된다.

(e) 각 수하물 및 화물칸은 다음을 수행해야 한다.

(1) 본 특별조건에 따라 결정된 비행 및 지상하중 조건에 해당하는 최대하중계수에서의 임계하중 분포 및 최대하중을 위해 설계된다.

(2) 탑승자에게 영향을 미치거나 이동함으로써 격실의 내용물이 위험이 되는 것을 방지하기 위한 수단을 가지고 있어야 한다.

(3) 손상 또는 고장이 범주 강화 또는 범주 기본의 통제된 비상 착륙에 대한 지속적인 안전 비행 및 착륙을 방해할 수 있는 제어 장치, 배선, 라인, 장비 또는 부속품을 보호한다.

(4) 화재가 범주 강화의 경우 지속적인 안전 비행 및 착륙, 범주 기본의 경우 통제된 비상 착륙을 방해하지 않도록 설계해야 한다.

SUBPART D -DESIGN AND CONSTRUCTION

VTOL.2300 비행 제어 시스템

(a) 비행 제어 시스템은 다음을 위해 설계되어야 합니다.

(1) 기능을 적절히 수행할 수 있을 만큼 쉽고, 원활하고, 긍정적으로 작동한다.

(2) 발생 가능한 위험으로부터 보호한다.

(3) 승무원이 관리 한계를 인지할 수 있도록 합니다.

(b) 트림 시스템은 다음과 같이 설계되어야 한다.

(1) 부주의하거나 부정확하거나 갑작스러운 트림 작동으로부터 보호한다.

(2) 안전운행에 필요한 정보를 제공한다.

VTOL.2305 착륙 기어 시스템

(a) 착지 기어는 다음을 위해 설계되어야 한다.

(1) 표면 작동 중 항공기에 안정적인 지지 및 제어를 제공한다.

(2) 발생 가능한 시스템 고장 및 발생 가능한 작동 환경(예상된 제한 초과 및 비상 절차 포함)을 고려한다.

(b) 항공기는 모든 승인된 조건에서 착륙과 이륙을 고려하고 항공기를 주차할 때 제 위치에 고정시키기 위한 충분한 운동 에너지 흡수력으로 항공기를 정지시킬 수 있는 신뢰할 수 있는 수단을 가지고 있어야 한다.

(c) 착륙 기어를 작동시키는 시스템을 갖춘 항공기의 경우 다음을 충족해야 한다.

(1) 착륙 기어를 착륙 위치로 유지하기 위한 긍정적인 수단

(2) 비충돌 시스템 위치가 위험할 때 착륙 기어를 착륙 위치로 이동시킬 수 있는 대체 수단.

VTOL.2310 부양

(a) 수상에서의 의도된 작업에 대한 인증이 요청될 경우 항공기는 다음을 수행해야 한다.

(1) 담수에서 항공기의 최대 중량을 지지하는데 필요한 부력을 초과하는 80%의 부력을 제공한다.

(2) 항공기가 부유물이나 선체 침수 발생 시 전복되지 않고 잔잔한 물에 떠 있을 수 있도록 충분한 여유가 있어야 한다.

(b) 비상 부양에 대한 인증이 요청될 경우 항공기는 다음을 수행해야 한다.

(1) 승인된 비상 부양 시스템이 설치되어야 한다.

(2) 비상 부양 시스템의 부양 장치 및 해당 용수 하중을 견딜 수 있는 항공기 부착 장치가 있어야 한다.

(3) 신청자가 선택한 바다 조건에서 의도된 부유 자세를 유지하는 것으로 입증되어야 한다.

(c) 도랑에 대한 인증이 요청될 경우 항공기는 다음을 수행해야 한다.

(1) 수동 활성화에 의존하지 않는 승인된 비상 부양 시스템을 갖추어야 한다.

(2) 해당되는 물 하중을 견뎌야 한다.

(3) 안전한 물 진입이 가능하고 신청자가 선택한 해수 조건에서 의도된 부유 자세를 유지하는 것으로 입증되어야 한다.

OCCUPANT SYSTEM DESIGN PROTECTION

VTOL.2315 대피 및 비상 출구

(a) 항공기는 다음을 위해 설계되어야 한다.

(1) 비상 부양 시스템이 포함된 경우 수상에서의 경우를 포함하여 비상 착륙 후 발생할 가능성이 높은 조건에서 항공기의 신속하고 안전한 대피를 촉진한다.

(2) 내부와 외부에서 쉽게 위치 및 개방될 수 있는 대피 수단(개방구, 출구 또는 비상 출구)을 확보해야 한다. 개방의 수단은 간단명료해야 한다. 비상 부양 시스템이 포함된 경우, 탈출 수단은 의도된 부유 자세에서 물 위에 있어야 합니다. 또한 도랑에 대한 인증이 요청될 경우, 모든 안정적인 부유 자세에서 탈출 수단을 사용할 수 있어야 합니다.

(3) 비상구가 있는 경우 비상구에 쉽게 접근할 수 있어야 한다.

(b) reserved.

VTOL.2320 탑승자 물리적 환경

(a) 항공기는 다음을 위해 설계되어야 한다.

(1) 승무원과 승객 사이의 명확한 의사소통을 허용한다.

(2) 승하차 중 등 시스템 및 장비와 관련된 높은 에너지로 인한 위험으로 인한 심각한 부상으로부터 탑승자를 보호한다.

(3) 윈드실드, 창문 및 캐노피의 파손으로 인한 심각한 부상으로부터 탑승자를 보호한다.

(b) reserved.

(c) 항공기는 정상 작동 및 고장 발생 시 위험한 농도의 가스, 증기 및 연기가 없는 호흡 가능한 압력으로 각 탑승자에게 공기를 공급해야 한다.

(d) reserved.

(e) 항공기에 산소 시스템이 설치된 경우 다음을 수행해야 한다.

(1) 저산소증의 영향을 방지하기 위해 각 사용자에게 산소를 효과적으로 제공한다.

(2) 그 자체, 작동 방법 및 기타 구성 요소에 미치는 영향이 없어야 한다.

FIRE AND HIGH ENERGY PROTECTION

VTOL.2325 방화

(a) 항공기는 다음과 같은 이유로 인한 화재 개시 위험을 최소화하도록 설계되어야 한다.

(1) 화재를 점화하기에 충분한 열을 발생시킬 것으로 예상되는 예상된 열 또는 에너지 손실 또는 시스템 고장 또는 과열

(2) 가연성 유체, 가스 또는 증기의 점화

(3) 화재 또는 소화 시스템 특성(예: 산소 시스템)

(4) 생존 가능한 비상 착륙.

(b) 항공기는 다음을 통해 화재 전파 위험을 최소화하도록 설계되어야 한다.

(1) 적절한 화재 또는 연기 인식 및 소화 수단을 제공한다.

(2) 적용, 위치 및 인증 수준에 적합한 자체 소화, 내화성 또는 내화성 재료의 적용

(3) SC VTOL.2330의 규격을 충족하는 지정된 화재 구역 지정 및 설계

지정된 화재 구역에서의 VTOL.2330 화재 방지

(a) 지정된 화재 구역 내에서 또는 화재 구역과 인접한 비행 크리티컬 시스템, 리프트/추진 장치 장착 및 기타 구조물은 화재의 영향을 견딜 수 있어야 한다.

(b) 지정된 화재 구역에서 발생한 화재 또는 기타 저장 에너지 방출은 범주 강화에 대한 지속적인 안전 비행 및 착륙 또는 범주 기본에 대한 통제된 비상 착륙을 배제해서는 안 된다.

(c) 비상시 사용되는 단자, 장비 및 전기 케이블은 내화성이 있어야 한다.

VTOL.2335 번개 보호

낙뢰에 노출될 가능성이 낮다고 입증되지 않는 한 항공기는 낙뢰의 치명적인 영향으로부터 보호되어야 한다.

VTOL.2340 설계 및 시공 정보

다음과 같은 설계 및 시공 정보를 설정해야 한다.

(a) 항공기의 안전한 운항에 필요한 운항 제한, 절차 및 지침

(b) 계기 표시 또는 플래카드의 필요성

(c) 항공기의 안전한 운항에 필요한 추가 정보

(d) 지속적인 안전 작동을 보장하기 위한 검사 또는 유지 관리

SUBPART E -LIFT/THRUST SYSTEM INSTALLATION

VTOL.2400 리프트/스트러스트 시스템 설치

(a) 본 하위 파트의 목적상 항공기 리프트/스트러스트 시스템 설치는 리프트/스트러스트에 필요한 각 구성 요소를 포함해야 하며 리프트/스트러스트 안전에 영향을 미치거나 항공기에 보조 전원을 제공해야 한다.

(b) 각 항공기 엔진, 프로펠러 및 보조 동력 장치 (APU)는 형식 인증을 받거나 승인된 사양을 충족해야 한다.

(c) 신청자는 다음을 고려하여 각 리프트/추진 시스템 설치를 구성하고 준비해야 한다.

(1) 이물질 위협을 포함한 가능한 모든 작동 조건

(2) 다른 항공기 부품 및 주변 환경에 대한 이동 부품의 충분한 여유 공간

(3) 지상 근무자에 대한 위험을 포함하여 작동 중 발생할 수 있는 위험

(4) 진동 및 피로.

(d) 액체, 증기 또는 가스의 위험한 축적은 항공기 및 인사실로부터 격리되어야 하며 안전하게 억제되거나 배출되어야 한다.

(e) 구성 요소 제한 또는 설치 지침에서 벗어나는 리프트/스트러스트 시스템 구성 요소의

설치는 안전한 것으로 보여야 한다.

(f) 본 하위절의 목적상, '에너지'는 예를 들어 연료 또는 모든 종류의 전류를 포함하여 리프트/추진 장치를 위한 모든 유형의 에너지를 의미한다.

VTOL.2405(reserved)

VTOL.2410(reserved)

VTOL.2415 리프트/스트러스트 시스템 설치 얼음 보호

(a) 항공기 및 리프트/스트러스트 시스템 설치 설계는 리프트/스트러스트 시스템 작동에 부정적인 영향을 미칠 수 있는 얼음 또는 눈의 축적을 방지해야 한다.

(b) reserved.

VTOL.2420(reserved)

VTOL.2425 리프트/스트러스트 시스템 작동 특성

(a) 설치된 리프트/스트러스트 시스템은 항공기 및 리프트/스트러스트 시스템 설치에 대한 작동 제한 범위 내에서 정상 및 비상 작동 중에 위험 특성 없이 작동해야 한다.

(b) 안전 편익이 위험보다 큰 경우, 설계는 설정된 엔벨로프 내에서 비행 중인 리프트/추진 장치의 정지 및 재시동을 허용해야 한다.

VTOL.2430 리프트/스트러스트 시스템 설치, 에너지 저장 및 분배 시스템

(a) 각 시스템은 다음을 수행해야 한다.

(1) 화재를 포함한 한 시스템의 구성 요소의 고장이 다른 시스템의 에너지 저장 또는 공급 손실을 초래하지 않도록 다중 에너지 저장 및 공급 시스템 간의 독립성을 제공하도록 설계된다.

(2) 낙뢰에 노출될 가능성이 낮다는 것이 입증되지 않는 한 항공기에 대한 직간접적 영향을 고려하여 낙뢰 타격으로 인한 재해 사건을 방지하도록 설계된다.

(3) 모든 허용되고 가능성이 있는 작동 조건 하에서 안전한 기능을 보장하고 발생 가능한 구성품 고장을 설명하기 위한 적절한 여유도로 리프트/노출 시스템 설비에 에너지를

공급한다.

(4) SC VTOL.2445에서 설정된 관련 정보를 승무원에게 제공하고 시스템이 올바르게 작동될 때 에너지 변동 가능성을 설명하면서 해당 에너지를 중단 없이 공급합니다.

(5) 시스템 내에 저장된 에너지를 안전하게 제거하거나 격리할 수 있는 수단을 제공한다.

(6) 가능한 모든 작동 조건 하에서 에너지를 유지하고 생존 가능한 비상 착륙 동안 탑승자와 지상의 사람에 대한 위험을 최소화하도록 설계되어야 한다. 범주 강화의 경우, 착지 시스템의 과부하로 인한 실패를 고려해야 한다.

(7) 각 리프트/펌프 장치 설비에 공급되는 에너지의 유해한 오염을 방지한다.

(b) 각 스토리지 시스템은 다음을 수행해야 한다.

(1) 설치를 고려하여 고장 없이 가능한 작동 조건 하에서 하중을 견딘다.

(2) 인사실로부터 격리되어야 하며 가능한 위험으로부터 보호되어야 한다.

(3) 가능한 작동 조건에서 에너지 전달 또는 환기로 인한 저장된 에너지의 상당한 손실을 방지하도록 설계되어야 한다.

(4) 표준 비행에 기초한 충분한 비축량을 위한 에너지를 제공한다.

(5) 본 기능이 제공될 경우 안전하게 에너지를 분사할 수 있어야 한다.

(c) 각 에너지 저장 충전 또는 충전 시스템은 다음을 위해 설계되어야 한다.

(1) 부적절한 충전 또는 재충전을 방지한다.

(2) 가능한 작동 조건 동안 저장된 에너지의 오염을 방지해야 한다.

(3) 재충전 또는 재충전 중에 항공기 또는 사람에 대한 위험의 발생을 방지해야 한다.

(d) 항공기의 지상 취급 중 발생할 수 있는 오류가 저장 에너지의 위험한 손실로 이어지지 않아야 한다.

VTOL.2435 리프트/스트러스트 설치 지원 시스템

(a) reserved.

(b) reserved.

(c) reserved

(d) reserved

(e) reserved

(f) 리프트/추력 장치에 위험할 수 있는 이물질 손상을 방지해야 한다.

(g) 승무원은 리프트/추진 구성을 알고 있어야 한다.

(h) reserved.

VTOL.2440 리프트/스트러스트 시스템 설치 방화

운용 중 리프트/추진 시스템 화재 또는 과열 발생 시 항공기에 대한 위험을 격리하고 완화할 수 있는 수단이 있어야 한다.

VTOL.2445 리프트/스트러스트 시스템 설치 정보

다음의 리프트/스트러스트 시스템 장착 정보를 설정해야 한다.

(a) 항공기의 안전한 운항에 필요한 운항 제한, 절차 및 지침

(b) 계기 표시 또는 플래카드의 필요성

(c) 항공기의 안전한 운항에 필요한 추가 정보

(d) 지속적인 안전 작동을 보장하기 위한 검사 또는 유지 관리

(e) 리프트/트라이프 구성과 관련된 정보

(f) 리프트/스위트 장치 시작 및 정지를 위한 기술 및 관련 제한사항

(g) 에너지 관리를 지원하기 위한 에너지 수준 정보(시스템 내에서 발생할 수 있는 구성 요소 고장 고려 포함).

SUBPART F -SYSTEMS AND EQUIPMENT

VTOL.2500 시스템 및 장비 기능에 대한 일반 요구 사항

(a) SC VTOL.2500, SC VTOL.2505 및 SC VTOL.2510 요건은 항공기에 설치된 시스템과 장비에 적용되는 일반적인 요구 사항이며, 다른 특정 SC VTOL 요구 사항을 대체하기 위해 사용해서는 안 된다.

(b) 형식 인증 요건, 공역 요건 또는 운항 규칙을 준수하기 위해 필요하거나 부적절한 기능이 위험으로 이어질 수 있는 장비와 시스템은 반드시 항공기가 인증된 운영 및 환경 한계 전체에서 의도된 기능을 수행하도록 설계 및 설치되어야 한다.

VTOL.2505 장비 설치에 대한 일반 요구 사항

(a) 설치된 장비의 각 품목은 해당 장비에 대해 지정된 제한에 따라 설치되어야 한다.

(b) reserved.

VTOL.2510 장비, 시스템 및 설치

(a) SC VTOL.2500에서 식별된 장비 및 시스템은 별도로 그리고 다른 시스템과 관련하여 다음과 같이 설계 및 설치되어야 한다.

(1) 각각의 치명적인 기능 상실 조건은 매우 가능성이 낮으며 단일 기능 상실에서 비롯되지 않는다.

(2) 각각의 위험한 고장 조건은 극히 희박하다.

(3) 각각의 주요 고장 조건은 원격이다.

(b) SC VTOL.2500에서 다루지 않는 장비 및 시스템의 작동은 항공기가 인증된 운영 및 환경 제한 전체에 걸쳐 항공기 또는 탑승자에게 위험을 초래해서는 안 된다.

(c) 범주 강화의 경우, 고장이 위험하거나 치명적인 결과를 초래할 수 있는 장비 및 시스템의 사용 중 모니터링을 위한 규정을 수립해야 한다.

VTOL.2515 전기 및 전자 시스템 낙뢰 방지

번개에 노출될 가능성이 낮다는 것이 입증되지 않는 한:

(a) 기능을 수행하는 각 전기 또는 전자 시스템은 범주 강화에 대한 지속적인 안전 비행 및 착륙 또는 범주 기본에 대한 통제된 비상 착륙을 방해하는 다음과 같이 설계 및 설치되어야 한다.

(1) 항공기 차원에서의 기능은 항공기가 낙뢰에 노출된 시간 동안 및 이후에 부정적인 영향을 받지 않는다.

(2) 시스템은 시스템의 복구가 시스템의 다른 운영 또는 기능 요건과 충돌하지 않는 한 항공기가 번개에 노출된 후 적시에 해당 기능의 정상 작동을 복구한다.

(b) 기능을 수행하는 각 전기 및 전자 시스템은 항공기의 능력 또는 불리한 운항 조건에 대응하는 비행 승무원의 능력을 감소시킬 수 있으며, 번개가 쳐도 시스템이 항공기 작동 후 적시에 정상 작동을 복구하도록 설계 및 설치되어야 한다.

VTOL.2520 High-intensity radiated fields (HIRF) protection

(a) 기능을 수행하는 각 전기 및 전자 시스템은 범주 강화에 대한 지속적인 안전 비행 및 착륙 또는 범주 기본에 대한 통제된 비상 착륙을 방해하는 다음과 같이 설계 및 설치되어야 한다.

(1) 항공기 차원의 기능은 항공기가 HIRF 환경에 노출된 시간 동안 및 이후에 부정적인 영향을 받지 않는다.

(2) 시스템은 시스템의 복구가 시스템의 다른 운영 또는 기능 요건과 충돌하지 않는 한 항공기가 HIRF 환경에 노출된 후 적시에 해당 기능의 정상 작동을 복구한다.

(b) 기능을 수행하는 각 전기 및 전자 시스템은 항공기의 능력 또는 불리한 운항 조건에 대응하는 승무원의 능력을 감소시키는 것으로, 시스템이 항공기 작동 후 적시에 정상 작동을 복구하도록 설계 및 설치되어야 한다.HIRF 환경에 노출되어 있다.

VTOL.2525 시스템 발전, 에너지 저장 및 분배

모든 시스템의 발전, 에너지 저장 및 분배는 다음을 위해 설계되고 설치되어야 합니다.

(a) 모든 의도된 작동 조건 동안 연결된 하중의 작동에 필요한 전원을 공급해야 한다.

(b) reserved.

(c) reserved.

VTOL.2530 외부 및 조종석 조명

(a) 모든 조명은 승무원의 임무 수행에 미치는 악영향을 최소화하도록 설계 및 설치되어야 한다.

(b) 모든 위치 및 충돌 방지 조명은 운영 규칙에서 요구하는 경우 다른 항공기가 충돌을 피할 수 있는 충분한 시간을 제공하기 위해 강도, 섬광률, 색상, 탐지 범위 및 기타 특성을 가져야 한다.

(c) 운영 규칙에 의해 요구될 경우, 위치 표시등은 항공기 왼쪽의 적색등, 항공기 오른쪽의 녹색등, 항공기 동체의 뒤쪽 부분이나 날개 끝에 위치한 뒤쪽을 향한 백색등을 포함해야 한다.

(d) 필요한 경우, 택시 및 착륙등은 야간 운영에 충분한 조명을 제공하도록 설계 및 설치되어야 한다.

(e) 수상에서의 의도된 작업에 대한 인증을 요청할 경우, 라이딩 라이트는 맑은 대기 조건에서 볼 수 있는 흰색 빛을 제공해야 한다.

VTOL.2535 안전 장비

작동 규칙에서 요구하는 안전 및 생존 장비는 신뢰할 수 있고 쉽게 접근할 수 있어야 하며 쉽게 식별할 수 있어야 하며 작동 방법을 식별할 수 있도록 명확하게 표시되어야 한다.

VTOL.2540(reserved)

VTOL.2545 가압 시스템 요소

가압 시스템은 적절한 증빙 및 폭발 압력을 견뎌야 한다.

VTOL.2550(예약)

VTOL.255 기록 장치 설치

항공기는 다음과 같은 녹음기를 갖추어야 한다.

(a) 충돌, 침수 또는 화재 시 발생하는 조건을 고려하여 사고 조사를 지원하는 데이터의 정확하고 지능적인 기록 및 적절한 보호를 보장하기 위해 설치된다.

(b) 가장 신뢰할 수 있는 전원에 의해 구동되며 필수 또는 비상 부하 및 항공기의 비상 운항에 대한 서비스를 위태롭게 하지 않고 가능한 한 오랫동안 전원을 유지한다.

(c) 사고 후 기억 매체의 위치 파악을 용이하게 하는 기능을 포함한다.

(d) 항공기가 자체 동력 하에서 움직일 수 있는 시점을 자동으로 기록하도록 설치되어야 한다.

(e) 허용되는 형식의 기록

(f) 또는 일부 데이터를 원격으로 전송 및 기록할 수 있다.

SUBPART G –FLIGHT CREW INTERFACE AND OTHER INFORMATION

VTOL.2600 비행 승무원실

(a) 승무원의 시야를 포함한 승무원실 배치 및 장비는 승무원이 과도한 집중력, 기술, 경계심, 피로감 없이 항공기의 비행 범위 내에서 임무를 수행할 수 있도록 해야 한다.

(b) 신청자는 자격을 갖춘 승무원이 시스템과 장비의 의도된 기능과 관련된 정의된 업무를 감시하고 수행할 수 있도록 비행, 항법, 감시, 리프트/추진 시스템 설치 제어 장치 및 디스플레이를 반드시 설치해야 합니다. 시스템과 장비 설계는 추가 위험을 초래할 수 있는 승무원의 실수를 고려해야 한다.

(c) 범주 강화의 경우, 비행 승무원 인터페이스 설계는 윈드실드 패널 중 하나를 통한 시야 상실 후 지속적인 안전한 비행 및 착륙을 허용해야 한다.

VTOL.2605 설치 및 작동 정보

(a) 해당되는 경우, 비행 승무원 인터페이스와 관련된 설치된 장비의 각 품목은 식별, 기능, 운용 제한 또는 이러한 요인의 조합에 대해 라벨을 붙여야 한다.

(b) 항공기 운항에 필요한 경고, 주의 및 정상적 표시를 포함하여 식별 가능한 시스템 운영 매개변수를 담당 승무원에게 제공할 수 있는 수단이 있어야 한다.

(c) 안전하지 않은 시스템 작동 상태에 관한 정보는 시정조치를 책임지는 승무원에게 적시에 제공되어야 한다. 정보는 승무원의 실수를 방지할 수 있을 정도로 명확해야 한다.

(d) 안전장비와 관련된 정보를 쉽게 식별할 수 있어야 하며, 작동방법을 명확히 표시하여야 한다.

VTOL.2610 계기 표시, 제어 표시 및 플래카드

(a) 각 항공기는 운영에 필요한 플래카드 및 계기 표시를 눈에 잘 띄는 방식으로 표시해야 한다.

(b) 설계는 기본 비행 제어 장치 이외의 각 조종석 제어 장치의 기능을 명확하게 표시해야 한다.

(c) 신청자는 반드시 항공기 비행 매뉴얼에 계기 표시와 플래카드 정보를 포함해야 한다.

VTOL.2615 비행, 내비게이션 및 리프트/추진 시스템 기기

(a) 설치된 시스템은 비행, 항법 및 리프트/추진 시스템에 대한 매개 변수를 설정하거나 모니터링하는 승무원에게 비행의 각 단계 동안 이를 위해 필요한 정보를 제공해야 한다. 이 정보는 다음과 같아야 한다.

(1) 승무원이 항공기 운항에 필요한 매개변수와 추세를 감시할 수 있는 방식으로 제시되어야

한다.

(2) 모든 의도된 운영에서 제한을 초과할 수 없는 한, 제한을 포함한다.

(b) 항공기를 안전하게 운항하기 위해 필요하거나 운영 규칙에서 요구하는 비행 또는 리프트/추진 시스템 매개변수의 디스플레이를 통합하는 표시 시스템은 다음을 충족해야 합니다.

(1) 정상 운용 모드에서 승무원이 필요로 하는 비행 또는 리프트/스프링 시스템 매개변수의 일차 표시를 억제하지 않는다.

(2) reserved.

VTOL.2620 항공기 비행 매뉴얼

신청자는 반드시 각 항공기와 함께 전달되어야 하며 다음의 정보를 포함하는 항공기 비행 매뉴얼을 제공해야 한다.

(a) 작동 제한 및 절차

(b) 성능 정보

(c) 적재 정보

(d) 계기 표시 및 플래카드 정보

(e) 항공기의 안전한 운항에 필요한 기타 정보

VTOL.2625 내공성 지침

(a) 신청자는 반드시 항공기의 인증 수준과 성능 수준에 적합한 지속 감항성에 대한 지침을 준비해야 한다.

(b) 내공성 지침이 항공기에 설치된 기기 또는 제품의 제조업체에 의해 공급되지 않는 경우, 항공기에 대한 내공성 지침은 항공기의 내공성 지속에 필수적인 정보를 포함해야 한다.

(c) 내공성 지침은 문서의 나머지 부분과 구분되고 명확하게 구별되는 '내공성 제한' 섹션을 포함해야 합니다. 본 섹션은 형식 인증에 필요한 각 필수 유지보수 조치를 명시해야 한다. 본 섹션은 눈에 잘 띄는 위치에 '내공성 제한 섹션이 승인되었으며 변경 사항도 승인되어야 합니다'라고 적힌 읽기 쉬운 문구를 포함해야 한다.

(d) 신청자는 심각하거나 치명적인 부상, 항공기 손실 또는 안전 여유 감소와 함께 장시간 운항을 초래할 수 있는 강도 저하를 예측할 수 있는 원인으로 인한 구조적 고장을 방지하

기 위한 절차를 개발하고 구현해야 한다. 내공성 지속 지침은 반드시 SC VTOL.2255에 따라 개발된 절차를 포함해야 한다.

AMC VTOL.2510 장비, 시스템 및 설비(일부)

범주 강화의 경우, 항공기의 지속적인 안전 비행과 착륙을 방해하는 고장 조건은 재앙으로 간주된다.

범주 기본의 경우, 항공기의 통제된 비상 착륙을 방지하는 고장 조건은 재앙으로 간주된다.

아래 표는 승무원이 탑승한 항공기의 고장 조건 분류와 정량적 안전 목표/기능 개발 보증 수준 (FDAL) 사이의 관계를 제공한다.

각 고장 조건의 안전 목표는 다음과 같다.

	Maximum Passenger Seating Configuration	Failure Condition Classifications: Minor	Major	Hazardous	Catastrophic
Category Enhanced	-	$\leq 10^{-3}$ FDAL D	$\leq 10^{-5}$ FDAL C	$\leq 10^{-7}$ FDAL B	$\leq 10^{-9}$ FDAL A
Category Basic	7 to 9 passengers	$\leq 10^{-3}$ FDAL D	$\leq 10^{-5}$ FDAL C	$\leq 10^{-7}$ FDAL B	$\leq 10^{-9}$ FDAL A
	2 to 6 passengers (see note A)	$\leq 10^{-3}$ FDAL D	$\leq 10^{-5}$ FDAL C	$\leq 10^{-7}$ FDAL C	$\leq 10^{-8}$ FDAL B
	0 to 1 passenger (see note A)	$\leq 10^{-3}$ FDAL D	$\leq 10^{-5}$ FDAL C	$\leq 10^{-6}$ FDAL C	$\leq 10^{-7}$ FDAL C
[Quantitative safety objectives are expressed per flight hour]					

[그림 3-13] note A: No considerations of the system architecture for a DAL reduction are acceptable.

3.3 eVTOL 및 UAM섹터 표준화 시사점

□ eVTOL 및 UAM 표준개발현황

미국에서는 eVTOL 기술을 포함한 UAM에 Part23 기준을 적용하고 있는데, FAA는 2008년부터 1965년에 도입된 Part23의 개정작업을 논의하기 시작하여 2013년 소형 항공기 활성화 법안의 통과로 인해 새로운 인증 기준 및 표준 절차를 마련하였다. FAA는 15.9.30까지 민간용 무인항공기를 국가공역체계(NAS)내에 통합하여 무인항공기의 미국 공역 내 안정적 진입을 목표로 하는 NextGen 프로젝트를 통해 제어용 통신기술, 탐지·회피 기술 등의 연구개발을 2025년까지 완성할 계획이다. NextGen 프로젝트는 무인항공기를 국가 공역체계에 완전히 통합하여 운용할 수 있도록 하는 계획으로, 프로젝트 내에서 통신, 항법 및 감시 체계인 CNS (Communication Navigation Surveillance)에 대한 연구가 진행 중에 있다.

유럽에서는 VTOL을 특별요건으로 Draft판을 2019년에 발행한 바 있다. EASA에서는 기존 비행기나 헬리콥터의 감항성 기준으로 제정되어 있었지만 이와는 별도로 VTOL기만 적용한 draft를 발행하였고, EASA의 특별요건을 적용한 VTOL기는 기존의 비행기나 헬리콥터와 형태가 다르고, 양력·추력을 발생시키는 로터·프로펠러를 3개 이상 장착한 최대이륙 중량 3,175kg 이하, 최대 좌석수 9석의 항공기로 정의하고 용도별 카테고리나 승객수에 따른 용도로 설정하였으며, 허용 고장상태 발생확률에 대한 요구조건등을 포함하고 있으며, 이런 EASA의 특별요건에 따라 인증획득을 계획하고 개발을 추진하고 있는 사례는 독일의 UAM 개발기업인 볼로콥터의 전동 멀티콥터 볼로시티가 있다.

국제민항기구(ICAO, International Civil Aviation Organization)에서도 무인 항공기 감항인증을 위한 RPAS(Remotely Piloted Aircraft Systems) 패널을 구성하고 탐지 및 회피에 대한 무인기 충돌회피 기술에 대한 표준화를 진행 중에 있으며, 국제민항기구(ICAO), 미국연방항공국(FAA), 유럽항공안전청(EASA) 등에서 국제적으로 항공안전 강화를 위해 무인기, 소형항공기 등에 충돌 탐지회피 의무장착 규제를 위한 기술표준 제정을 추진 중에 있으며, 유럽항공안전청(EASA)은 인공지능 기반 자율비행 기술에 대한 로드맵을 제시하고 단계적 인증 기준을 수립하였다. ('21년 ~ '28년)

EUROCAE는 RTCA 및 SAE와 협력하여 VTOL관련 표준개발을 진행하고 있다.

- UAS 전용 EUROCAE WG-105
  - 모든 유형의 공역에서 항상 모든 유형의 작업에 대해 UAS의 안전한 작동을 허용하는 표준 및 지침 문서 개발
  - WG-105의 작업은 특정 영역에서 작업하는 6개의 Focus Teams로 구성
    - ◦ UAS 교통관리(UAS)
    - ◦ 명령, 제어, 통신(C3)

◦ 탐지 및 회피(DAA)
◦ 설계 및 감항성 기준
◦ 특정 운영 위험 평가(SORA)
◦ 향상된 RPAS 자동화(ERA)

- WG-105는 무인 항공기 시스템용 RTCA SC-228과 협력하여 작업함.

EUROCAE 관련 신규 WG 내용	
New WG 2019	• WG-111 공항 협력 의사결정(A-CDM) • WG-112 수직이착륙(VTOL) • WG-113 하이브리드 전기추진 • WG-114 인공지능 • WG-115 Counter UAS(C-UAS)
New WG 2021	• WG-112 ◦ SG-7 CONOPS ◦ SG-8 Seats (joint with SAE) • WG-95 기내 얼음 감지 시스템의 재활성화 ◦ Joint with SAE • 항공 교통 데이터 통신 서비스에 대한 WG-78 표준 재활성화 ◦ Joint with SC-214 • WG-99 휴대용 전자기기(PED) 재활성화 ◦ Joint with SC-234 • WG-123 공중 구급차 작업에서 감염성 승객 취급
WG-14 지상지원설비 Ground Support Equipment	• 무인 항공기 기술 설계 및 인증에는 관련 지상 시스템의 자격을 위한 지침이 필요 • WG-14 SG-1은 지상 장비에 대한 환경 테스트 조건(카테고리) 및 적용 가능한 테스트 절차에 대해 작동 • 이 문서는 GSE 인증에 사용할 수 있는 기존 표준과 방법에 대한 지침을 제공하는 것을 목표로 함 • 진행 중인 토론: ◦ 인증 전략: 요구 사항 충족 또는 성과 식별 ◦ 표면 적용 유형: 지상, 트럭, 선박, 휴대용 ◦ 예상되는 아키텍처 유형: 잘 보호되거나 표준 플랫폼 ◦ 기능의 중요도: 예상되는 시나리오(냉각 손실, 고용) • Active participation from EASA

EU/EASA Regulation 프레임워크	
UAS regulations	• 규정(EU) 2019/945 기술 요구 사항 및 제3국 운영 • 공개 특정 카테고리에 대한 규정(EU) 2019/947 등록 및 운영 요구 사항 • EASA에서 정기적으로 발행하는 AMC/GM • 쉬운 액세스 규칙은 UAS 규정과 관련 AMC/GM을 결합
U-Space regulations	• Regulation(EU)2021/664, (EU)2021/665 및 (EU) 2021/666(U-Space) • AMC/GM은 2023년 1분기에 NPA로 출판될 예정

□ 국제표준화 관련 기구/ 단체별 표준화 지향의 시사점

- 태동기에 있는 eVTOL/UAM 생태계 관련 활동에 지속적 참여를 통해 향후 국내 기술 및 표준 우위 확보 지향
- 도시 지상교통 혼잡 해결수단으로 부상하여 기술발전으로 실현가능성이 증대되며 혁신 교통수단으로 성장 전망
- eVTOL/UAM 생태계를 구성하는 제반 기술, 인프라 및 제도 표준화에 대한 글로벌 UAM 시장에서의 한국의 입지 강화 및 국제협력 강화
- eVTOL/UAM 분야 표준화 활동에 주도적으로 참여함으로써 국제표준화 선도를 통해 국내 기업의 eVTOL/UAM 부품 및 서브시스템 개발 가이드라인 제시

표준화 기구/분야	VTOL 관련 표준화 지향의 시사점
ISO	• 현재 용어 및 개념 정리 중 (자율주행, Vertiports 및 DAA 포함) • UAS with Passenger로 운용환경 분석 • 그 외 표준 개발 건 없음
EUROCAE	• 표준의 필요성 정의 (2020년 보고서출판) • CONOPS/Passenger Seats/Hybrid Electric Propulsion System의 표준 개발 진행 중(일부 출판 2020, 2021) • EASA의 UAM, AAM, VTOL 인증 체계를 위한 안전 표준, 규격, 기술 보고서개발 • 분야별 SAIL, SORA 적용성 평가 표준 • 교통수단으로 진화됨에 따라 안전성 및 신뢰성 이슈가 부각되고 있고, 인증체계에 요구되는 표준 개발 우선 수행
ASTM	• TR1-EB: Autonomy Design and Operations in Aviation Terminology and Requirements Framework (2019)
SAE	• EUROCAE와 UAM용 SEAT 관련 Joint 표준안 개발중 • ARP6128 Unmanned Systes Terminology Based on the ALFUS Framework, 2019-04 • SAE J3016_202104: Taxonomy and Definitions for Terms Related to ON-Road Motor Vehicle Automated Driving Systems
CNSi	• UAM의 운용고도 특성 상 기존 유인항공기 운항시스템의 CNS 활용의 한계와 저도고 무인기 교통관리시스템에서 활용하는 지상 네트워크 이동통신 인프라의 활용에도 한계가 있어 국내 ICT 기술 기반 선제적 추진 • (NASA) UAM의 운용고도(평균 지표고도 1,500ft) 특성을 고려한 최적의 UAM용 CNS 조합구성에 대한 연구 진행 중
교통관리	• UAM은 유인항공기 항로와 도심협곡 사이의 공역에서 운항이 이루어질 것으로 예상되고 있어, 기존의 ATM과 UTM과는 다른 별도의 교통관리시스템 구축이 필요 • (ICAO) ICAO 주관 회의에서 UAM 관련한 언급이 증가되고 있는 추세이나 공식적인 연구반 또는 공식적인 표준권고안 개발 활동은 없음

표준화 기구/분야	VTOL 관련 표준화 지향의 시사점
인프라	• eVTOL/UAM 인프라는 기존 유인항공기 운항환경에서 사용하는 전용 인프라나 전기자동차 산업에서 사용하는 기준이 아닌, 경제적 효율성과 항공의 특이성을 고려하여 첨단기술을 적용한 상용 인프라 활용 방안 논의 • (EASA) 항공선진국 감항당국들 중 가장 활발히 기준개발에 노력 중에 있으며, VTOL 항공기에 대한 감항기술기준을 개발하여 공포('19.7) - 지원하기 위한 적합성 입증방안 상세화를 EUROCAE 등과 활발히 추진 중
운용 탐지 및 회피	• eVTOL/UAM은 기존 비행체와는 달리 도심 내에서 다수의 저고도 비행이 예상되어 비행체 안전뿐만 아니라 충돌안전이 제일 중요한 요소 • (EASA) 현재 기체 안전성기준은 유럽 감항당국인 EASA가 최초로 19년 7월에 SC-VTOL로 UAM 시스템에 대한 인증기준을 발표 - UAM 시스템 인증기준 및 안전성 요구 기준 논의 • (FAA) 아직까지 UAM에 대한 별도 기준 개발계획을 가지고 있지 않으며, 기존 유인항공기의 인증기준을 적용한다는 정책을 유지 • (ATSM, RTCA, EUROCAE 민관기관 등) UAM은 전기동력을 특징으로 하고 있어 단거리 운송에 적합하여 국제운송 규약을 위한 ICAO 보다는 산업체를 중심으로 산업체 자율표준이 이 먼저 제안될 것으로 예상

□ UAM/AAM/eVTOL 시장 형성을 위해 새롭게 정립해야 할 주요 기술 분야로 부품·섭시스템(배터리/모터/추진시스템등)을 포함한 전기체의 신뢰성 안전성 평가 표준규격을 포함하는 다음과 같은 인증 기준[43]도 고려되어야 한다.

- 감항증명기준(Airworthiness certification)
- 형식증명기준(Type certification)
- 제작증명기준(Production certification)
- 감항성 유지기준(Continuous airworthiness)
- 소음기준(Noise limit)
- 환경기준(Environmental standard, Emission standard)
- 교통관리시스템 운영체계 정립(Air traffic management and operations)
- 인프라 승인기준(Starting and Landing infrastructure approval)
- 파일럿 자격관리(Pilot license)

43) Source : 항공안전법 및 국제민간항공기구(International Civil Aviation Organization, ICAO)의 부속서(ANNEX)
Note : 감항성(Airworthiness)은 항공기가 운용범위 내에서 안전하게 비행할 수 있는 상태를 의미

□ 배터리의 시험 평가 표준

소형 무인항공기 25kg(55lbs) 미만용 배터리의 안전성 평가 시험법(UL3030)이 있고, 또한 도로 차량용 이차전지 시험 표준(Test Specification for Lithium-ion Traction Battery Packs and Systems - Part 1 : High-Power Applications, ISO 12405-1) 및 소형 무인항공기 시스템용 배터리 표준규격 ASTM F3005-14a : Standard Specification for Batteries for Use in Small Unmanned Aircraft Systems (sUAS)에 대한 부분은 존재하고 있지만, 전 세계적으로 UAM급(4-5인승)의 배터리 시험 표준은 존재하지 않는 바, 향후 미래 신산업으로 각광을 받고 있는 4~5인승급의 UAM운용을 위한 배터리의 활용에 대해 안정성과 신뢰성을 인증하기 위한 표준개발이 시급하다고 볼 수 있다.

항공용 배터리 설계 및 성능 평가 표준 리스트

ASTM F3005-14a	Standard Specification for Batteries for Use in Small Unmanned Aircraft Systems(sUAS)
UL2580	Batteries for use in electric vehicles
UL2271	ANSI/CAN/UL/ULC Standard for Batteries for Use In Light Electric Vehicle (LEV) Applications
UL3030	Standard for Unmanned Aircraft Systems
UL38.3	Certification for Lithium Batteries
RTCA DO-311A (for Medium to High)	Minimum Operational Performance Standards for Rechargeable Lithium Batteries and Battery Systems

참고문헌

[1] EASA, "Special Condition for small-category VTOL aircraft; Doc. No: SC-VTOL-01, Issue 1".

[2] Commission Regulation (EU) No 2018/1139 of 4 July 2018 on common rules in the field of civil aviation.

[3] Commission Regulation (EU) No 1321/2014 of 26 November 2014 on the continuing airworthiness of aircraft and aeronautical products, parts and appliances, and on the approval of organisations and personnel involved in these tasks.

[4] EASA, Concept for regulation of UAS 'certified' category operations of Unmanned Aircraft Systems (UAS), the certification of UAS to be operated in the 'specific' category and for the Urban Air Mobility operations; Issue 2.1.

[5] Commission Regulation (EU) No 923/2012 of 26 September 2012 laying down laying down the common rules of the air and operational provisions regarding services and procedures in air navigation.

[6] EASA, Vertiport Design Manual (Guidance Material); in preparation.

[7] EUROCAE, ED-xxx VTOL charging infrastructure.

[8] SAE, AS6968 Connection Set of Conductive Charging for Electric Aircraft.

[9] Commission Implementing Regulation (EU) 2019/947 of 24 May 2019 on the rules and procedures for the operation of unmanned aircraft.

[10] Commission Regulation (EU) No 965/2012 of 5 October 2012 laying down technical requirements and administrative procedures related to air operations.

[11] Commission Implementing Regulation (EU) 2016/1185 of 20 July 2016 amending Implementing Regulation (EU) No 923/2012.

[12] ICAO; Annex 14 to the Convention on International Civil Aviation: Aerodromes, Volume II Heliports; Proposed Amendment with state letter AN 4/1.1.58-18/97.

[13] https://www.statista.com/statistics/1234521/worldwide-drone-market

/?kw=&crmtag=adwords&gclid=CjwKCAjw3ueiBhBmEiwA4BhspF6zcFRExUiKxm_CI7lXz2XXkIg_XS9YnQhrEHfTtGqBajQYsVaaTRoCDm4QAvD_BwE, 2023

[14] Morgan Stanley 2019

[15] Anthony P. Tvaryanas, William T. Thompson and Stefan H. Constable, 2005, "The U.S. Military Unmanned Aerial Vehicle (UAV) Experience: Evidence-Based Human Systems Integration Lessons Learned,", Neuilly-sur-Seine, France, RTO-MP-HFM-124, Paper 5.: RTO, pp. 5-1 - 5-24.

[16] "Unmanned Aerial Vehicle Reliability Study," Office of Secretary of Defense, February 2003

[17] McKenzie, Sheena, August 2016, "Woman Killed in Police Chase after Drone Spotted near Prison", in CNN news"Secondary Gas Injection in a Conicial Rocket Nozzle," *AIAA Journal,* Vol. 1, Feb. 1963, pp.334~338.

[18] EASA, "Special Condition for small-category VTOL aircraft; Doc. No: SC-VTOL-01, Issue 1".

약어

Abbreviation	Meaning
AIS	Aeronautical Information Service
AMC	Acceptable Means of Compliance
ANS	Air Navigation Service(s)
ANSP	Air Navigation Service Provider
AOC	Air Operator Certificate
ATC	Air Traffic Control
ATM	Air Traffic Management
ATO	Approved Training Organisation
ATS	Air Traffic Service(s)
CAA	Civil Aviation Authority
CAMO	Continuing Airworthiness Management Organisation
CAT	Commercial Air Transport
CAW	Continuing Airworthiness
CBT	Competence Based Training
CEL	Controlled Emergency Landing
CG	Centre of Gravity
CNS	Communication, Navigation and Surveillance
ConOps	Concept of Operations
CORUS	Concept of Operations for European UTM Systems
CSFL	Continued Safe Flight and Landing
CTR	Controlled Traffic Region (Control Zone)
CU	Command Unit
CUOC	Command Unit Operator Certificate
DO	Design Organisation
ERP	Emergency Response Plan
FATO	Final Approach and Take-Off area
FCL	Flight Crew Licensing

Abbreviation	Meaning
FCS	Flight Control System
FOD	Foreign Object Damage
FSTD	Flight Simulation Training Devices
GM	Guidance Material
IFR	Instrument Flight Rules
IMC	Instrument Meteorological Conditions
MEL	Minimum Equipment List
MMEL	Master Minimum Equipment List
MOC	Means Of Compliance
MTOM	Maximum Take-Off Mass
NAA	National Aviation Authority
NSA	National Supervisory Authority
OFDM	Operational Flight Data Monitoring
OM	Operational Manual
OSD	Operational Suitability Data
PAX	Passenger(s)
PiC	Pilot in Command
PO	Production Organisation
RASCI	Responsible, Accountable, Support, Consulted, Informed
RFFS	Rescue and Fire Fighting Service
SAR	Search And Rescue
SDO	Standards Developing Organization
SERA	Standardised European Rules of the Air
SMS	Safety Management System
SoO	State of Operator
SOP	Standard Operating Procedure(s)
SoR	State of Registration
STA	Scheduled Time of Arrival
STD	Scheduled Time of Departure
TLOF	Touch-down and Lift-Off area

Abbreviation	Meaning
TOL	Take-Off and Landing
UAS	Unmanned Aircraft System
USP	UTM Service Provider
UTM	UAS Traffic Management
VFR	Visual Flight Rules
VLL	Very Low Level
VMC	Visual Meteorological Conditions
VTOL	Vertical Take-Off and Landing

ISO 참고자료

- ISO 2041, Vibration and shock - Vocabulary
- ISO 8041, Human response to vibration - Measuring instrumentation
- ISO 2631 (all parts), Mechanical vibration and shock
- ISO 5349 (all parts), Mechanical vibration - Measurement and evaluation of human exposure to hand-transmitted vibration
- ISO 13090 (all parts), Mechanical vibration and shock - Guidance on safety aspects of tests and experiments with people
- ISO 13091 (all parts), Mechanical vibration Vibrotactile perception thresholds for the assessment of nerve dysfunction
- ISO 16063 (all parts), Methods for the calibration of vibration and shock transducers
- ISO/IEC 17025, General requirements for the competence of testing and calibration laboratories

IEC 참고자료

- IEC 60747-1:2006, Semiconductor devices - Part 1: General
- IEC 60749 (all parts), Semiconductor devices - Mechanical and climate test methods
- IEC 60749-1, Semiconductor devices - Mechanical and climate test methods - Part 1: General
- IEC 60749-5, Semiconductor devices - Mechanical and climatic test methods - Part 5: Steady-state temperature humidity bias life test

- IEC 60749-6, Semiconductor devices – Mechanical and climatic test methods – Part 6: Storage at high temperature
- IEC 60749-10, Semiconductor devices – Mechanical and climatic test methods – Part 10: Mechanical shock
- IEC 60749-11, Semiconductor devices – Mechanical and climatic test methods – Part 11: Rapid change of temperature – Two-fluid-bath method
- IEC 60749-12, Semiconductor devices – Mechanical and climatic test methods – Part 12: Vibration, variable frequency
- IEC 60749-13, Semiconductor devices – Mechanical and climatic test methods – Part 13: Salt atmosphere
- IEC 60749-25, Semiconductor devices – Mechanical and climatic test methods – Part 25: Temperature cycling
- IEC 61000-4 (all parts), Electromagnetic compatibility (EMC) – Part 4: Testing and measurement techniques
- IEC 61000-4-2:1995, Electromagnetic compatibility (EMC) – Part 4-2: Testing and measurement techniques – Electrostatic discharge immunity test
- IEC 61000-4-3:2006, Electromagnetic compatibility (EMC) – Part 4-3: Testing and measurement techniques – Radiated, radio-frequency, electromagnetic field immunity test
- IEC 61000-4-4:2004, Electromagnetic compatibility (EMC) – Part 4: Testing and measurement techniques – Section 4: Electrical fast transient/burst immunity test
- ISO 5347 (all parts), Methods for the calibration of vibration and shock pick-ups
- ISO 5347-11:1993, Methods for the calibration of vibration and shock pick-ups – Part 11: Testing of transverse vibration sensitivity
- ISO/IEC Guide 99, International vocabulary of metrology – Basic and general concepts and associated terms (VIM)

UL 3030 참고자료

- UL 50E
- UL 94
- UL 157
- UL 746B

- UL 746C
- UL 758
- UL 796
- UL 840
- UL 991
- UL 1004-1
- UL 1012
- UL 1310
- UL 1642
- UL 1998
- UL 2251
- UL 2271
- UL 2580
- UL 60730-1
- UL 60950-1
- UL 60950-22
- UL 62133
- UL 62368-1